管道完整性管理技术丛书
管道完整性技术指定教材

管道完整性管理体系建设

《管道完整性管理技术丛书》编委会　组织编写

本书主编　董绍华

副主编　姚　伟　王振声　王良军　杨　光　江　枫

中国石化出版社

内 容 提 要

本书针对目前管道完整性管理技术与实践中存在的脱节问题，从企业如何建立管道的完整性管理体系出发，全面阐述了国内外管道完整性管理体系进展、完整性管理立法、完整性管理标准，提出了完整性管理体系建立的框架、技术、方法、内容，将完整性体系的创建分为管理体系创建和技术体系创建，提出了完整性管理体系的质量控制、技术培训和管理审核等关键要素的具体实施方法，阐述了建设期管道完整性管理及体系发展的对策，分析了国外先进管道公司，如Enbridge公司、Williams Gas公司、TransCanada公司等管道完整性管理案例，提出了全生命周期的完整性管理体系发展与对策，预测了未来管道完整性管理体系发展趋势，全力打造全生命周期的智能管网，对管道企业的技术创新和管理创新具有重要的实用价值。本书适用于长输油气管道、油气田集输管网、城镇燃气管网以及各类工业管道。

本书可作为各级管道管理与技术人员研究与学习用书，也可作为油气管道管理、运行、维护人员的培训教材，还可作为高等院校油气储运等专业本科生、研究生教学用书和广大石油科技工作者的参考书。

图书在版编目（CIP）数据

管道完整性管理体系建设／《管道完整性管理技术丛书》编委会组织编写；董绍华主编 . —北京：中国石化出版社，2019.10
（管道完整性管理技术丛书）
ISBN 978-7-5114-5501-7

Ⅰ. ①管… Ⅱ. ①管… ②董… Ⅲ. ①石油管道-管道工程-完整性-体系建设 Ⅳ. ①TE973

中国版本图书馆 CIP 数据核字（2019）第 186379 号

中国石化出版社出版发行
地址:北京市东城区安定门外大街 58 号
邮编:100011 电话:(010)57512500
发行部电话:(010)57512575
http://www.sinopec-press.com
E-mail:press@sinopec.com
北京科信印刷有限公司印刷
全国各地新华书店经销
*
787×1092 毫米 16 开本 16.75 印张 385 千字
2020 年 1 月第 1 版　2020 年 1 月第 1 次印刷
定价:108.00 元

《管道完整性管理技术丛书》
编审指导委员会

《管道完整性管理技术丛书》
编写委员会

PREFACE

　　油气管道是国家能源的"命脉"，我国油气管道当前总里程已达到13.6万公里。油气管道输送介质具有易燃易爆的特点，随着管线运行时间的增加，由于管道材质问题或施工期间造成的损伤，以及管道运行期间第三方破坏、腐蚀损伤或穿孔、自然灾害、误操作等因素造成的管道泄漏、穿孔、爆炸等事故时有发生，直接威胁人身安全，破坏生态环境，并给管道工业造成巨大的经济损失。半个世纪以来，世界各国都在探索如何避免管道事故，2001年美国国会批准了关于增进管道安全性的法案，核心内容是在高后果区实施完整性管理，管道完整性管理逐渐成为全球管道行业预防事故发生、实现事前预控的重要手段，是以管道安全为目标并持续改进的系统管理体系，其内容涉及管道设计、施工、运行、监控、维修、更换、质量控制和通信系统等管理全过程，并贯穿管道整个全生命周期内。

　　自2001年以来，我国管道行业始终保持与美国管道完整性管理的发展同步。在管材方面，X80等管线钢、低温钢的研发与应用，标志着工业化技术水平又上一个新台阶；在装备方面，燃气轮机、发动机、电驱压缩机组的国产化工业化应用，以及重大装备如阀门、泵、高精度流量计等国产化；在完整性管理方面，逐步引领国际，2012年开始牵头制定国际标准化组织标准ISO 19345《陆上/海上全生命周期管道完整性管理规范》，2015年发布了国家标准 GB 32167—2015《油气输送管道完整性管理规范》，2016年10月15日国家发改委、能源局、国资委、质检总局、安监总局联合发文，要求管道企业依据国家标准 GB 32167—2015 的要求，全面推进管道完整性管理，广大企业扎实推进管道完整性管理技术和方法，形成了管道安全管理工作的新局面。近年来随着大数据、物联网、云计算、人工智能新技术方法的出现，信息化、工业化两化融合加速，我国管道目前已经由数字化进入了智能化阶段，完整性技术方法得到提升，完整性管理被赋予了新的内涵。以上种种，标志着我国管道管理具备规范性、科学性以及安全性的全部特点。

　　虽然我国管道完整性管理领域取得了一些成绩，但伴随着我国管道建设的高速发展，近年来发生了多起重特大事故，事故教训极为深刻，油气输送管道面临的技术问题逐步显现，表明我国完整性管理工作仍然存在盲区和不足。一方面，我国早期建设的油气输送管道，受建设时期技术的局限性，存在一定程度的制造质量问题，再加上接近服役后期，各类制造缺陷、腐蚀缺陷的发展使管道处于接近失效的临界状态，进入"浴盆曲线"末端的事故多发期；另一方面，新建管道普遍采用高钢级、高压力、大口径，建设相对比较集中，失效模式、机理等存在认知不足，高钢级焊缝力学行为引起的失效未得到有效控制，缺乏高钢级完整性核心技术，管道环向漏磁及裂纹检测、高钢级完整性评价、灾害监测预警特别是当今社会对人的生命安全、环境保护越来越重视，油气输送管道所面临的形势依然严峻。

《管道完整性管理技术丛书》针对我国企业管道完整性管理的需求，按照GB 32167—2015《油气输送管道完整性管理规范》的要求编写而成，旨在解决管道完整性管理过程的关键性难题。本套丛书由中国石油大学(北京)牵头组织，联合国家能源局、中国石油和化学工业联合会、中国石油学会、NACE 国际完整性技术委员会以及相关油气企业共同编写。丛书共计 10 个分册，包括《管道完整性管理体系建设》《管道建设期完整性管理》《管道风险评价技术》《管道地质灾害风险管理技术》《管道检测与监测诊断技术》《管道完整性与适用性评价技术》《管道修复技术》《管道完整性管理系统平台技术》《管道完整性效能评价技术》《管道完整性安全保障技术与应用》。本套丛书全面、系统地总结了油气管道完整性管理技术的发展，既体现基础知识和理论，又重视技术和方法的应用，同时书中的案例来源于生产实践，理论与实践结合紧密。

本套丛书反映了油气管道行业的需求，总结了油气管道行业发展以及在实践中的新理论、新技术和新方法，分析了管道完整性领域面临的新技术、新情况、新问题，并在此基础上进行了完善提升，具有很强的实践性、实用性和较高的理论性、思想性。这套丛书的出版，对推动油气管道完整性技术进步和行业发展意义重大。

"九层之台，始于垒土"，管道完整性管理重在基础，中国石油大学(北京)领衔之团队历经二十余载，专注管道安全与人才培养，感受之深，诚邀作序，难以推却，以序共勉。

中国工程院院士

前　言
FOREWORD

截至 2018 年年底，我国油气管道总里程已达到 13.6 万公里，管道运输对国民经济发展起着非常重要的作用，被誉为国民经济的能源动脉。国家能源局《中长期油气管网规划》中明确，到 2020 年中国油气管网规模将达 16.9 万公里，到 2025 年全国油气管网规模将达 24 万公里，基本实现全国骨干线及支线联网。

油气介质的易燃、易爆等性质决定了其固有危险性，油气储运的工艺特殊性也决定了油气管道行业是高风险的产业。近年来国内外发生多起油气管道重特大事故，造成重大人员伤亡、财产损失和环境破坏，社会影响巨大，公共安全受到严重威胁，管道的安全问题已经是社会公众、政府和企业关注的焦点，因此对管道的运营者来说，管道运行管理的核心是"安全和经济"。

《管道完整性管理技术丛书》主要面向油气管道完整性，以油气管道危害因素识别、数据管理、高后果区识别、风险识别、完整性评价、高精度检测、地质灾害防控、腐蚀与控制等技术为主要研究对象，综合运用完整性技术和管理科学等知识，辨识和预测存在的风险因素，采取完整性评价及风险减缓措施，防止油气管道事故发生或最大限度地减少事故损失。本套丛书共计 10 个分册，由中国石油大学(北京)牵头组织，联合国家能源局、中国石油和化学工业联合会、中国石油学会、NACE 国际完整性技术委员会、中石油管道有限公司、中国石油管道公司、中国石油西部管道公司、中国石化销售有限公司华南分公司、中国石化销售有限公司华东分公司、中国石油西南管道公司、中国石油西气东输管道公司、中石油北京天然气管道公司、中油国际管道有限公司、广东大鹏液化天然气有限公司、广东省天然气管网有限公司等单位共同编写而成。

《管道完整性管理技术丛书》以满足管道企业完整性技术与管理的实际需求为目标，兼顾油气管道技术人员培训和自我学习的需求，是国家能源局、中国石油和化学工业联合会、中国石油学会培训指定教材，也是高校学科建设指定教材，主要内容包括管道完整性管理体系建设、管道建设期完整性管理、管道风险评价、管道地质灾害风险管理、管道检测与监测诊断、管道完整性与适用性评价、管道修复、管道完整性管理系统平台、管道完整性效能评价、管道完整性安全保障技术与应用，力求覆盖整个全生命周期管道完整性领域的数据、风险、检测、评价、审核等各个环节。本套丛书亦面向国家油气管网公司及所属管道企业，主要目标是通过夯实管道完整性管理基础，提高国家管网油气资源配置效率和安全管控水平，保障油气安全稳定供应。

《管道完整性管理体系建设》针对目前管道完整性管理与实践中存在的脱节问题，从企业如何建立管道的完整性管理体系出发，全面阐述了管道完整性管理体系的国内外进展、完整性管理立法、完整性管理标准，提出了完整性管理体系建立的框架、技术、方法、内容，提出了完整性管理体系的质量控制、技术培训和管理审核等关键要素的具体实施方法。

《管道完整性管理体系建设》还通过具体案例阐述了管道设计阶段实施完整性管理的重要性，提出了城市燃气管道完整性管理体系建设注重的要点，提出了未来管道完整性管理体系发展趋势，全力打造全生命周期的智能管网，对管道企业的技术创新和管理创新具有重要的实用价值。

《管道完整性管理体系建设》由董绍华主编，姚伟、王振声、王良军、杨光、江枫为副主编，可作为各级管道管理与技术人员研究与学习用书，也可作为油气管道管理、运行、维护人员的培训教材，还可作为高等院校油气储运等专业本科生、研究生教学用书和广大石油科技工作者的参考书。

由于作者水平有限，错误和不足之处在所难免，恳请广大读者批评指正。

目 录
CONTENTS

第1章 概　　述

1.1　管道完整性的定义

管道完整性是指管道处于安全可靠的服役状态。包括以下内涵：

（1）管道在结构和功能上是完整的；

（2）管道处于风险受控状态；

（3）管道的安全状态可满足当前运行要求。

管道企业不断采取行动防止管道事故的发生，管道完整性与管道的设计、施工、运行、维护、检修和管理的各个过程是密切相关的。

1.2　管道完整性管理的定义

1. 管道完整性管理（Pipeline Integrity Management，PIM）

管道完整性管理是指为保证管道的完整性而进行的一系列管理活动，具体指针对管道不断变化的因素，对管道面临的风险因素进行识别和评价，不断消除识别到的不利影响因素，采取各种风险削减措施，将风险控制在合理、可接受的范围内，最终达到持续改进、减少管道事故、经济合理地保证管道安全运行的目的。

2. 完整性管理方案（Integrity Management Program，IMP）

要实施完整性管理，首先要制定行之有效的完整性管理方案。完整性管理方案是指在对管道完整性管理活动作出针对性计划和安排的文件，系统地指导风险评价、完整性评价、管道维修维护等完整性管理工作。

1.3　管道完整性管理的内涵

管道完整性管理也是对所有影响管道完整性的因素进行综合的、一体化的管理。主要包括：

（1）拟定工作计划、工作流程和工作程序文件。

（2）进行风险分析和安全评价，了解事故发生的可能性和将导致的后果，指定预防和应急措施。

（3）定期进行管道完整性检测与评价，了解管道可能发生的事故的原因和部位。

（4）采取修复或减轻失效威胁的措施。

（5）培训人员，不断提高人员素质。

管道完整性管理的过程是一个持续不断的改进过程，如图 1-1~图 1-3 所示。

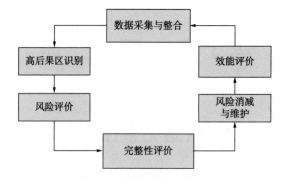

图 1-1　完整性管理流程

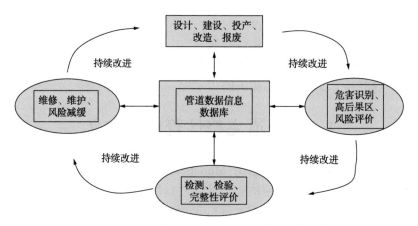

图 1-2　全生命周期管道完整性管理要素循环

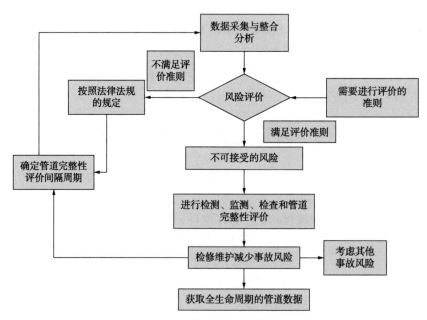

图 1-3　管道完整性管理关键节点

1.4 管道完整性管理的原则

管道完整性管理的原则如下：
(1) 在设计、建设和运行新管道系统时，应融入管道完整性管理的理念和做法。
(2) 结合管道的特点，进行动态的完整性管理。
(3) 要建立负责进行管道完整性管理的机构、管理流程，配备必要的手段。
(4) 要对所有与管道完整性管理相关的信息进行分析、整合。
(5) 必须持续不断地对管道进行完整性管理。
(6) 应当不断在管道完整性管理过程中采用各种新技术。

管道完整性管理是一个与时俱进的连续过程，管道的失效模式是一种时间依赖的模式。腐蚀、老化、疲劳、自然灾害、机械损伤等能够引起管道失效的多种过程，随着岁月的流逝不断地侵蚀着管道，必须持续不断地对管道进行风险分析、检测、完整性评价、维修、人员培训等完整性管理。

1.5 管道完整性管理体系

管道完整性管理体系的定义是针对完整性管理的计划、实施、效能、质量、评审、培训、持续改进等内容建立一套具有规定性、强制性、科学性的可执行、可操作、可遵循的管理文件、技术文件以及技术标准。完整性管理体系分为管理体系和技术体系，管理体系分为管理程序文件、管理作业文件、管理手册等，技术体系分为专利技术、技术标准、技术成果、专有技术等，如图1-4所示。

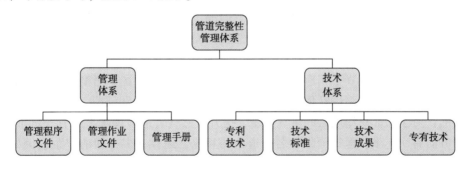

图1-4 管道完整性管理体系框图

1.6 建立完整性管理体系的必要性

20世纪初至今全世界的石油工业取得了引人瞩目的成就。石油工业的发展也给管道工业的发展注入了活力，使管道运输成为除铁路、公路、水运、航空运输以外的五大运输体系之一。使用管道不仅可以完成石油、天然气、成品油、化工产品和水等液态物质的运输，而且可以运送如煤浆、面粉、水泥等固体物质。

我国目前有油气长输管道约 13.6 万公里，许多管道已运行 40 年以上，已接近使用寿命，进入事故多发期。例如，20 世纪 60 年代我国川渝输气管网投产后，H_2S 含量偏高，加上材质和制造质量不佳，硫化氢应力腐蚀开裂事故频频发生；早期管道的石油沥青层，已达到寿命年限，涂层严重老化；东北输油管网已经运行 40 多年，许多管道都已达到或超过了设计寿命，目前已有很多管线处于报废阶段。我国海底管线现有 5000 多公里，其安全可靠性非常重要，例如平湖管线，投产后已因材质问题发生了泄漏事故。

石油天然气管道在我国国民经济中起着非常重要的作用。油气输送管道穿越地域广阔，服役环境复杂，一旦发生失效破坏，往往造成巨大经济损失，以及生态环境破坏和人员伤亡。据统计，我国现有长距离油气输送管道约 13.6 万公里、城市燃气管道约 25 万公里、油田集输管道约 35 万公里，其中有 60% 已进入事故多发期，潜在危险很大，每年因腐蚀、裂纹和机械损伤等造成的事故十分频繁，特别是西南油气田管网事故频发，一方面是由于当时的建设水平有限，另一方面是由于技术和管理上缺乏适用的标准与规范。

在役管道的安全管理工作十分重要，随着科技的不断发展，管道完整性管理已经成为全球管道技术发展的重要内容，我国在这方面起步较晚，到目前为止，还没有真正建立一套系统的、适用性强大的管道完整性管理体系。虽然管道的完整性管理目前可以参考现有标准、规范或推荐作法，但有许多地方需要结合管道的实际情况，进行修改和完善。在国际上，最有代表性的标准是 ASME B31.8S《输气管道系统完整性管理》、API RP 1160《有害液体管道完整性管理》和 API RP 1129《危险液体管道系统完整性管理》，但由于其是指导性文件，可操作性不强，同时由于国内外管道设计标准和具体运行管理的实际不同，很难全部应用于国内管线。

我国大多数新建管道所使用的设备与国外管道公司处在同一起跑线上，但由于管道的运行时间短，在运行经验和管理经验方面与国际管理水平还存在一定的差距，特别是在完整性管理方面一直没有全面推广，原因是多方面的，主要是由于该领域人才缺乏、完整性管理涉及领域宽、体系的建设滞后、国家在监管方面要求少等原因造成的。国内开展最早和成果经验最丰富的是陕京线，自 2001 年起，陕京输气管道、涩宁兰、兰成渝管道相继开展了全线的风险评价，成立了相应的管道完整性管理机构，建立了完整的管道完整性管理体系，全面实施了管道完整性管理，并经过近 20 年的实施，实践证明，管道完整性管理体系是可行的，对于保证京津地区的供气安全，提升天然气管道管理水平具有一定推动作用。虽然这一方面有所起步，但与国际知名管道公司相比，还存在多方面的差距，例如欧洲管道工业发达国家和管道公司从 20 世纪 80 年代就开始制定和完善了管道风险评价的标准，建立了油气管道风险评价的信息数据库，深入研究了各种故障因素的全概率模型，研制开发了实用的评价软件程序，使管道的风险评价技术向着定量化、精确化和智能化的方向发展。英国天然气管网公司 90 年代初就对天然气管道进行了完整性管理，建立了一整套的管理办法和工程框架文件，使管道维护人员了解风险的属性，及时处理突发事件。美国运输部安全办公室 OPS 针对管道经营者，2002 年初确定了管道运营商的完整性管理职责，明确提出，管道完整性管理运营商的责任在于对管道和设备进行完整性评价，避免或减轻周围环境对管道的威胁，对管道内部和外部进行检测，提出准确的检测报告，采取更快、更好的修复方法及时进行泄漏监测。美国运输部安全办公室 OPS 负责对运营商的完整性管理计划执行情况进行检查，检查影响管道高风险地区的管段是否都已确定和落实，检查管段的基准数据检测计划及完整性管理的综合计划，检查计划的执行情况等。

自"十一五"以来，我国已新建多条油气长输管道，包括西气东输塔里木-上海、涩北-兰州、忠县-武汉、陕京二线、陕京三线、陕京四线、忠武线与西气东输、秦沈线、西气东输与陕京二线联络线、兰银线、西二线、西三线、川气东送、秦皇岛-唐山-永清等多条输气管道，总长度超过 4.5 万公里；中国新建原油、成品油管道有兰州-成都原油管道、新疆-兰州原油管道、成品油管道、兰郑长输油管道、中哈原油管道、中俄原油一线、中俄原油二线、昆明-茂明成品油管道、港枣成品油管道、津华原油管道等，这些线路总长度超过 1.8 万公里；中国正在建设或规划建设的西气东输四线、西气东输五线、中俄天然气等输气管道总长达 1.5 万公里。

2017 年 7 月，国家发改委和国家能源局共同印发了《中长期油气管网规划》(以下简称《规划》)，统筹布局规划中国石油天然气基础设施网络。未来 10 年我国油气管网的规划布局将着眼于拓展"一带一路"进口通道，到 2025 年基本形成"海陆并重"的通道格局。到 2025 年，我国油气管网规模将达到 24 万公里，其中原油管道、成品油管道、天然气管道分别为 3.7 万公里、4 万公里和 16.3 万公里，年均增速分别为 3.2%、6.7% 和 9.8%。在陆上进口通道方面，《规划》指出，将加强与沿线国家油气管网设施互联互通合作，共同推动中俄原油管道二线、中俄天然气管道东线、中亚-中国天然气管道 D 线等项目建设，充分发挥现有中缅原油、天然气管道输送能力，维护输油、输气管道等运输通道安全。在海上进口设施方面，将坚持适度提前、适时建设的原则，优化沿海 LNG(液化天然气)接收站布局，在环渤海、长三角、东南沿海地区，优先扩大已建 LNG 接收站储转能力，并适时规划建设一批 LNG 接收站。同时，结合沿海炼化基地需求，充分利用现有原油公共码头装卸能力，有序推进原油码头改扩建，适度新建原油码头。未来十年内我国还要建成大量的海底管线和 LNG 天然气管线，管道的数量在不断地增加，其管理的难度也在不断地增加。

目前中国石油油气管道总里程为 7.5 万公里，其中天然气管道为 5.5 万公里，原油管道为 1.2 万公里，成品油管道为 8000 公里，地处全国 28 个省市，分布于西南、东南、西北、东北、华中、华北、华东、华南，覆盖的地域复杂，风险较大。

中国石化油气长输管道总里程为 2.71 万公里，其中成品油管道为 1.4 万公里，原油管道为 6800 公里，天然气管道为 6300 公里，主要分布在西南、华中、东南、华北等省区，区域内经济发达、人口稠密、公共设施多，部分管道分布在山区、水域，地质灾害等风险高，管道安全运行管理难度大。

中国海油现有厂区外公共区域各类油气输送管道(管网)400 余条(个)，总长度近 9000 公里，海上油气管道总长度为 5500 公里，因油气输送管道运行压力较高、途经区域地形复杂、周边第三方活动频繁，管道运营面临较大风险。

我国省级管网公司，如江西、广东、安徽、山西、河北、天津、山东、浙江、重庆、北京、深圳等全国省级地方管道总长度大约在 1.1 万公里，地处城市管网与主干管网的连接地段，情况更为复杂，人口分布更为稠密。

我国未来布局将形成三大油气管道网络。

(1) 成品油管道网络 ①北油南运通道：东北南下通道，构建大庆-长春-沈阳-京津冀运输通道，实现成品油自东北向华北地区输送、自东北经渤海湾海运外送，根据煤制油项目进展，适时建设煤制油外送管道；华北南下通道，构建京津冀-郑州-武汉运输通道，实现东北成品油和华北成品油向中南地区输送；西北南下通道，构建新疆-兰州、蒙西-兰州、兰州-成都-重庆、兰州-郑州-长沙的运输通道，实现成品油从西北向西南、华中地区输送。②沿海内送通道：齐鲁西送通道，构建胶东半岛-鲁西-郑州运输通道，与华北南下通道、兰郑长管道互联，实现山东成品油向中部地区输送；沿江输送通道，构建宁波-南昌-长沙江南成品油运输通道、武汉-重庆的江北成品运输通道，在长江流域承接华北、东北成品油并沿江向西南地区输送，逐步替代成品油长江船运，降低运输过程中成品油泄漏可能造成的长江水域污染风险和三峡过坝燃爆等事故风险；华南内送通道，构建广东-广西-云贵渝的成品油运输通道，实现华南成品油向西南输送，构建广东-湖南成品油运输通道，实现珠三角地区成品油向华中地区输送。③直线管道：加快建设区域内直线管道，推动成品油管道终端城市引入工程建设，不断扩大成品油管道覆盖范围，提高成品油管道接入的城市数量，逐步降低城市间成品油公路运输比例；结合民航发展需求，对航空煤油年用量超过20万吨的机场，配套新建航油管道；研究建设成品油储备库接入管道，提高成品油储备应急动用灵活性。

（2）原油管道网络　①西半环：连通西北西南地区，西北方向承接哈萨克斯坦进口原油，配套建设阿拉山口-乌鲁木齐-兰州西部原油管道复线，研究规划延伸至格尔木分支管道，对接中巴原油管道，研究规划喀什-鄯善原油管道；西南方向结合西南地区炼化能力和布局情况，对接中缅原油管道，研究规划进一步向贵州等地延伸原油管道，适时建设。②东半环：连通东北、华北和华东沿海地区，对接俄罗斯进口原油，建设中俄原油管道二线，形成从东北至华北至华东，纵贯东部地区的原油南下通道。③海油登陆，推进沿海码头原油外输管道设施建设，提高进口原油从沿海向内陆辐射供应能力，规划建设临邑-济南复线、董家口-东营、董家口-潍坊-鲁北、烟台-淄博、日照-濮阳-洛阳、日照-沾化、连云港-淮安-仪征、南通-仪征、仪长复线仪征-九江、大亚湾-长岭、廉江-茂名原油管道等；研究规划洛阳-西安原油管道，为东西部原油交流互济预留通道。

（3）天然气管道基础网络　为适应新型城镇化建设中天然气需求广泛分布、点多面广、跨区调配等需要，须加快启动新一轮天然气管网设施建设。统筹考虑天然气和LNG"两个市场"、国内和国际"两种资源"、管道和海运"两种方式"，坚持"西气东输、北气南下、海气登陆"原则，加快建设天然气管网。到2025年，逐步形成"主干互联、区域成网"的全国天然气基础网络。①西气东输：依托进口资源，以及塔里木盆地、准噶尔盆地、鄂尔多斯盆地和四川盆地天然气资源，逐步完善西气东输、川气东送、陕京等天然气干线系统，增强天然气跨区域输送能力，重点满足我国中东部地区用气需求；加快建设西气东输三线、陕京四线、新疆煤制气外送管道，新建西气东输四线、五线、川气东送二线等主干管道；结合煤制气项目进展，分期建设新疆、鄂尔多斯等地区煤制气外输管道。②北气南下：统筹衔接陆上重要天然气进口管道建设情况，配套新建中俄东线黑河-华北-华东等天然气管道；结合煤制气项目进展，适时建设蒙东煤制气外输管道等。③海气登陆：依托近海天然气开发，建设东海、南海气田上岸天然气管道；结合LNG接收站建设，配套建设天津、唐山、如东、温州等一批LNG外输管线。④主干互联、全国覆盖：加强干线系统内、干线系统之间、相邻省区市的联络线建设，补齐跨地区、跨省调配短板，实现全国主干管网全覆盖、全联通，形成坚强有力的基础管网格局；新建青岛-南京、保定-石家庄-郑州、楚雄-攀枝花、鄂尔多斯-银川、赣湘线、赣闽线、闽粤线、琼粤线、渝黔桂线、青藏线；研究规划华北沿海和东南沿海线 LNG 互联互通工程。⑤区域成网、广泛接入：加快区域管网和支线管道建设，全面实施互联互通工程，打通用气"最后一公里"；全面推进符合条件的市县和乡镇管网覆盖，并探索推动天然气管道接入人口规模较大、距离气源或主干管网较近的农村地区；加快建设配套输气管网，结合港口规划和 LNG 接收站建设，新建一批 LNG 接收站外输管道；以京津冀及周边地区、长三角、珠三角、东北、海南岛等地区为重点，加快建设区域管网和支线管道，推动"煤改气"工程；适时建设煤层气田与天然气输气干线间的联络输气管道。

近年来发生管道事故近百起，重特大事故 4 起，其中黄岛 2013 年"11·22"事故、台湾高雄 2014 年"8·1"事故、中缅管道国内贵州段 2017 年"7·2"事故以及中缅管道国内贵州段 2018 年"6·10"事故为典型事故，教训极为深刻，究其原因，主要是完整性管理不落实、事故致因与事故反演理论不落实所致。考虑当前安全生产的严峻形势，随着管道的数量大幅增加，我国油气输送企业、城市燃气等企业有必要建立管道完整性管理体系，全面系统地指导油气管道的生产、运行、维护和管理，有条理、有章可循地实施管道完整性管理，使生产管理程序化、标准化，提高整体的管理水平。同时我们必须寻求国际管道管理的先进经验，结合中国的国情，消化吸收国外先进的技术与管理手段。本书的目的在于阐述如何建立适合于企业自身发展的管道完整性管理体系，力求与国际管道技术与管理全面接轨，全面阐述体系的建设、运行、维护和管理。

第 2 章　国内外完整性管理体系进展

2.1　国外完整性管理法规和标准情况

　　管道完整性管理逐渐成为世界各大管道公司采取的一项重要管理内容，管道公司通过对管道运营中面临的安全因素的识别和评价，制定相应的风险控制对策，不断改善识别到的不利影响因素，从而将管道运营的风险水平控制在合理的、可接受的范围内，达到减少管道事故发生、经济合理地保证管道安全运行管理技术的目的。完整性管理的实质是，评价不断变化的管道系统的安全风险因素，并对相应的安全维护活动作出调整。世界各大管道公司采取的技术管理内容包括：管道风险管理，灾害与风险评估技术管理，QHSE 系统管理，管道安全运行的状态监测管理（腐蚀探头监测、管道气体泄漏监测、超声探伤监测、气体成分监测、壁厚测量监测、粉尘组分监测、腐蚀性监测等），管道状况检测管理（智能内检测、防腐层检测、土壤腐蚀性检测等），结构损伤评估管理，土工与结构评估技术管理，腐蚀缺陷分析和评定技术管理，先进的管道维护技术管理等。

　　管道完整性管理技术起源于 20 世纪 70 年代，初始一般称为管道风险评估，当时欧美等工业发达国家在二战以后兴建的大量油气长输管道已进入老龄期，各种事故频繁发生，造成了巨大的经济损失和人员伤亡，大大降低了各管道公司的盈利水平，同时也严重影响和制约了上游油（气）田的正常生产。为此，美国首先开始借鉴经济学和其他工业领域中的风险分析技术来评价油气管道的风险性，以期最大限度地减少油气管道的事故发生率和尽可能地延长重要干线管道的使用寿命，合理地分配有限的管道维护费用。经过几十年的发展和应用，目前许多国家已经逐步建立起管道完整性管理体系和各种有效的评价方法。

　　至 90 年代初期，美国的许多油气管道都已应用了完整性管理技术来指导管道的维护工作。随后加拿大、墨西哥等国家也先后于 90 年代加入了管道风险管理技术的开发和应用行列，至今均取得了丰硕的成果。

　　为了增进管道的安全性，美国国会于 2002 年 11 月通过了专门的 H. R. 3609 号《管道安全促进法》，2002 年 12 月 27 日布什总统签署生效，H. R. 3609 号法案第 14 章中要求管道运营公司在高后果区（HCA）实施管道完整性管理，制定并发布了气体管道和液体管道完整性管理规程（49 CFR 192 和 49 CFR 195），推进并加速管道高后果区的完整性评价，促进管道运营公司建立和完善完整性管理体系，促进政府发挥审核管道完整性管理计划方面的作用，增强公众对管道安全的信心。

　　美国运输部管道安全办公室（OPS）于 2002 年初确定了管道运营公司的完整性管理的职责，明确提出管道完整性管理运营商的责任在于对管道和设备进行完整性评价，避免或减轻周围环境对管道的威胁，对管道外部和内部进行检测，提出准确的检测报告，采取更快、更好的修复方法及时进行泄漏监测。OPS 对运营商的完整性管理计划进行检查，检查影响管道高风险地区的管段是否都已确定和落实，检查管段的基准数据检测计划及完整性管理的综合计划，检查计划的执行情况等。

美国的管道运营公司大多在 2000 年后根据政府部门的要求成立了完整性管理部门，其完整性管理模式各不相同，但总体都有明确的管理目标，同时有一名副总裁专项负责完整性管理业务，并有专门的完整性管理机构和充足的、高层次的人力资源保障；完整性管理在全公司的业务管理中发挥着重要的作用，在日常工作和政府沟通中扮演着重要角色，对公司管道维修计划的制定、内检测、风险评估等业务实施管理职能，同时为管道应急等提供基础信息和决策咨询。随着完整性管理所发挥作用的日益显现，各管道公司已经从被动成立完整性管理部门以满足法规的要求，转变为主动发展完整性管理业务的行为，完整性管理部门的人力资源得到不断补充和发展，成为各管道公司的重要部门。

美国的管道完整性管理实施比较成熟，建立了比较完善的文件支持体系，涉及标准、法规、规则以及各种管道手册，其中完整性管理法规起源于 2002 年，但之前 1968 年颁布的管道安全法案，为完整性管理的发展奠定了重要的基础，随着技术进步和管理认识的深入，完整性管理得以最终确立，这些较有影响的文件如下。

1. 完整性管理法规

（1）《天然气管道安全法案》（1968 年）

（2）《天然气管道安全法案修正案》（1968 年）

（3）《天然气管道安全法修正案》（1974 年）

（4）《天然气管道安全法修正案》（1976 年）

（5）《管道安全法案》（1979 年）

（6）《危险液体管道安全法案修正案》（1979 年）

（7）《管道安全再授权法案》（1988 年）

（8）《管道安全法案》（1992 年）

（9）《可计算的管道安全与合作关系法案》（1996 年）

（10）《管道安全改进法案》（2002 年），也称为《关于增进管道安全性的法案》（HR 3609）

（11）美国联邦法典第 49 部第 192 部分（49 CFR 192）《天然气和其他气体管道输送的联邦最低标准》

（12）美国联邦法典第 49 部第 195 部分（49 CFR 195）《危害液体的管道运输》

（13）《管道检验、保护、强制执行与安全法案》（2006 年）

（14）《管道安全、监管确定性和创造就业法案》（2011 年）

2. 完整性管理标准

（1）ASME B31.8S　输气管道完整性管理

（2）API RP 1160　有害液体管道完整性管理

（3）NACE RP0102　管道内检测的推荐实践标准

（4）NACE RP0502　外腐蚀直接评估（ECDA）

（5）NACE RP0204　应力腐蚀开裂直接评估（SCCDA）

(6) NACE SP0206　十气管道内腐蚀直接评估(DG-ICDA)

(7) NACE SP0208　液体石油产品管道内腐蚀直接评估(LP-ICDA)

(8) NACE SP0110　湿气管道内腐蚀直接评估(WG-ICDA)

(9) API 1163　管道内检测系统标准

(10) ASME B31G　腐蚀管道剩余强度手册

(11) API 579　合乎使用性评价

(12) API 581　基于风险的检测

加拿大主要由国家能源局(NEB)制定了加拿大各省的陆上管道规程，规程中明确要求"每个公司应制定管道完整性管理程序"。另外，加拿大最主要的能源地区——艾伯塔省，其能源公用事业委员会(AEUB)也制定了该省的管道规程，此规程规定"具有许可证的法人应该制定和拥有一个或多个管道操作、腐蚀控制、维护、修复及完整性管理程序的指导手册，且在要求的情况下还应向委员会提交副本；具有许可证的法人在管道完整性管理程序中应考虑外部涂层脱落的管道的应力腐蚀开裂"。加拿大标准协会(CSA)制定发布了管道标准 CSA Z662—2003《石油天然气管道系统的设计、建造、操作及维护》，明确规定(条款 10.11.1)：运营公司应该制定及执行一个管道完整性管理程序，包括用于管理管道完整性的有效的规程(参见条款 10.2)以使它们可适用于持续性的使用，规程应包括监控可能导致失效状态的规程、消除或减轻此类情况的规程以及管理完整性数据的规程。根据 NEB 公布的管道绩效分析报告，2000~2004 年期间，加拿大气体管道的泄漏失效频率为 $0.03/(10^3 \mathrm{km} \cdot \mathrm{a})$，液体管道的泄漏失效频率为 $0.05/(10^3 \mathrm{km} \cdot \mathrm{a})$。

欧洲管道工业发达国家和管道公司从 20 世纪 80 年代开始制定和完善管道风险评价的标准，建立了油气管道风险评价的信息数据库，深入研究了各种故障因素的全概率模型，研制开发了实用的评价软件程序，使管道的风险评价技术向着定量化、精确化和智能化的方向发展。英国天然气管网公司 90 年代初就对天然气管道进行了完整性管理，建立了一整套的管理办法和工程框架文件，使管道维护人员了解风险的属性，及时处理突发事件。

英国也在积极推广完整性管理工作，于 2008 年发布了规范文件 PAS 55—2008《资产管理》，强调通过系统的和协调性的活动和方法，以最优的方式来管理其资产和资产生命周期内的与资产相关的性能、风险和支出，以实现其组织战略计划。2009 年英国标准协会(BSI)发布了标准 BSI PD8010-3《陆上钢制管道实施标准》，该标准补充了 BS PD 8010-1：2004 标准，给出了高压天然气管道风险评价的流程和方法，并明确给出了员工个人风险、公众个人风险和社会风险的可接受范围(ALARP)。目前，英国标准协会正在制定其完整性管理标准 BSI PD 8010-4《管道系统　第四部分：陆上海底钢制管道完整性管理实施标准》。根据英国 UKOPA(United Kingdom Onshore Pipeline Operator's Association)2009 年公布的第六版管道失效研究报告，从 1962 年至 2008 年，英国 UKOPA 组织所运营管道的失效频率为 $0.242/(10^3 \mathrm{km} \cdot \mathrm{a})$，而 2004~2008 年管道平均失效频率为 $0.064/(10^3 \mathrm{km} \cdot \mathrm{a})$。

2.2　国外管道企业完整性管理实施情况

加拿大 NOVA(努发)天然气输送有限公司(NGTL)拥有管道 15600km,多数已运营近 40 年。该公司非常重视管道风险评价技术的研究,已开发出第一代管道风险评价软件。该公司将所属管道分成 800 段,根据各段的尺寸、管材、设计施工资料、油(气)的物理化学特性、运行历史记录以及沿线的地形、地貌、环境等参数进行评估,对超出公司规定的风险允许值的管道加以整治,最终使之进入允许的风险值范围内,保证了管道系统的安全、经济运行。20 世纪 90 年代中期,该公司对其油气管道干线进行扩建,需要穿越爱得森地区 5 条大型河流,在选择最佳施工技术时遇到了困难。由于环境管理比过去更加严格,传统的选用最低费用的方法已经不再适用,需要一个权衡费用、风险和环境影响的决策方法,在收集了线路、环境、施工单位等的最新资料和对不同河流穿越方法的局限性进行鉴别后,结合每一个穿越方案的不确定性和风险进行了决策和风险分析,最终对各穿越方案 35 年净现值有影响的所有因素以及极端状态进行了量化评估后,作出了正确的选择。

美国天然气研究所(GRI)决定今后将工作重点放在管道检测的进一步研究和开发上。利用高分辨率的先进检测装置及先进的断裂力学和概率计算方法,获得更精确的管道剩余强度和剩余使用寿命的预测和评估结果。

美国 Amoco 管道公司(APL)从 1987 年开始采用专家评分法风险评价技术管理所属的油气管道和储罐,到 1994 年为止,已使年泄漏量由原来的工业平均数的 2.5 倍降到 1.5 倍,同时使公司每次发生泄漏的支出降低 50%。

美国科洛尼尔(Colonial)管道公司把管理的重点放在管道的安全和可靠性上,管理计划包括管道内部的检测,油罐内部的检测、修理和罐底的更换,阴极保护的加强,线路修复等内容。利用在线检测装置和弹性波检测器,实施以风险为基础的管理方法,并每年进行一次阴极保护系统的调查和利用飞机实施沿线巡逻。该管道公司采用风险指标评价模型(即专家打分法)对其所运营管理的成品油管道系统进行风险分析,有效地提高了系统的完整性。该公司开发的风险评价模型 RAM 将评价指标分为腐蚀、第三方破坏、操作不当和设计因素等四个方面,该模型可以帮助操作人员确认管道的高风险区和管道事故对环境及公众安全造成的风险,明确降低风险的工作重点,根据降低风险的程度与成本效益对比,制定经济有效的管道系统维护方案,使系统的安全性不断得到改善。

以 Shell 为代表的国外大型石油公司,对于石油企业的完整性管理通称为资产完整性管理(Asset Integrity Management),其中又分为管道完整性管理、设施完整性管理、结构完整性管理和井场完整性管理四个部分。

比利时管道公司开展完整性管理的目标一是保障基础设施的完整性,二是证明管道是安全可靠的,三是提高管理效率,四是合理分配有限资源,五是有效地管理老旧管道。

比利时天然气管道有 4100km,有 5 个压气站、183 个分输减压站,管理的管径从 4in 到 48in,最低压力为 1.5MPa,最高压力为 8MPa,管理难度很大,境内人口分布众多。开展管道内检测是比利时管道公司主要的完整性管理方法,其目的是保障管网的完整性,增加安全性，延长管道寿命。比利时管道公司管道检测的总目标是优先检测老旧管道，开展组合检测和再检测，已开展一次检测的管道长度为1100km，进行再检测的管道有1400km，低压管道有540km，经过研究不能内检测的管道有120km，长度段小于3km的管道有120km，2013~2015年计划检测470km，2015年后检测360km，第一次内检测的周期大于20年，第二次内检测，如果没有发生腐蚀，则周期定为15年，如果发生腐蚀，则定义内检测周期为7~10年，但由于再检测采取的承包商可能有所不同，另外再检测针对新腐蚀的发现与第一次检测结果对比的不确定性，则再检测周期定为7年，第三次检测周期，通过运行RUNCOM软件来确定管道的检测周期，一般为7~15年。

建立完整性系统，通过完整性管理的风险评估，对总体风险和单项风险进行分类，开展风险的有序分析，采用ISAT风险评估模型，通过软件进行动态完整性管理，需要的输入要素数据达到127个，采用PII的半定量的风险评价软件（打分法）适用于FLUXYS管道公司，采用英国燃气研究院ADVANTICA公司的PIPESAFE软件进行风险后果评估。根据风险后果和风险打分结果，公司内部针对风险进行分级，将确定中高风险段的前10%作为主要风险削减段，下一年度重点开展完整性管理。

比利时管道公司不开展管道ECDA评估，不通过ECDA评估来解决管道的完整性问题，只是检测涂层的受损情况。内检测通过开挖，缺陷经过3D扫描，确定管道缺陷形貌，进行评估，有四种缺陷需要修复：管道壁厚损失大于70%，$ERF>1.0$，偏心套管接触、不明金属物接触管道，凹坑。由于第三方损伤是比利时管道的主要风险，凹坑底部平滑，大于$7\%D$的直接修复；缺陷小于2%不修，凹坑底部有尖锐的缺陷需要修复；凹坑在焊缝上介于2%~4%需要探伤检测后，确定是否进行修复；凹坑在焊缝上，同时底部有裂纹存在，则需要修复，一般进行切管修复，永久消除风险；凹坑在顶部要进行Pearson涂层检测，确定涂层是否损伤。

FLUXYS管道每年修复200处，采用CLOCK-SPRING、套筒等方法，但有10%的管段需要切管修复，每年切管的数量达到15~20处，针对焊缝异常缺陷的修复，选择性地进行开挖检测，大于3mm深的裂纹需要修复。

比利时管道公司的定性风险评估从建设期开始：全面的风险评估，只做一次，在新项目建设过程中保持数据准确；特殊段风险评估，在每个新项目中，针对不同的高风险段均需要开展，是对管道通过带内250m范围内进行的风险评估，主要是降低泄漏的概率，降低泄漏的影响。

澳大利亚Gasnet公司实施完整性管理的重点在第三方破坏方面，外界干扰和第三方破坏，对管道来说是最大的威胁。由于电站设施的增加、定向钻的大量使用、通讯光缆光的铺设以及承包商建设公路、铁路的增加，都使得威胁增大。使用的工具设施包括挖掘机、钻机、钻孔器和定向钻，威胁同时也来自其他主体授权资产机构的建设和维护以及在自有管线的维护工作中发生的问题。主要采用AS 2885.1减轻风险标准，每年都要对每一条管线进行风险评估，GasNet要求最小埋深为1200mm，对临时管道要求最小埋深为900mm。管道与道路交叉口要浇灌混凝土、增加壁厚以及在道路最低处埋深1.2m，此外还要挖建排水沟槽。

澳大利亚 Gasnet 公司非常重视管道巡检，巡检的目的是要发现不明身份的或者已经存在的外界干扰操作、泄漏、违章建筑、标记缺乏、建筑物上的植被、腐蚀、塌方、下沉以及地面管线的安全问题和周围环境问题。巡检采用空中巡检和地面人工巡检相结合的方式，周末在大城市区域要实行地面巡检，在乡村区域要每周或每两周或每月进行空中巡检，同时以地面巡检进行补充。每年空中巡检要对所有管线进行录像，对地面管线，尤其是容易产生腐蚀和塌方地区要进行拍照。

密切联系土地所有者能够有效阻止第三方破坏，对土地所有者每年都要进行探访并且要经常与他们进行联系。在联系过程中讨论如下问题：

（1）土地所有者的区域位置；

（2）办好在土地上进行合法施工的手续；

（3）任何存在土地所有者及其相邻区域的变化的可能性；

（4）对管线安全潜在的威胁；

（5）管线突发事件反应程序；

（6）24h 都能联系的方式。

Enbridge 公司完整性管理提出的目标是，确保管道安全和增强安全意识，使用最先进的管理和支持技术努力达到零事故。在实施完整性管理过程中，建立了技术体系，主要包括开展完整性管理的条件、完整性管理支持技术、完整性管理实施方式。同时，在开展完整性管理过程中，公司还建立了管道数据库，配备了管理及检测设备，明确了管理职责与分工，完善了管理文件体系和标准法规。

Enbridge 公司管道数据库管理管道核心数据，提供了企业决策支持系统或业务管理系统所需要的信息，把企业日常营运中分散不一致的数据经归纳整理之后转换为集中统一的、可随时取用的深层信息。Oracle 管道数据库储存了管道完整性管理所需要的全部数据和文件，数据库中的数据通过 APDM 模型规范存储，根据 ArcGIS 地理信息平台建立地理信息系统可视化地图界面，在此界面上，开发和应用管道完整性的评估、决策、维抢修等应用软件，从而实现完整性管理的可视化、智能化及数据共享。完整性管理的设备主要包含现场测量设备、检测设备、监测设备等。

印度尼西亚 VICO 东卡曼里丹管道公司实施管道完整性管理，制定了管道完整性管理纲要，将维护和检测作为管道完整性管理的重要内容，开发并建立了管道完整性管理系统，使有效资产和净利润最大化，使健康、安全和环境风险最小化，并在管线运行期间确保资产的完整性。东卡里曼丹管线同时制定了网络应急计划，根据每个参股公司的告知/通讯以及活动支持来提供标准的应急反应，内容包括通讯录、电话号簿、管线地图、报告及表格抢修程序、管道缺陷类型及其所在位置、管道修理及修理顺序以及抢修材料等（见图 2-1）。

意大利 SNAM 公司经营 29000km 的天然气管网系统，其中包括输气干线与支线。有的已运行超过了 50 年，80%管网受到杂散电流的强烈影响，大部分运行压力高于 2.4MPa。SNAM 公司实施了完整性管理策略，使系统保持高度安全及低成本，节约了 1/3 的维修费用。

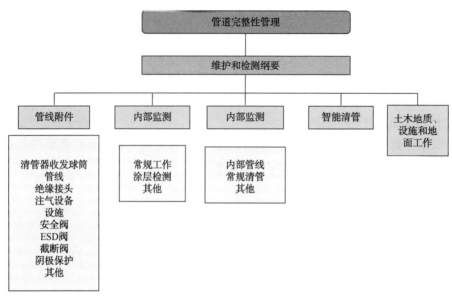

图 2-1　VICO 东卡曼里丹管道完整性管理框图

2.3　国外管道完整性管理机构设置情况

2.3.1　加拿大 TransCanada 公司

TransCanada 是北美地区一家拥有五十年历史的能源公司和天然气输送公司，从最初的天然气输送市场，到最近的能源和天然气销售市场，TransCanada 一直扮演着创新者和专家的角色。TransCanada 在加拿大和美国的管线市场中具有稳固而领先的地位。

TransCanada 的业务主要分为 3 个部分：天然气输送、能源和天然气销售。天然气输送一直是该公司的核心业务。TransCanada 拥有长达 38000km 的管线，可以将加拿大西部与主要的加拿大和美国市场连接在一起。TransCanada 将加拿大大约 70% 的天然气输送到市场，其中约有 60% 供给美国市场。该公司每天向加拿大和美国北部地区销售大约 66 亿立方英尺的天然气。完整性管理方面，TransCanada 的完整性管理目标为：①相信所有的事故都是可以预防的；②减少员工、公众和环境风险；③利用关键技术和最佳实践；④形成规范的业务标准。

管道线路完整性部门共有 146 人，设施完整性部门共有 120 人，数据完整性管理部门共有 40 人。线路完整性部门包括合规管理、危险识别、风险管理程序、完整性支持和内检测专业的管理。

TransCanada 每年开展超过 8000km 的内检测，开挖腐蚀点超过 300 处；每年开展约 500km 的打压评估，主要是因为内检测器无法检测出应力腐蚀裂纹缺陷。对已内检测管道在检测周期内进行开挖验证，以确认再次检测时间。公司根据下一年的内检测计划来安排运行输量以满足内检测的需求。

TransCanada 每年进行一次风险评价,使用自行开发的风险评价软件,多个部门参与分析,每次评价后给出未来 7 年的风险。对不同的人口等级要进行不同的评价,对 3 级以上地区进行定量风险评价(QRA)。2011 年已经根据风险评价报告完成了 2012 年的风险投资控制计划,风险评价报告反馈给风险识别人员,以帮助评价人员关注识别出的风险。

管道完整性管理部门根据完整性管理方案,提出管道维修计划。计划投资部门按照完整性的要求安排计划,如果变化较大则需要由总裁亲自确认。强化对高后果区的认识程度,加强高后果区识别的量化和可操作性。

2.3.2　加拿大 Enbridge 公司

Enbridge 公司管道完整性管理目标为:管道设计、施工、检测、维修、操作和安全的做法等都符合政府规章,努力实现零伤害、零损失、零泄漏。

该公司的管道完整性管理组织机构如图 2-2 所示。2011 年又设置了设施完整性管理部门,主要负责罐、站区管道的安全管理。

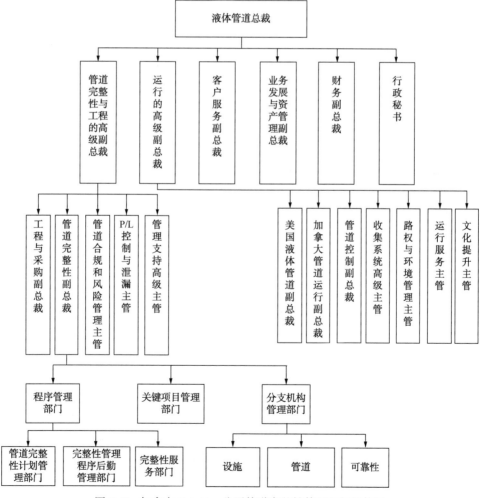

图 2-2　加拿大 Enbridge 公司管道完整性管理组织机构图

管道完整性管理部门的工作内容是：①负责完整性管理程序执行，如内检测、开挖修复和内腐蚀控制；②负责材料技术，如焊接和修复程序、裂纹管理程序、凹坑管理程序；③负责完整性分析，如腐蚀增长评估、内检测间隔和内腐蚀控制程序。目前每年运行 120 个站间距的内检测，约 14000km，开展约 1000 次清管，开挖约 2000 次。

管道完整性管理部门现有 60 人，管理 22000km 管线，部门人数规划为百人，完整性管理部门员工的资格要求是注册工程师或专业人员，重点开展管道本体的管理工作，管道判寿工作由工程部实施，完整性部门负责管道的失效分析，地质灾害风险由机械部门管理负责。各地方分公司只有很少量的完整性工作。路由管理由路权部门管理负责，GIS 软件由工程部门负责管理，完整性数据收集由完整性管理部门负责管理。

完整性管理部门提出管道的管理和维修计划，如果管理层没有此费用，则需要在领导层讨论并最终在批复的费用中调整计划。

2.3.3　美国 Williams Gas 公司

该公司的管理理念是保证安全，安全包括两个方面，一是人员的安全，二是管道的安全，主要是使用内检测等科学的方法确保管道安全。该公司的企业文化是安全与持续改进，管道管理者热爱事业。公司的目标是用 5~10 年实现管道零事故。

Williams Gas 公司完整性管理部门有 120 人，西部管道分公司有 27 人(分内外检测、防腐)，东部管道分公司有 7 个，不包括现场人员。完整性管理部门负责管道本体的完整性，完整性管理工作主要是腐蚀管理，大约有 60 多个程序执行，完整性管理程序中明确资质、标准要求和如何做，所有的雇员都需要学习。该公司早在 1955 年就全面开展了腐蚀防护，早于政府 1970 年提出要求。该公司的经验认为，不严格控制腐蚀，管道将无法控制使用寿命；提高阴极保护效果，避免缺陷的产生，是公司提出的一个减少修复的理念，公司通过评估才进行修复。

公司管理风险和潜在的危险，比如焊缝、第三方损伤等，需要进行目视检查、开挖等，只有测量和确认每一处危险并评估后，才确定该如何做。公司要求跟踪每次没有预先打电话告知的开挖活动，分析原因并进行改进。

管道完整性管理部门配备一个风险评估小组，每年对全公司的管道进行一次风险评价，根据风险评价结果提出管道维修计划。地质灾害的风险管理由运行部门负责，运行部门做好评估后，转交给管道完整性管理部门的风险分析人员进行统一整合。公司每年组织一次对全公司风险报告的综合审核。Williams Gas 公司在一个列表中，对每一段管道都列出各种风险因素，并给出各种风险因素的控制方式。比如，某段的风险是内腐蚀，则给出内腐蚀的控制方法和时间。

该公司大约有 10% 的高后果区管段，对所有 HCA 都定义是否是高风险段 HCA，将比平均水平风险线高 2 倍误差的风险段定为高风险段。虽然政府只要求在高后果区开展完整性管理，但是，考虑将来政府肯定会扩大 HCA 的范围和增加对 HCA 外的要求，该公司现在开展内检测等工作时是不区分是否是 HCA 的。政府只是关心高后果区，而公司关心的是防止全管道的事故发生。

近几年各管道公司都成立了完整性管理部门，作用和地位都在提高，主要是因为事故和政府的要求使管理者充分认识到了完整性管理的重要性。

在数据管理方面，过去50年的该公司管理的数据资料信息非常庞大，近年来内检测能给出更精确可靠的数据，基于数据就能计算风险，明确根据风险进行风险预控。公司建立了完整性管理的基础数据库，包括内检测、阴极保护及测量信息等，与GIS系统整合，进行管道的应急管理、管道数据查询管理。

2.3.4　美国 Enbridge Gas 公司

该公司是Enbridge集团下的独立天然气管道公司，全公司约有4000名员工，在休斯敦总部约有500名工作人员，运行的管道有陆上气管道、海底管道和处理厂。

管道完整性管理副总裁有下属13人，分管道完整性管理和设施完整性管理2个部门。运行高级副总裁有下属约600人，分陆上管道运行和海底管道运行2个部门。

目前该公司所开展的检测与评价等具体工作都由承办商来完成，公司现有的人员主要从事管理工作，公司计划逐步培养自己的专业技术人员。该公司在2012年前完成了基线评价，对没有数据的管道采用打压评估，对具备内检测条件的管道进行内检测评估，为了保证内检测，对部分管道投巨资进行改造。公司认为直接评估技术尚存在问题，故不采取该方法对所辖管道进行完整性评价。

该公司在2010年12月成立了设施完整性管理部门，工作思路与线路管道完整性管理的工作思路基本相同，当前主要的工作是对站内管道和设备的腐蚀管理。该部门对气体处理厂采取按照人口等级进行风险等级划分的方法进行管理。

2.3.5　美国 Panhandal 公司

该公司是美国最早的管道公司，1952年加入PRCI管道协会开展研究项目，是最早开展完整性管理相关研究的公司，目前公司正在开展站场完整性管理的研究。

该公司的目标是零事故，不断提高完整性管理，持续改进。公司努力消除可能导致管道事故的潜在原因，通过风险和完整性管理行为创造价值，增加安全性。在程序、运行和维护行为方面优化资本支出，颁布了为实现完整性管理方案的内检测和风险减缓程序。

1999年前，该公司在曾经30天内发生了3起事故。为了避免事故的发生，公司于1999年成立了完整性管理部门(公司认为，完整性管理是一个专职工作，不是兼职，并且是一个统一的体系，技术要求高，原有的其他部门是做不了的)，现有30人，其中15名工程师，15名现场工程师。2004年设立副总裁主管完整性管理，该副总裁共管理114人，除了完整性部门人员外，还包括自控、GIS和环保管理等部门人员。

该公司的完整性管理已经发展得比较完善，钢质管道完整性管理在未来10年内不会有更大的变化。未来的10年内将是管道公司普遍提高、推广普及完整性管理的过程。

该公司最早的管道是1929年建设的，现在还在使用。虽然国家规定只需开展高后果区的完整性管理，但是公司仍坚持对全管道开展完整性管理。该公司不选择管道外腐蚀直接评估作为完整性评价的手段，对于不能进行内检测的管道就进行打压评估。老管道中只有20%具备内检测条件，公司投入大量费用进行改造，使其具备内检测条件，该公司仍有20%的不可内检测管道采取打压评估。

该公司 1985 年开始开发数据管理系统，公司所有数据都在此数据系统中，具备数据查询、变更管理和影像查询等功能。公司有 5 个专业的 GIS 管理人员，为运行和完整性部门服务。

该公司所有的压力容器都在完整性管理部门进行管理，旋转设备在另外一个部门管理，设备完整性管理没有列入法规要求，是基于可靠性的管理。评价完整性管理实施效果主要是依据消除的缺陷、隐患与风险点（源）数量。

2.3.6 管道完整性管理（PIM）与健康安全环境（HSE）管理的关系

在 Enbridge 公司的组织结构中，健康安全环境（HSE）管理和管道完整性管理（PIM）分别由两个相互独立的部门经理负责，HSE 管理和管道完整性管理已经成为欧美管道企业日常管理的重要内容。两者把员工和公众、环境以及管道设施的保护作为研究对象，均采用风险分析评价方法以期在日常的生产作业中，把对三者的影响和损害降到最低，只是侧重点不同，HSE 管理侧重于人员的安全管理、监护管理、作业之中的操作管理，而管道完整性管理侧重于设备技术管理及预防性维护，通过保障设备的安全可靠性来保障健康、安全、环境和质量要求，二者之间互相补充。

就国内的管道企业而言，HSE 的管理理念和管理方法引入已有十余年的历史，并在管道企业（或石油石化行业）得到了广泛的推行，国内的法规和标准也相对完善。而管道完整性管理的理念和方法的引入才只有 2~3 年的时间，在国内管道企业间开展得还不够均衡。在完整性管理方面，政府的监管法规是个空白，政府对管道企业的完整性管理没有强制性要求，完整性的行业标准也还没有建立，可以说正处在企业自发地推行阶段。不过完整性管理方法的科学性在管道专业技术人员中已经被广泛接受，并引起了各级管理层的高度重视，对如何推广实施管道完整性管理将是我国管道行业下一步的关键环节。HSE 和管道完整性在国内外推行的差异性比较如表 2-1 所示。

表 2-1 HSE 和管道完整性管理在国内外推行的差异性比较

	职业健康、安全与环境管理（HSE）	管道完整性管理（IMP）
理念	"一切事故都是可以避免的""员工的健康和安全高于一切""安全是每一名员工的责任""环境保护和持续发展是一切企业活动的基石"	"缺陷是无处不在的，只有不断识别，跟踪缺陷的发展，并不断消除缺陷才能本质安全"
政府监管和执行标准	执行标准： ISO/CD 14690 SY/T 6276 ISO 9000（质量体系标准） ISO 14000（环境体系标准） 管理层的承诺是核心和动力 国内法规： 《石油天然气管道保护法》（2010 年） 《石油天然气管道安全监督与管理暂行规定》（2000 年）	加拿大：NEB OPR-99 第 40、41 部分 　　　　CSA Z662 美国：交通部（DOT）的管道安全办公室（OPS）负责监管，执行联邦法规（CFR）第 49 卷第 186~1999 部分，要求所有液体管道和气体管道都必须编制完整性管理程序 国外标准：API RP 1129、API RP 1160、ASME 31.8S、CEGB/R/H/R6（英） 国内标准：GB 32167、SY/T 6975、SY/T 6648、SY/T 6621

续表

	职业健康、安全与环境管理（HSE）	管道完整性管理（IMP）
主要危险因素	以人的风险为基础，包括：火灾、高空作业、挖掘作业、噪声、电、车辆、坠物、冷热温度、抛射物、喷射、辐射、高空电缆、受限区域、易燃物、可燃物、腐蚀物、吸入危险物、有毒物、泄漏、单人作业等	以设备设施的风险为基础，包括：内外腐蚀、应力腐蚀、制造缺陷、施工缺陷、设备失效、第三方损害、误操作、天气与外力因素（过冷、雷击、大雨或洪水、地壳运动）等9类22种风险
主要预防措施	风险矩阵分析；安全工作许可制度；持证上岗培训；个人防护用具（PPE）；应急反应计划	数据资料的收集和整合；定性或定量风险评价，识别风险并排序（尤其确定高后果区域HCA）；对重大风险进行完整性评价（检测、试压或直接评价）；制定事故减缓措施
潜在风险受体	员工、附近社区公众、环境（江河湖海、大气、土壤、野生动植物等）	管道及管道设施（含站内设施）

总之，HSE 和完整性管理都是以风险评价为基础的科学的管理方法，尤其注重数据的收集和整理，这也正是国内部分管道企业所忽视的和有待加强的。相信随着 HSE 和管道完整性管理理念的推行，国内管道企业在政府监管力度缺失的情况下，也会自发地达到提升管道全过程安全管理的目标。

2.4　国内完整性管理的进展

国内在20世纪80年代初，由原机械工业部和化学工业部组织全国20个单位开展了"压力容器缺陷评定规范"的研究和编制，形成了 CVDA—1984，80年代后期，国际上结构完整性评价方法的研究和发展十分迅速，CVDA—1984 已明显落后。

"八五"期间，由原劳动部组织全国20多个单位参加开展了"在役锅炉压力容器安全评估与爆炸预防技术研究"国家重点科技攻关项目，重点研究了失效评价图技术，形成了面型缺陷断裂评定规程 SAPV—1995（草案）。

"九五"期间，由原劳动部组织开展了"在役工业压力管道安全评估与重要压力容器寿命预测技术研究"国家重点科技攻关项目。

中石油管道的管理者在不断的实践中发现，随着管理的深化，缺乏一种管理模式将各方面的管理统一起来，具体地将管理从基于事件的管理模式、基于时间的管理模式、基于可预测的管理模式统一到基于可靠性为中心的完整性管理模式（见图2-3）。

陕京管道在国内最早开展了管道完整性管理，首次引进了国外管道完整性管理体系，自2001年实施完整性管理以来，建立了负责管道完整性管理的组织机构——管道安全评价与科技发展中心，按照管道本体、防腐有效性、管道地质灾害和周边环境、站场及设施、储气库井场及设施5个部分逐步推行，对管道进行腐蚀监测与管道智能内检测，在完整性技术应用方面做了大量的工作，取得显著成效。在实施完整性管理过程中，北京天然气管道有限公司结合陕京管道实际情况，注重引进吸收国外先进技术和标准，逐步深化，并向纵深发展。

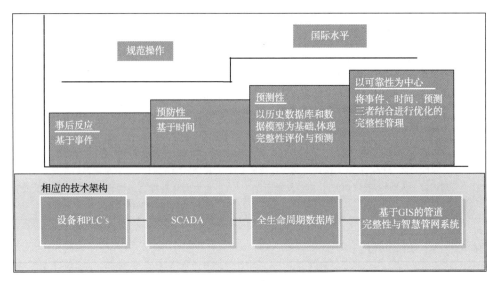

图 2-3　管道完整性管理的发展历程

中国石油集团公司石油管工程技术研究院于 1998 年开展了缺陷管道的安全评价，开展了腐蚀管道的寿命评估；2006 年开始与 SHAFE 合作，研究管道定量风险评价技术，开发了管道定量风险评价软件；2007 年启动了塔里木油田管道完整性管理体系建设项目，建立了油田管道的完整性管理体系；近年来，在低温管道运行环境、储气库完整性管理与风险评价等方面做了大量工作。

2006 年中国石油西气东输管道公司启动了"西气东输管道完整性管理体系建设"的研究项目，在分析研究西气东输管道沿线经过的灾害环境及地质条件对输气管道的致灾机理、危害形式、诱发因素等的基础上，制定出了现场灾害源识别和灾害风险评估的操作技术指南，开发出了西气东输管道环境地质灾害风险因素数据软件和风险评估应用软件。

中国石油西部管道公司开展了完整性管理，成立了科技信息服务中心，进行管道内检测的技术服务，先后与国内科研院所联合开发了高清晰度 1219 检测器、磁力应力检测器以及三轴高清检测器，并在西气东输管线上得到应用，完整性管理水平逐步提高。

中石油天然气与管道分公司着手研究和应用管道完整性管理方法。近几年来，通过研究和引进，已基本建立起管道线路和站场方面的核心技术体系，并建立起相应的业务文件体系和法规标准体系，为完整性管理提供了技术和管理保障，成立了相对完善的完整性管理组织构架，如专业公司在管道科技中心下设完整性研究所，以及定量风险评价、HAZOP分析等技术支持，现有人员约 30 人。自 2007 年起，天然气与管道分公司建立了审核机制和标准，每年邀请挪威船级社对其 5 家地区公司开展外部审核工作，持续改进其完整性管理水平。2009 年，中国石油发布实施了企业标准《管道完整性管理规范》，成为我国第一套自主研发编制的管道完整性管理企业标准。2011 年，中石油管道完整性管理系统（PIS）在中石油天然气与管道分公司正式上线，管道企业的完整性管理水平得到全面提高。目前，中石油天然气与管道分公司正逐步扩大完整性管理的应用范围，推广至其他业务链条，包括管道建设、LNG、下游城市燃气业务等领域。

中国石油化工集团公司于 2005 年 6 月成立了天然气分公司，负责中国石化天然气长输管道、区域管网、液化天然气（LNG）、压缩天然气（CNG）项目的建设与运营、天然气销售等业务。公司运营管理着国家"十一五"重点工程川气东送管道、榆济输气管道、山东天然气管网等 6300 余公里管道。川气东送管道工程于 2007 年 8 月底正式开工，2010 年 8 月底投入商业运行。管道全长 2390km，其中干线管道西起四川普光，东至上海，全长 1700km。

中国石化管道储运分公司作为中国石化油气储运管道的专业化公司，负责管辖着 37 条在役和在建管线，管线全长 6800km。2006 年，管道储运分公司与国内联合开展长输管道内检测技术研究项目。2008 年初，为鲁宁原油管道"量身定制"的直径 720mm 的漏磁内检测器在局部管段进行工业试验，并获得相关数据。2010 年，又对鲁宁管道进行全面内检测，2011 年对中洛管道进行全面内检测。2012 年 5 月，中国石化成立了中石化长输油气管道检测有限公司，是中国石化唯一从事管道内检测业务的公司。

经过多年来国内外的实践表明，管道完整性评价、完整性管理确实能降低维护的费用，更大限度地延长管道使用寿命，这对于管道公司的后续维护和管理，将发挥更大的作用。

2.4.1 管道完整性管理体系的进展

世界各国管道公司均形成了本公司的完整性管理体系，大都采用参考国际标准，如 ASME、API、NACE、DIN 标准，编制本公司的二级或多级操作规程，细化完整性管理的每个环节，把国际标准作为指导大纲。

Enbridge 公司从 20 世纪 80 年代末到 90 年代中期就开始制定宏观的完整性管理程序，成立专业的管理组织机构，制定管道完整性管理目标并进行实施，形成管道完整性管理体系。该公司管道完整性管理的实施分为制定计划、执行计划、实施总结、监控改进 4 个步骤，如此循环。实现这四个步骤的途径包括制定政策、确定目标、管理支持、明确职责、培训人员、编制技术要求和程序说明书等。整个完整性管理系统是一个动态循环过程，确保完整性技术方法在实施过程中不断进步和加强。

英国 Transco 公司具有完整的完整性管理体系文件，对于完整性技术的应用，如内检测技术，参考使用国际标准《管道在线内检测》（NACE RP0102），编制公司内部实施的《钢制管道实施在线检测程序文件》《输气管道在线检测操作程序文件》；外检测技术，参考《埋地及水下金属管道阴极保护测量技术》（NACE TM0497）、《管道外部腐蚀的直接评估方法》（NACE RP0502），编制了《埋地钢管系统的腐蚀控制系统规程》。加拿大 Enbridge 公司编制了《主管线调查程序》《天然气输送调控运行程序》《管道腐蚀评价程序》《阴极保护程序》《振动监测程序》《运行维护手册》《批准与更新程序》等。

中国石油管道企业通过研究与探索，针对所管理管道特征，构建了管道完整性管理体系，形成了数据采集、高后果区识别、风险评价、检测与评价以及维护维修等相关核心技术，完善了完整性管理的实施内容和方法，通过这些技术研究与应用的探索，向着"风险可控、事故可防"迈进了一步，提高了管道管理水平，缩小了与国际先进水平的差距。目前，中国石油管道已初步形成了完整性管理体系，编制了完整性管理体系文件，形成了完整性管理系列企业标准，这些文件与标准使各项生产管理规范化，为中国石油管道的安全和战略发展创造了有利的条件。

　　中石油管道完整性管理体系适用于长距离输送气体的陆上管道系统。输气管道系统是指输送气体设施的所有部分，包括管道、阀门、管道附件、压缩机组、计量站、调压站、分输站、泵站、储气库等。该体系是结合中国管道的实际情况提出的，制定实施完整性管理所需的数据收集整合、信息系统、风险评价、管道监测、检测、评价、修复技术等。文件体系专门为负责设计、执行和改进管道完整性管理程序的管道公司的完整性管理、运行维护管理人员制定。完整性管理、运行维护管理人员包括管理人员、工程人员、操作人员、技术人员和/或在管道预防性维护、检测和修复领域方面有专长的专业人员。

　　管道完整性管理文件体系由程序文件、作业文件组成（见表2-2），在文件的编写过程中参考了 API、ASME 等国际标准，并根据国内完整性管理的最新成果提出了输气管道完整性管理的程序、内容和要求。

表 2-2　管道完整性管理文件体系

分　类	程序文件	作业文件
综合管理	1-管道完整性综合管理程序	
数据管理	2-管道完整性数据管理程序	
		3-管道完整性数据处理作业规程
高后果区管理	4-管道高后果区识别程序	
风险管理	5-管道风险评估与控制程序	
		6-管道风险评估评分法作业规程
	7-管道地质灾害风险管理程序	
		8-管道地质灾害风险识别与控制作业规程
完整性评价	9-管道完整性评价程序	
		10-管道液体试压作业规程
		11-管道内检测作业规程
		12-管道外腐蚀直接评价作业规程
		13-输气管道内腐蚀直接评价作业规程
		14-超声导波检测作业规程
维修维护	15-管道修复程序	
		16-在役管道修复作业规程
		17-防腐层性能评价及修复作业规程
	18-管道保护管理程序	
		19-管道巡护作业规程
		20-管道防汛作业规程
	21-管道应急管理程序	
		22-管道抢修作业管理规程
效能与审核	23-完整性管理方案编制及上报程序	
		24-完整性管理方案编制及考核管理规定
	25-管道完整性管理效能评价程序	
		26-管道完整性管理效能评价作业规程

2.4.2　陕京管道完整性管理体系文件分析

1. 风险因素分析

陕京天然气管道(简称陕京管道)是国内引进管道完整性管理并实施的单位之一，其管理着陕京一线、陕京二线、陕京三线、陕京四线等四条管道。陕京一线管道是国家"九五"重点工程，采用了国内外先进的管理模式；陕京二线是"十五"国家重点工程；十一五以来，陕京三线、四线成为有效解决华北地区供气紧张的重大决策工程，目前已经全部竣工。陕京管道是国内管道国际化管理的代表，在 2008 年 9 月第六届加拿大 IPC 国际管道会议上，该公司总结了近几年实施完整性管理的最新成果，撰写了《陕京管道完整性管理与实践》，与会专家认为，代表了中国完整性管理的最新进展和水平。该公司建立的完整性管理体系，主要包括管道本体完整性管理、防腐有效性完整性管理、地质灾害与周边环境的完整性管理、站场及设施的完整性管理、地下储气库完整性管理等，具有创新性和重要的参考价值。

陕京管道自 2001 年实施完整性管理以来，按照管道本体、防腐有效性、管道地质灾害和周边环境、站场设备、储气库井场五个部分进行管理，对管道运营中面临的风险因素不断地进行识别和技术评价，制定相应的风险控制对策，使管道运营的风险水平控制在合理的、可接受的范围内。

陕京管道实施完整性管理，具体包括以下几个方面的内容：

(1) 引进国际管道完整性管理的理念；

(2) 根据国际标准制定完整性管理实施计划；

(3) 编制管道完整性管理的体系文件、出台完整性管理办法；

(4) 建立了国内最完善的管道完整性管理培训中心；

(5) 开展了管道完整性管理的实践。

陕京管道的完整性管理体系文件主要从资产设施的风险要素出发，考虑了 9 大类、22 种风险因素。

1) 与时间有关的因素

(1) 外腐蚀；

(2) 内腐蚀；

(3) 应力腐蚀开裂。

2) 固有因素

(1) 与制管有关的缺陷：①管子焊缝缺陷；②管子缺陷。

(2) 与焊接/组装有关的缺陷：①管子环形焊缝缺陷；②组装焊缝缺陷；③折皱弯头或褶皱；④螺纹磨损/管子破损/管接头损坏。

(3) 设备：①组件/部件损坏；②控制/泄压设备失灵；③密封/泵/压缩机失效；④其他。

3) 与时间无关的因素

(1) 第三方/机械损坏：①甲方、乙方或第三方造成的损坏(瞬间/直接损坏)；②预先损坏的管子(延迟性损坏形态)；③故意破坏。

(2) 不正确操作：操作方法正确/不正确的规程。

(3) 与气候有关的因素和外力因素：①天气寒冷；②雷电；③大雨或洪水；④土体

运动。

　　陕京管道完整性管理体系文件主要从资产的组成考虑，重点考虑了钢管内外缺陷的因素、防腐层的损伤因素、管道土壤地质及其第三方破坏等因素、地面站场及设施因素、地下储气库设施失效因素，形成了管道完整性管理的框架。

2. 体系文件框架和结构

　　编制了完整性管理的若干程序文件，包括《陕京管道完整性管理程序》《陕京管道本体完整性管理》《陕京管道防腐有效性完整性管理》《陕京管道地质灾害与第三方完整性管理》《陕京管道站场设施完整性管理》《陕京管道完整性管理体系建设》《陕京管道完整性管理体系运行》《陕京管道风险识别与评价》等15个程序文件，以及72项支持性作业文件，建立了管道完整性系列标准70个，逐渐形成了管道完整性管理体系。

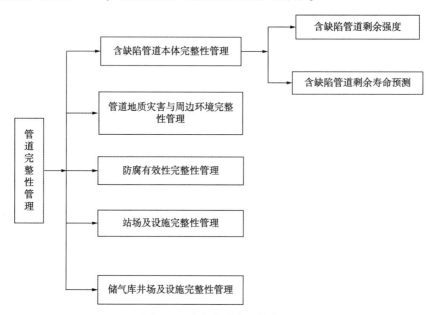

图2-4　陕京管道完整性管理

　　陕京管道确定了对图2-4所示的五项资产要素开展完整性管理，结合该公司的管理组织结构和特点，编制了操作性强的管理文件。例如完整性管理程序文件之一的陕京管道本体的完整性管理，主要针对管道本体内外缺陷、防腐层、地质环境的损伤因素，确保管道安全运行。

　　陕京管道站场及设施完整性管理，针对专业化的场站设施的日常管理，不断地识别本专业影响管道运行的风险因素，确保管道从设备、工艺、操作各个方面平稳运行。

　　在完整性管理手册中，规定了实施完整性管理的战略目标、方法、程序，对全面推进管道的完整性管理发挥了决定性的作用。该手册从管理的内容、检查与考核、培训、标准等多方面进行了全方位的描述，在公司上下贯彻执行，以设备的可靠性为基础，达到了安全隐患提前排除和有效处理的目标。

3. 陕京管道完整性管理体系技术标准

1）管道完整性管理数据标准

　　考虑不同的运行方式(含压缩机站配置、地下储气库设置)、不同的地质环境、不同的材质特性、不同输送气体的成分,在进行完整性管理数据收集和采集的同时建立了一套适用性、操作性强的完整性管理办法。该办法从完整性管理的要素、职责、完整性管理准标准出发,建立了完整性管理数据采集、检查与综合标准体系,具体包括:①数据采集要求;②数据来源;③数据收集、检查和分析;④数据整合和数据录入;⑤数据管理等内容。

　　2)完整性管理高后果区识别、风险评价标准

　　(1)完整性管理风险评价技术标准　风险评价是管道完整性管理的重要内容,其风险评价体系的有效实施将最大限度地预防事故发生,及早识别危险源,所包含的内容包括(但不局限于):①风险评估的目标;②风险评估方法的建立;③风险评估方法;④风险分析;⑤有效性风险评估方法的特点;⑥采用评估法进行风险预测;⑦输气管道 HCA 中场所确定的标准;⑧风险评估数据的收集;⑨风险分析排序;⑩完整性风险评价和减缓措施;⑪有效性验证等内容。

　　(2)高后果识别与地区等级评价标准　高后果区识别标准包括高后果区识别、高后果区列表、高后果区管理、高后果区管理措施等,地区等级后果包括人员和财产、房屋的安全半径,还包括财产的损失、人员的伤亡损失、社会的影响、市场的影响、政治的影响等,具体包括:①高后果区的分类标准;②高后果区潜在影响区域计算标准;③地区等级升级风险评价标准;④高后果区危险性与可操作性分析;⑤高后果区站场 DOW 化学法财产损失计算等内容。

　　3)完整性管理本体完整性管理标准

　　(1)管道内检测技术标准;

　　(2)试压标准;

　　(3)含缺陷管道的安全评价技术标准。

　　4)防腐有效性完整性评价标准

　　(1)埋地管道外腐蚀直接评价规范(ECDA);

　　(2)气管道内腐蚀直接评价规范(ICDA);

　　(3)应力腐蚀直接评估规范(SCCDA)。

　　5)管道地质灾害识别与评价技术标准

　　(1)管线存在的地质灾害风险识别规范;

　　(2)地质灾害一般评估规范;

　　(3)地质灾害危险性评估规范;

　　(4)地质灾害相似模拟评估规范;

　　(5)地质灾害数值模拟技术规范;

　　(6)地质灾害防治措施规范;

　　(7)基于 Web 的管道地质灾害完整性管理 GIS 系统标准。

　　6)站场及设施检测与维护技术与应用技术标准

　　(1)超声导波技术工程应用标准;

　　(2)阀门维护技术标准;

　　(3)压缩机故障诊断技术应用标准;

（4）管道附属设施检查规范。

7）管道技术实施标准

（1）含缺陷（内部缺陷、外部缺陷）管道本体完整性技术实施标准：

① 缺陷适用性评价标准；

② 缺陷维护补强工作标准，包括碳纤维补强技术标准和夹具注环氧套管技术标准。

（2）管道地质灾害与周边环境维护于治理标准：

① 管道地质灾害维护与治理标准；

② 地质灾害监测技术标准；

③ 结构调查与评价标准。

（3）防腐有效性完整性管理实施标准：

① 阴极保护运行维护标准；

② 杂散电流监测与治理标准；

③ 区域阴极保护技术标准。

（4）站场及设施专业完整性管理：

① 实施管网优化运行管理规范；

② 设备失效、运行完好率管理标准；

③ 站场工艺管道、设备监测与评价管理标准；

④ 压缩机优化运行管理标准。

（5）储气库井场及设施完整性管理：

① 井的完整性管理标准；

② 气藏的完整性管理标准。

（6）管道整体完整性评价综合标准。

（7）陕京管道完整性管理信息化管理标准：

① 管道完整性管理的 GIS 系统信息化标准；

② 企业资产管理系统实施标准。

（8）管道完整性管理培训标准。

（9）完整性管理应急救援标准。

（10）管道完整性管理经济效能分析标准。

4. 完整性管理办法

1）管道干线本体的完整性管理办法

（1）外防腐层、阴极保护完整性管理办法（外防腐层缺陷、补伤等）；

（2）线路工程完整性管理办法（包括水工、地质灾害、管道重载、管道挖掘）；

（3）含缺陷管道本体完整性管理办法（包括壁厚监测、缺陷识别、缺陷补强、腐蚀监测）；

（4）管材失效、长输管道检验完整性管理办法。

2）管道设备的完整性管理办法

（1）站场、阀室工艺设备完整性管理办法；

（2）站场、阀室工艺管道完整性管理办法；

（3）站场、阀室控制 SCADA、通讯、电气设备完整性管理办法。

3）压缩机设备的完整性管理办法

（1）压缩机本体设备完整性管理办法；

（2）压缩机工艺管道完整性管理办法。

4）地下储气库设备的完整性管理办法

（1）地下库注采工艺管道完整性管理办法；

（2）地下库压缩机设备完整性管理办法；

（3）地下库气井、井口设备完整性管理办法。

5）基本建设数据信息的完整性管理办法

（1）设计信息；

（2）管道施工信息（路由、穿跨越、埋深、GPS 坐标等）；

（3）管道材料信息（外防腐、制造厂家、检验表格）。

6）其他管理办法

除上述完整性管理办法以外的其他管理办法。

第 3 章　完整性管理标准体系

3.1　完整性管理评价标准的研究与分析

　　管道完整性管理标准是实施管道完整性管理的重要指导性文件，跟踪和研究国内外完整性管理的标准是目前管道企业的重要任务，一是检索适合于企业自身管理和技术发展特点的标准，二是深入研究如何等同采标或修改采标，为己所用，三是编制自身需要的标准。

　　目前我国管道企业已对管道完整性管理体系进行了跟踪研究，并在一些管道的管理中借鉴国际经验，尝试实施完整性管理并取得了一些经验。对完整性管理标准进行研究有利于全面系统地实施管道完整性管理，保证油气管道的安全可靠性和管理的经济性。

　　本章重点介绍了国内外目前的标准情况，以及我国实施管道完整性管理所制定的标准情况，从而进一步说明标准工作的长期性和可持续性，通过不同标准的比对，得出了不同管道完整性管理标准的适用性，进一步阐明了迫切需要加强完整性支持性技术标准的建设，加强标准的宣贯工作，进一步提出了我国管道完整性管理标准的发展方向和目标。

3.1.1　国际管道完整性管理系列标准

　　管道完整性管理标准包括完整性管理的核心标准，即说明管道完整性管理的定义、内容、职责、流程等相关工作内容，还包括完整性管理相关的支持性的标准和规范，如腐蚀评价、强度评价、检测、监测等标准和规范等，它们与核心标准共同构成管道完整性管理的标准体系。国际管道完整性管理实施比较早，且比较成熟，已经形成了一套完整的标准、法规、规章制度。以管道完整性管理手册为依托，形成了较完善的标准支持体系，其中较有影响的标准文件介绍如下。

1. 完整性管理标准

（1）ASME B31.8S　输气管道系统完整性管理

（2）API RP 1160　有害液体管道完整性管理

（3）API RP 1129　危险液体管道系统完整性管理

2. 管道完整性评价技术标准

（1）ASME B31G　腐蚀管道剩余强度测定手册

（2）NACE RP0502　管道外腐蚀检测与直接评价标准（ECDA）

（3）NACE T0340　内腐蚀直接评价技术（ICDA）

（4）DNV RP-F101　腐蚀管道缺陷评价标准

（5）API 579　管道安全评价、几何机械损伤评价标准

3. 管道完整性检测技术标准

（1）NACE RP0102　管道内检测的推荐实践标准

（2）API 1163　管道内检测系统标准

（3）NACE pub 35100　管道内检测（报告）

（4）ASNT ILI-PQ　管道内检测员工资格

（5）API RP 580　基于风险的检测

（6）API RP 581　基于风险的检测 基本源文件

4. 管道完整性管理修复与维护技术标准

（1）API 570　管道检验规范在用管道系统检验、修理、改造和再定级

（2）API RP 2200　石油管道、液化石油管道、成品油管道的修理。

5. 其他完整性管理标准、法规或规定

（1）风险管理程序标准

（2）美国联邦法典第49部——运输

① 第191部分：天然气和其他气体的管道运输年度报告、事故报告以及相关安全条件报告

② 第192部分：天然气和其他气体管道运输的联邦最低标准

③ 第194部分：陆上石油管道应急方案

④ 第195部分：危险液体的管道运输

（3）关于增进管道安全性的法案（美国 HR. 3609）

（4）ASNI/ASNT 无损检测人员资格评定导则

（5）API RP 1120　液体管道维修人员的培训与认证

（6）API RP 1162　管道公众警示程序

3.1.2 国际气体管道和液体管道完整性管理标准的比较

1. ASME B31. 8S 和 API 1160 标准比较

美国标准 ASME B31.8S《输气管道系统完整性管理》和 API 1160《有害液体管道完整性管理》，分别针对气体输送管道和有害液体管道系统的完整性管理的过程和实施要求进行了规定。

ASME B31.8S 比 API 1160 发布时间晚（这在 ASME B31.8S 的前言中已有声明）。由于 ASME B31.8S 是在借鉴 API 1160 和其他相关标准的基础上制定的，因此，如果撇开管理对象的区别，单从对管道完整性管理论述的全面性和完善性而言，ASME B31.8S 更具有代表性，因而在业界的影响似乎更大。

ASME B31.8S《输气管道系统完整性管理》，是对 ASME B31.8《输气与配气管道系统》的补充，目的是为管道系统的完整性和完整性管理提供一个系统的、广泛的、完整的方法。ASME B31.8S 已得到 ASME B31 标准委员会和 ASME 技术规程与标准委员会的首肯，并被批准为美国国家标准。

2. ASME B31. 8S 标准的特点

（1）ASME B31.8S 是一种过程标准，为管道系统完整性管理提供了一个系统的、贯穿

管道整个寿命周期的过程方法。管道的完整性管理始于管道合理的设计、选材和施工，内容涉及管道设计、施工、运行、监控、维修、更换、质量控制和通信系统等全过程，并通过信息反馈，不断完善管道的完整性。

（2）ASME B31.8S 引入了风险概念，反映了当前管道安全管理从单一安全目标发展到优化、增效、提高综合经济效益的多目标趋向。

（3）ASME B31.8S 是一种系统管理体系规范。它不是单纯的、具体的技术标准，而是建立在众多基础的、单一的技术规范以及相关研究成果基础之上的一种综合的管道管理规范体系。

3.1.3　国内管道完整性管理相关标准规范

国内管道的安全评价与完整性管理始于 1998 年，主要是应用在输油管道上。对于这一先进的管道管理模式和管理理念，国内管道运营公司正努力引进和消化。陕京线（天然气管道）和兰成渝管道（成品油管道）已根据国际先进经验试行实施了管道的完整性管理模式，并取得了许多成果和经验，完整性管理的标准初步形成了配套体系，但在国家约束的法律、法规方面尚未形成体系。目前完整性管理的标准主要是通过研究、消化、吸收国际上的先进经验和做法，并结合国内管道运营的实际提出相应的管理措施和规范，最终形成具有我国特色的管道完整性管理标准体系。

1. 国家、行业标准及规范

国内目前已初步形成了管道完整性管理的标准体系，已有的相关标准列举如下：

（1）GB 32167　油气输送管道系统完整性管理规范

（2）GB 50316　工业金属管道设计规范

（3）GB 50251　输气管道工程设计规范

（4）GB 50253　输油管道工程设计规范

（5）SY/T 6648　输油管道完整性管理规范

（6）SY/T 6621　输气管道系统完整性管理规范

（7）SY 0007　钢质管道及储罐腐蚀控制工程设计规范

（8）GB 11345　钢质管道超声波无损检测方法

（9）CJJ 95　城镇燃气埋地钢质管道腐蚀控制技术规程

（10）SY/T 6477　含缺陷油气管道剩余强度评价方法

（11）SY/T 6151　钢质管道管体腐蚀损伤评价方法

（12）SY/T 6597　钢质管道内检测技术规范

（13）SY/T 6553　管道检验规范 在用管道系统检验、修理、改造和再定级

（14）SY/T 6186　石油天然气管道安全规程

（15）石油天然气管道安全监督与管理暂行规定（国家经济贸易委员会 17 号令）

（16）SY/T 0023　埋地钢质管道交流排流保护技术标准

（17）SY/T 0087　钢质管道及储罐腐蚀与防护调查方法标准

（18）SY/T 5922　天然气管道运行规范

（19）SY/T 4056　石油天然气钢质管道对接焊缝射线照相及质量分级

（20）SY/T 4065　石油天然气钢质管道对接焊缝超声波探伤及质量分级

（21）GB/T 16805　液体石油管道压力试验

（22）SY/T 6597　钢制管道内检测技术规范

（23）SY/T 6975　油气管道系统完整性管理实施指南

（24）SY/T 6597　钢质管道内检测技术规范

（25）SY/T 6825　管道内检测系统的鉴定

（26）SY/T 6889　管道内检测

2. 中石油管道完整性管理系列规范

为保证管道完整性管理的顺利实施，指导完整性管理工作的实践，中石油编制了《管道完整性管理规范》。该标准参照 SY/T 6648《输油管道完整性管理规范》和 SY/T 6621《输气管道系统完整性管理规范》而编制，对管道完整性管理工作进行了详细的规定，具有较强的可操作性。系列规范规定了长输油气管道完整性管理的目标、原则、要点和工作内容。系列规范适用于长输油气管道线路部分的完整性管理。

完整性管理的基础保障，有组织机构和职责要求以及完整性管理标准规范与文件体系。为对完整性管理过程进行质量控制，应建立一整套标准规范和程序文件体系，使管道管理者可以参照使用。标准规范应规定完整性管理的工作流程与工作内容要求，文件体系应细化到完整性管理活动的职责分配和具体的技术方法，使管道管理者可以直接实施，具有很强的可操作性，文件体系可纳入 QHSE 体系进行管理。

为提高数据管理与分析的效率，应建立专门的完整性管理系统平台，对风险评价与完整性评价需要的数据进行统一管理，综合利用。规定了培训内容，管道完整性管理者应具备的知识，并定期开展相关培训；规定了建设期管道的完整性管理要求。

开展管道完整性管理的核心内容包括数据采集与整合、高后果区识别、风险评价、完整性评价、维修与维护、效能评价（包括持续改进和再评价）六个步骤，这六个步骤是一个持续循环的过程，管道的安全状态在实施这一循环过程中不断得到提高。完整性管理系列规范包括以下内容：

第 1 部分：管道完整性管理总则；

第 2 部分：管道高后果区识别与分析规程；

第 3 部分：管道风险评价导则；

第 4 部分：管道完整性检测与评价导则；

第 5 部分：管道完整性效能评价导则；

第 6 部分：建设期管道完整性管理规范；

第 7 部分：管道完整性数据库表结构；

第 8 部分：建设期管道完整性数据收集导则。

3. 中石油北京天然气管道公司管道完整性管理规范

1）数据收集规范

管道本体数据采集和管理规范。

2）检测标准

（1）钢制管道内检测执行技术标准；

（2）超声导波检测操作技术规范；

（3）管道超声导波检测及评价技术规范；

（4）管道超声衍射（TOFD）技术规范。

3）监测技术规范

（1）天然气管道内腐蚀监测系统设备操作规程；

（2）天然气管道内腐蚀监测数据分析与评价规范；

（3）重载车碾压管道技术规范。

4）评价技术规范

（1）天然气长输管道 HCA 高后果区评价导则；

（2）钢制管道缺陷安全评价标准；

（3）管道内外缺陷认定和验证技术规范；

（4）管桥结构评价规程。

5）修复技术规范

（1）碳纤维复合材料补强修复标准；

（2）钢制管道夹具注环氧修复标准。

3.1.4　管道完整性管理系列标准内容介绍

1.《输气管道系统完整性管理》(ASME B31.8S)

该标准适用于采用钢铁材料建造的输送气体的陆上管道系统。管道系统是指输送气体的有形设施的所有部分，包括管道、阀门、管道附件、压缩机组、计量站、调压站、分输站、储气设施和预制组件。完整性管理的原则和过程适用于所有管道系统。

国际管道研究委员会(PRCI)对输气管道事故数据进行了分析并划分成 22 个根本原因。22 个原因中每一个都代表影响完整性的一种危险，应对其进行管理。运营公司报告的原因中，有一种原因是"未知的"，也就是找不到根源的原因。对其余 21 种，已按其性质和发展特点，划分为 9 种相关事故类型，并进一步划分为与时间有关的 3 种缺陷类型。这 9 种类型对判定可能出现的危险很有用。应根据危害的时间因素和事故模式分组，正确进行风险评价、完整性评价和减缓活动。

具体内容包括：识别危险对管道的潜在影响，数据收集、检查和综合，风险评价，完整性评价，对完整性评价的响应减缓(维修和预防)措施和检测时间间隔的确定，数据的更新、整合和检查。同时包括 5 个方案的编制：质量控制方案、变更管理方案、联络方案、完整性管理程序评价方案和完整性管理实施方案。

2.《有害液体管道系统完整性管理》(API RP 1160)

该标准适用于原油、成品油管道的完整性管理，但不局限于原油、成品油管道，完整性管理的原则适用于所有管道系统。

该标准特别为管道管理部门提供已经工业实践证明的管道完整性管理方法。该标准专用于从一个清管装置到另一个清管装置之间的管道，但其过程和方法可应用于所有管道设施，包括管道站场、库区和分输设施。对于管道站场、库区和分输设施，该标准有明确的章节提供指南。

该标准适用于个人和小组进行管道完整性管理系统的计划、执行和改进。典型的小组应包括工程师、运行操作人员、具有特定技能或经验的专家(腐蚀、内检测、管道保护工等)。该标准的使用者应熟悉管道安全规范(49 CFR 195),包括对管道管理部门的有书面的管道完整性管理系统、进行初始评价和定期评价管道完整性等要求。其框架包括:

(1)初步的数据收集、分析和综合　确定管道对高影响区和其他地区潜在的完整性威胁的第一步是收集有关潜在危险的信息。管理部门要收集、分析、综合信息。本单元中,管理部门进行初步的数据收集、分析和综合,对于了解管道的状况并识别对管道完整性构成威胁的管段非常必要。进行风险评价所需的数据有运行、维护、监督记录、管线设计、运行历史、失效模式和对特定管道的特定信息。简要地介绍在风险分析中有用的数据源和常用的数据单元,以及数据分析、综合方法。对于刚刚开始完整性管理的管理部门,初步的数据收集应关注有限的几类数据,以便容易地识别出对完整性构成较大威胁的因素。

(2)初步风险评价　本单元中利用收集的数据进行管道系统风险评价。风险评价开始于系统,全面地找出对管道系统或设施完整性的潜在威胁。识别潜在危险不要局限于已知危险种类,还要去找新的风险。通过对前面收集到的信息和数据进行完整的评价,风险评价程序可以识别特定位置或状况的位置,或可能导致管道完整性降低的事故的组合事件或状况。风险评价的结果应该包括管道系统上最重要的风险的种类和位置。

(3)制定初始评价计划　利用初步风险评价(或者是审查评价)的结果,可制定确定最重要风险和评价管线系统完整性的方案。这个方案应包含完整性评价方法(如内检测或者是水压试验)和在风险评价中识别的预防及降低风险的方法。对能够影响高影响区的管段,初始评价计划应包括对内检测技术、水压试验及其他评价管线完整性的方法,进行评价的时间表,以及选择所用方法的理由。该标题介绍了多种可用的内检测技术、选择评价的方法和制定内检测和水压试验时间间隔的方法。

(4)检测或减缓　本单元执行初始评价计划,对结果进行评价,对能够导致管道失效的缺陷进行修补。本单元说明了如何按照内检测结果对需要检查和修理的管段进行排序,以及对不同类型缺陷进行修补的技术。如前所述,风险评价可能会发现以前没有发现的风险。如果认为挖掘工具对管道是很大的威胁,管理部门可以选择增加巡逻、增加公众交流、改善管线标志、加强管道占地清理、主动参加当地的计划委员会、提高挖掘者的意识来减少第三方破坏。本单元提供了风险控制和减缓活动的手册。

(5)更新、综合、分析数据　在完成最初的评价后,管道管理部门已增加和更新了管线的信息。这些信息被保存并添加到数据库里用于支持将来的风险评价和完整性评价。此外,随着系统的持续运行,更多的运行、维护、检查和其他数据被收集,数据库得到进一步充实和更新进而支持完整性管理。

(6)重新评价风险　应该定期地进行风险评价以适应新的运行参数、管道系统设计的改变(新阀、新更换的管段、修复工程等)、运行变化(流速的改变、压力分布),并分析上次风险评价后外部变化造成的影响(例如人口迁入到新的地区)。完整性评价的结果,例如内检测、水压试验,也应被纳入下次风险评价当中。这样可以保证分析是建立在对管道状态了解的基础上的。

(7)修改减缓和检查计划　应该把初始评价计划转变成动态的完整性计划,并定期地更新以反映新的信息和当前存在的完整性问题。当新的风险因素和已知风险因素的新表现被识别后，应采取进一步的适当的预防或减缓措施进行应对。此外，新的风险评价结果也应被用来建立将来完整性评价的计划。本单元探讨了改进的完整性评价计划，讨论了确定内检测和水压试验频率的方法。

（8）评价审核完整性管理有效性　管理部门应该收集运行信息，定期评价其完整性评价技术、管道修理活动及其他预防和减缓措施的有效性。管理部门还应该评价管理系统及支持完整性管理决策的程序的有效性。本单元说明了如何进行效能评价和审查完整性管理系统。

（9）变更管理　管道系统和系统所处环境不是一成不变的，应在系统的设计、运行、维护进行变更实施前对其对管道的潜在风险进行评价，并还应对管道所处环境的变化进行评价，并要把这些变化包括在以后的风险评价中。本单元讨论了对与完整性管理相关的变化进行管理。

（10）持续改进管理　完整性管理不是一次就可以完成的。完整性管理是一个监视管道状态、识别和评价风险、采取行动最大可能地降低最主要威胁的一个连续的循环。必须对风险管理进行周期性的更新和修改来反映管道现在的运行状态。这样管理部门就可以用有限的资源来实现无误操作、无泄漏的运行目标。

3.《腐蚀管道剩余强度测定手册》(ASME B31G)

1）限制条件

（1）本方法限于可焊接的管线钢材，如碳钢或高强度低合金钢的腐蚀。ASTM A53、A106 和 A381 以及 API 5L（现行的 API 5L 包括原先 API 5LX 和 5LS 中的所有等级）中所叙述的是这些钢材的典型代表。

（2）本方法只适用于外形平滑、低应力集中的管线用管本体上的缺陷（例如电解或电化学腐蚀、磨蚀引起的壁厚损失）。

（3）本方法不宜用于评定被腐蚀的环向或纵向焊缝及其热影响区、机械损害引起的缺陷，如凹陷和沟槽，以及在管子或钢板制造过程中产生的缺陷，如裂纹、折皱、轧头、疤痕、夹层等处的剩余强度。

（4）本方法中提出的腐蚀管子留用准则只以管子在承受内压时保持结构完整性的能力为根据，当管子承受第二有效应力（如弯曲应力），尤其是对腐蚀有举足轻重的横向成分时，它不宜作为唯一准则。

（5）本方法不能预测泄漏和破裂事故。

2）数据评价方法

1970 年和 1971 年间用数个规格的管子做了 47 次压力试验，来评价确定腐蚀区域强度的数学关系式的有效性。试验管材的直径从 16in 到 30in，管壁厚度从 0.312in 到 0.375in。管材的屈服强度从 API 5LA-25 级的大约 25000psi 到 5LX X-52 级的大约 52000psi。

通过试验建立的数学关系式已根据以后试验的成果作了修正，在该标准研究过的材料范围内，为腐蚀缺陷的破裂压力提供可靠估计。用腐蚀管子进行的试验表明，管线管的钢材都有足够韧性，而韧性不是一个主要因素，钝性腐蚀缺陷的破裂受其尺寸和材料流变应力或屈服应力的控制。

4. 管道缺陷 RSTRENG 方法

RSTRENG(改进的 B31G)是 ASME B31G 标准的改进，减少了原标准的保守性。其特点如下：

(1) RSTRENG 已经过 86 根实际腐蚀的管道爆破试验验证；

(2) 最大允许深度为 80% 的壁厚深度；

(3) 流动应力等于 $SMYS$+10kpsi(68.94MPa)；

(4) 包含三项傅立叶参数，算法准确；

(5) 假设一任意面积近似参考系数为 0.85；

(6) RSTRENG(Remaining Strength of Corroded Pipe)按腐蚀底部的形貌实施评价，比 ASME B31G 更具有准确性；

(7) RSTRENG 是基于有效的腐蚀面积、有效的缺陷腐蚀长度，任意腐蚀缺陷均能被评价；

(8) 确定腐蚀形貌必须沿着管道长度方向上进行大量的深度测量，以确定缺陷底部的形貌，缺陷可以是单个缺陷，也可是相互作用缺陷；

(9) 该程序考虑将整个缺陷分成若干部分，来预测相应的失效压力；

(10) 在大多数情况下，RSTRENG 预测的是最小的失效压力，要比按照整个缺陷面积、整个长度进行预测的值要小。

5.《腐蚀管道缺陷评价标准》(DNV RP-F101)

1) 简介

提出的推荐方法适用于对以下两种荷载作用下的管道腐蚀缺陷进行评价：

(1) 只受内压作用；

(2) 内压与纵向压应力共同作用。

该标准分为两部分，提出了可供选择的两种腐蚀评价方法。这两种方法的主要区别在于其安全准则不同。

第一种方法是根据近海标准 DNV-OS-F101 和海底管道系统标准来确定的安全准则。推荐方法遵循并补充了 DNV-OS-F101 标准。特别考虑到缺陷深度的尺寸和材料性质的不确定性，使用了概率修正方程(分安全系数)来确定腐蚀管道的许用操作压力。

第二种方法是根据 ASD(许用应力设计)标准，计算出腐蚀缺陷的失效压力(承载能力)，此失效压力需乘以一单独的使用系数，该使用系数是根据原始设计系数而得到的。对于腐蚀缺陷尺寸的不确定性，需用户自行判断。

该标准通过对含机械腐蚀缺陷(包括单个缺陷、相互作用缺陷和复杂形状缺陷)的管道做了超过 70 次的爆破试验，得出了有关爆破的数据库和有关管道材料性质的数据库。另外，通过三维非线性有限元分析得出了一更为综合的数据库。提出了预测含腐蚀管道剩余强度的准则，此腐蚀管道含有单个缺陷、相互作用缺陷和复杂形状缺陷。同时使用了概率的方法修正规范并确定分安全系数。

2) 应用范围

该标准所提供的方法适用于有腐蚀缺陷的碳钢管道(不适用于其他成分的钢管)，海底管道系统标准和 DNV-OS-F101 已经采用此方法进行设计，对于标准(并不只限于以下这些) ASME B31.4、ASME B31.8、BS 8010、IGE/TD、ISO/DIS 13623、CSA Z662，当安全准则与设计规范有矛盾时，也可采用此方法。

在评价腐蚀管道时，应考虑到连续腐蚀扩展的影响。如果含有腐蚀缺陷的管道还继续使用，那么应该采取措施阻止腐蚀的进一步发展或者对腐蚀缺陷采取适当的检测方法。有关腐蚀缺陷的连续扩展该标准没有讨论。

本推荐方法没有包括所有的情况，具体情况还需采取有目标的评价和其他的方法。

3）适用的缺陷

本推荐方法适用于评价下列类型的腐蚀缺陷：

（1）母材的内部腐蚀；

（2）母材的外部腐蚀；

（3）焊缝上的腐蚀；

（4）环缝焊接的腐蚀；

（5）相互作用的腐蚀缺陷群。

当标准方法应用于焊缝和环向焊缝的腐蚀缺陷时，应该注意，焊缝上应没有将会与腐蚀缺陷相作用的明显的焊接缺陷或虚焊，焊缝应具有一定的韧度。

4）施加的荷载

内压和轴向、弯曲荷载会影响腐蚀管道的失效。在该标准推荐方法中，包括以下荷载（应力）的组合和缺陷情况：内压作用于单个缺陷、相互作用的缺陷、复杂形状缺陷以及内压荷载与纵向压应力组合作用于单个缺陷。

注：纵向压应力是由轴向荷载、弯曲荷载、温度载荷等作用产生的。

5）不适用的方面

以下方面不包括在该标准所讨论的范围内：

（1）除了碳钢管道以外的其他材料的管道；

（2）管道材料等级超过 X80 钢；

（3）交变荷载；

（4）尖口缺陷（例如裂纹）；

（5）腐蚀和裂纹的组合；

（6）腐蚀和机械损伤的组合；

（7）由于金属损失缺陷而形成的机械损伤（例如划痕）；

（8）焊接造成的缺陷；

（9）缺陷深度超过原始管壁厚度的85%（例如剩余管壁厚度小于原始管壁厚度的15%）。

本推荐方法也不适用于将产生断裂的地方，包括：

（1）转变温度在操作温度之上的材料；

（2）材料厚度超过12.7mm，除非转变温度低于操作温度；

（3）电焊管道的焊接处存在缺陷的管道；

（4）使用搭接焊或电炉平焊而形成的管道；

（5）半镇静钢。

6）其他失效模式

其他失效模式，如屈曲、褶皱、疲劳和破裂等都需要考虑，这些失效模式在本标准中都没有介绍，可采用其他方法。本推荐方法的目的是提供一种简单的腐蚀管道评价规范，分析的结果偏于保守。如果是腐蚀缺陷则并不适用于本推荐方法，使用者可以考虑其他的方法，以便精确地评价腐蚀管道的剩余强度。这些方法包括详细的有限元分析及（或者）全尺寸试验，但不仅限于这些。

6.《管道安全评价、几何机械损伤评价标准》(API 579)

1）标准的适用性

该标准文件中的适用性(FFS)评价规范适用于评价构件单一或多重损害机理导致的缺陷。构件的定义为按照国家标准或规范设计的承压部件。设备被定义成构件的组合。因此，该标准覆盖的压力设备包括构件压力容器、管道和储存罐罐壳层等所有的压力容器。对于固定和浮动的顶部结构以及罐底板的适用性(FFS)也包含在标准中。

（1）标准中的适用性(FFS)评价规范是在假定构件是按现行的规范和标准设计和生产出来的基础上提出的。

（2）对没有按照最初设计标准设计和建造的设备构件，标准中的原则可以用来评价实际损害和与最初设计有关的竣工情况。这种类型的适用性(FFS)评价将由知识渊博和在标准设计要求方面有经验的专家实施。

（3）描述适用性(FFS)评价规范文件的内容包括说明规范的适用性和局限性。分析规范的局限性和适用性在相关的评价级别中说明。

2）评价技术和验收准则

适用性(FFS)评价规范提供了三级评价。在每节中包括的逻辑框图图示了这些评价等级是如何关联的。每个评价等级提供了一种方法，这种方法与安全保守性要求、评价要求的信息数量、进行评价人员素质和问题的复杂性之间有关系。如果实际的评价等级不能提供可接受的结果或者不能给出清晰的程序步骤，专业人员通常的顺序是从一级到三级进行分析(除非由评价技术直接决定采用何种分析顺序)。下面描述的是每个评价等级和它指定的用法的综述。

（1）第一级　这一级别包含的评价规范目的是提供保守的筛选准则。保守的筛选准则利用最小数量的检测和构件信息。通过现场检测或工程人员可以进行第一级评价。

（2）第二级　这一级别包含的评价规范目的是提供更细致的评价。这种评价产生的结果比第一级评价的结果更精确。在第二级评价中，需要和第一级评价要求相似的检测和信息。然而，更多的详细计算用于评价中。在进行适用性(FFS)评价时，第二级评价一般由现场工程师或有经验和渊博知识的工程专家进行。

（3）第三级　这一级别包含的评价规范目的是提供一个最细致的评价。这种评价产生的结果比第二级评价的结果更精确。在第三级评价中要求有最详细的检测和构件信息，以及在数学技术基础上的推荐分析方法，如有限元方法。在进行适用性(FFS)评价中，第三级分析主要由有经验和渊博知识的工程专家进行。

7.《金属结构裂纹验收评定方法指南》(BS 7910)

BS 7910 是英国燃气开发的金属结构可接受性的评价标准，主要是为碳钢和铝合金焊接结构开发的，随着应用的扩展，又用于其他金属和非焊接金属结构缺陷的分析评价，该标准适用于金属结构的设计、建设、运行等全生命周期。具体内容包括：

（1）裂纹在Ⅰ/Ⅱ/Ⅲ型和剪切载荷作用下的评价；

（2）海洋结构管接头评价程序；

（3）压力容器和管道断裂评价程序；

（4）结构不对中应力分析；

（5）缺陷定义；

（6）爆破之前泄漏评价程序；

（7）管道和压力容器腐蚀评价；

（8）断裂、疲劳、蠕变评价；

（9）焊接接头焊接强度不匹配评价；

（10）冲击功表示管道韧性结果的使用；

（11）可靠性、分安全系数、试验次数和保守系数；

（12）焊缝断裂韧性的确定；

（13）应力强度因子方法；

（14）确定管道可接受缺陷的LEVEL-1简化程序；

（15）残余应力的计算；

（16）疲劳寿命估计的数值方法；

（17）高温断裂扩展评价；

（18）高温失效评价程序。

3.1.5　进一步深化的工作方向

根据完整性管理相关标准的特点和要求，结合国内相关技术现状，应从以下方面进行更深入的工作：

（1）开展完整性管理对标工作　开展完整性管理对标，引进、吸收国外管道完整性管理的经验做法，结合中国的国情，制定国内管道完整性管理的技术标准，借鉴做法，引进技术，用高标准的宣贯和推广应用促进国内技术进步和理念转变。

（2）开展管道完整性管理标准的研究　目的是建立完善的完整性管理系列标准，指导管道运营公司全面实施管道完整性管理，包括完整性管理的内容、技术标准体系、完整性管理的文件体系、完整性管理的管理模式。

（3）支持性技术标准的建设　根据完整性管理的总体要求，全面加强管道完整性管理基础规范的研究和完善，尤其要加强对完整性评价技术、管道风险评价规范的研究。

（4）监管机构要健全完整性管理规范　管道监管要实现从政府到企业的多级管理，监管机构负责管道完整性管理的规划，并通过立法加强管道完整性管理，健全各级管道完整性管理的规程。

（5）加强完整性管理软件和硬件标准的制定　组织科研单位和制造企业进行完整性管理软件和硬件的研究开发，尽早研制国产的完整性管理软硬件产品，并制定完整性软件和硬件的标准。

（6）鼓励技术人员学习和使用标准　管道的完整性管理既是一种管理模式，也是一种管理理念，应通过各种渠道加强完整性管理人才的培养，特别是鼓励技术人员学习和掌握国内外标准。

（7）加强完整性管理数据库标准的研究　此类数据库是管道完整性管理实施的重要基础，完善的管道完整性数据收集机制、完备的数据库标准是保障管道完整性管理实施的前提，是实施的基础要素。

3.2　GB 32167《油气输送管道完整性管理规范》解析

2015 年 10 月 13 日，国家质量监督检验检疫总局和国家标准化委员会发布了 GB 32167《油气输送管道完整性管理规范》，该标准规定了油气输送管道完整性管理的内容、方法和要求，包括数据采集与整合、高后果区识别、风险评价、完整性评价、风险消减与维修维护、效能评价等内容。提出了标准适用于遵循 GB 50251 或 GB 50253 设计，用于输送油气介质的陆上钢质管道的完整性管理；不适用于站内工艺管道的完整性管理。该标准对于规范管道行业管理，提高管道安全管理水平具有重要意义。

下面针对管道完整性管理规范产生的背景、使用中的有关问题进行解释，重点剖析在企业实施过程中可能遇到的问题，并提出建议。

3.2.1　适用范围方面

该标准针对线路的完整性管理，按照设计标准，站场应为阀室、分输站、压气站、清管站、泵站等，一般以站场围墙绝缘接头为界，没有绝缘接头的以围墙管理为界，除站场外，线路管道均适用于该标准的范畴。

该标准不适用于站场，未提出有关站场完整性管理的要求，主要考虑的是站场设施较多，站场风险评估、完整性评价还没有统一，工程技术人员的认识还没有统一，没有达到管道线路管理与技术领域的成熟度，因此该标准没有将站场内容纳入其中。

在燃气管道的适用性方面，因为燃气管网采用设计标准 GB 50028 设计，因此该标准不适用于一般的城市燃气管道，但如果燃气主干管道按照 GB 50251 设计，则也适用于该标准。

该标准也同样不适用于油田集输管道，因为集输管道在阴极保护、收发球设施的设置、设计采用标准方面，均与长输管道的完整性技术和方法差别很大。

另外该标准不适用于海上油气管道和非钢制管道（PE、PVC 管道等），要求比较明确。

3.2.2　开展完整性管理的标志

确定一个企业是否开展了完整性管理，首先要从该标准的执行方面入手，实施完整性管理的过程，要根据六步循环的步骤完成一个完整循环，即首先要建立完整性管理体系，然后根据标准要求开展了数据采集与整合、高后果区识别、风险评价、完整性评价、风险消减与维修维护、效能评价六个步骤，如果其中某一个步骤缺失，则说明开展完整性管理方面有漏项，需要补充完善。

3.2.3　标准产生的背景

完整性管理是与国家对管道安全领域的重视和隐患治理分不开的，结合近年来管道完整性管理在石油管道行业大力推广成熟的经验，针对近年来管道事故，特别是 2013 年 11 月 22 发生在青岛的管道爆炸事故，管道管理者逐渐认识到管道完整性管理是保障管道安全的重要手段，必须花大力气实施与推广。该标准是结合中石油、中石化、中海油以及地方管道企业安全现状制定的一项国家标准，旨在规范完整性管理活动，保障管道安全，提高我国管道管理水平再上新台阶。

3.2.4　标准内容解析

1. 高后果区管理问题

高后果区是标准提出的重点，在该标准第 4 章一般规定中强制性要求有 3 点，分别是：条款 4.4 在建设期开展高后果区识别，优化路由选择，无法避绕高后果区时应采取安全防护措施；条款 4.5 在管道运营期周期性地进行高后果区识别，识别时间间隔最长不超过 18 个月，当管道及周边环境发生变化时，应及时进行高后果区更新；条款 4.6 对高后果区管道进行风险评价。这 3 个条款规定了高后果区是管道管理的重点，高后果风险控制从建设期开始，在选线中实施高后果区识别和绕避及安全措施，规定了运营期的识别、周期及周边环境变化中的持续识别和更新，另外要对高后区的管道开展风险评价，提出风险评价结果和报告。

该标准规定了高后区的分级标准，油气管道高后果区分为三级，其中输气管道按照管径分为 3 类，即大于 762mm、小于 273mm 以及介于二者之间的管径，高后果区范围分别为按照条款 6.1.3.2 中公式(1)计算，界于之间者高后果区边界设定为距离最近一幢建筑物外边缘 200m。

2. 数据管理问题

（1）建设期数据的移交问题　标准条款 5.2.1 规定在试运行之前，应将管道设计资料、中心线数据、施工记录、评估报告、相关协议等管道数据提交给运营单位。规定建设期管道中心线及沿线地物坐标精度应达到亚米级精度，在人口密集区应适当提高数据精度。

（2）数据对齐入库问题　目前存在的最大问题是施工期间的竣工数据和运行中取得的数据相互误差、偏差较大。为了解决此类问题，需进行施工期间和运行阶段的中心线校对，其中条款 5.1.4.2 规定施工阶段和运行阶段的管道中心线对齐要求，宜遵循以下要求：

① 管道中心线对齐应以施工测量或内检测提供的环焊缝信息为基准。若进行了内检测，中心线对齐以内检测环焊缝编号为基准；若没有进行过内检测，中心线对齐应基于测绘数据。测绘数据精度不能满足要求时，宜根据外检测和补充测绘结果更新中心线坐标。

② 当施工测量与内检测环焊缝信息出现偏差时，宜选择内检测数据为基准，并开挖测量校准。

3. 地区等级升级地区管理问题

地区等级升级地区管理有新的规定和要求，一直是困扰管道管理者的难题，主要体现在随着地区经济发展，原有的设计参数已不能满足新的人口密度等级变化。该标准规定了解决思路，主要是采用条款 6.3.4 要求，规定地区发展规划足以改变该地区现有等级时，管道设计应根据地区发展规划划分地区等级。对处于因人口密度增加或地区发展导致地区等级变化的输气管段，应评价该管段并采取相应措施，满足变化后的更高等级区域管理要求。当评价表明该变化区域内的管道能够满足地区等级的变化时，最大操作压力不需要变化；当评价表明该变化区域内的管道不能满足地区等级的变化时，应立即换管或调整该管段最大操作压力。具体采取的措施和评价方法需要另行制定行业或企业标准。

4. 风险评价问题

风险识别和评价一直是管道公司落实安全的重要内容，完整性管理对风险评价的要求主要是条款7.1.2中规定的以下要求：

(1) 应根据管道风险评价的目标来选择合适的评价方法。

(2) 应在设计阶段和施工阶段进行危害识别和风险评价，根据风险评价结果进行设计、施工和投产优化，规避风险。

(3) 设计与施工阶段的风险评价宜参考或模拟运行条件进行。

(4) 管道投产后应尽快进行风险评价。

该标准创新性地提出了风险可接受指标问题：提出了依据和内容。其中条款7.4.1确定风险可接受性标准应考虑以下因素：国家法律法规和标准相关要求；管道的重要性；管道状况；降低风险的成本。条款7.4.2规定可通过以下几个途径来确定风险的可接受性标准：参照国内外同行业或其他行业已经确立的风险可接受标准；根据以往经验判断认为可接受的情况；根据管道平均安全水平，参见标准附录G；与其他已经认可的活动和事件相比较。推荐的输气管道泄漏失效及事故可接受标准为0.4次/$(10^3 km \cdot a)$，推荐的输油管道泄漏失效标准为2.0次/$(10^3 km \cdot a)$。

5. 完整性评价问题

完整性评价是管道完整性管理的核心，其中多项技术指标受到关注，直接评估、试压评估、内检测三者之间的关系需要厘清。

1) 直接评价的使用前期要求

直接评价是管道完整性管理的重要手段之一，对于何时可用及何时需要限制使用，条款8.4.1.2规定，直接评价一般在管道处于以下状况时选用：不具备内检测或压力试验实施条件的管道；不能确认是否能够实施内检测或压力试验的管道；使用其他方法评价需要昂贵改造费用的管道；确认直接评价更有效，能够取代内检测或压力试验的管道。条款8.1.7规定直接评价的再评价周期宜根据风险评价结论和直接评价结果综合确定，最长不超过8年，对特殊危害因素应适当缩短再评价周期。

2) 强制性条款中规定了评价方法及评价周期

条款8.1.1规定新建管道应在投用后3年内完成完整性评价；条款8.1.2规定输油管道高后果区完整性评价的最大时间间隔不超过8年；条款8.1.4规定宜优先选择内检测方法进行完整性评价。如管道不具备内检测条件，宜改造管道使其具备内检测条件。对不能改造或不能清管的管道，可采用压力试验或直接评价等其他完整性评价方法。另外条款8.1.5规定内检测时间间隔需要根据风险评价和上次完整性评价结果综合确定，最大评价时间间隔应符合表3-1要求。

表 3-1 内检测时间间隔表

操作条件下的环向应力水平 σ		
>50%SMYS	30%SMYS<σ≤50%SMYS	≤30%SMYS
10 年	15 年	20 年

天然气管道设计运行应力超过 50%SYMS（最小屈服强度）的，最大内检测时间间隔为 10 年，这就意味着大部分天然气主干管道检测的周期应由 5~8 年的检测周期调整到 10 年。

3）试压评估的启动条件问题

标准中关于压力试验只限于对在役管道进行完整性评价。明确规定了长输管道的试压评价的启动条件，只限于此种条件：管道长期低于设计压力运行，需要提压运行但压力仍然低于设计压力，在确保风险可控的条件下，可采用输送介质进行压力试验。如满足以下条件之一，则不可采用输送介质进行压力试验，只可选用水或者空气试压：

（1）管道采用多种完整性评价方法包括内检测与直接评价等，仍然事故频发；

（2）设计输送的介质或工艺条件发生变更；

（3）管道停输超过一年以上再启动；

（4）新建管道和在役管道的更换管段；

（5）经过分析需要开展压力试验的管道。

6. 风险减缓

该标准规定了需要根据企业实际情况和管道地域地区的特点，制定相应的风险减缓措施，包括日常巡护管理、缺陷修复、腐蚀风险控制、地三方风险控制、自然与地质灾害控制、应急支持等。

7. 效能评价问题

效能评价一直是企业容易忽视的环节，实施的方法各不相同，但目标一致，即达到体系持续改进的目标。条款 10.1 规定应定期开展效能评价确定完整性管理的有效性，可采用管理审核、指标评价和对标等方法进行；条款 10.2 规定管理审核可采用内部审核或外部审核方式，发现并改进管理存在的不足。

8. 培训和能力认证

完整性管理培训是实施完整性管理的重要保证，培训上岗需要各企业取得能力认证，条款 13.1.1 规定了从事管道完整性管理的相关人员应掌握相应技能，并通过培训取得能力认证。条款 13.1.2 规定培训与能力认证分为三级：一级（初级）、二级（中级）、三级（高级）。

该标准规范了个人从事完整性工作的业务与能力资格要求，条款 13.1.6 中规定，依据工作范围，参训个人必须符合管道完整性管理资质相应的要求，以从事相对应的业务工作。取得一级资质及以上的方可进行高后果区识别和数据采集工作，取得二级资质人员方可进行管道基础风险评价等工作，取得三级以上资质人员方可进行完整性评价、综合风险评价和效能评价等工作。

另外，条款 13.1.7 还规定了可依据该标准的资质认定内容开展内部或委托第三方培训和取证，或采用第三方培训方式提供培训和取证。

3.2.5 注意的几个问题

管道完整性管理规范在实施过程中，要重点把握以下几点：

（1）首先要结合本企业实际情况，紧紧把握 6 个强制性条款要求，重点对高后果区的要求、管道检测周期、完整性评价方法进行分析，选择适用的检测评价技术，符合企业实际，注重实施的效果，最终达到保证安全的目的。

（2）建设期数据的移交很重要，但数据质量更加重要，一定要对数据的可靠性、安全性、真实性进行验证，制定详细的质量控制措施。

（3）培训和能力认证是当前制约我国完整性管理发展的瓶颈之一，加快企业或大学等教育机构的能力认证中心建设，从源头上培养完整性管理人才，应是提高我国管道完整性管理水平的重要基础。

3.3 国内外管道检测与评价技术标准

3.3.1 检测和评价标准

作为五大运输体系之一的管道运输，近年来发展迅速。随着西气东输、川气东送、中俄东线、陕京复线、忠武线、兰成渝成品油管线、西南成品油管线、甬沪宁成品油管线、冀鲁宁管线、仪长管线等重大工程的实施，我国油气管道干线联网的雏形已经形成。管道运输在国民经济运输中的比重，是衡量一个国家文明和发达程度的重要标志。

管道检测与评价标准是为了在管道检测与评价范围内获得最佳程序，经协商一致制定并由公认机构批准，共同使用的和重复使用的一种规范性文件。标准化是为了在一定的范围内获得最佳程序，对现实问题和潜在问题制定共同使用和重复使用的条款的活动。

伴随着国家石油天然气管道工业的不断发展，管道安全维护管理成为国家安全管理部门日益重视的专题。近年来，国内管道因腐蚀造成的事故时有发生，因漏油、停输、污染、抢修等造成的损失，每年都以亿元计算。据有关专家介绍，目前世界上 50% 以上的管网趋于老化；我国的原油管道也有近一半已经运营了 20 年以上，由于腐蚀、磨损、第三方破坏等原因导致的管道泄漏屡见不鲜。随着完整性管理理念的引进，管道的管理逐渐由基于管道事件的管理模式(如管道的事故、发生后的抢修、处理等应急模式)逐步向基于可靠性为中心的管理模式转变。对于管道的可靠性分析，管道检测和管道评价是必不可少的两个环节。近几年，国内管道检测技术和评价技术水平得到很大提高，一些国际领先的检测技术和评价方法被引进，在各个公司广泛使用，这就使得建立管道检测和评价技术标准体系尤为迫切。

本节重点介绍国内外目前的标准情况，以及管道检测与评价技术标准体系建设和应用情况。

3.3.2 国际管道检测与评价技术标准研究

国外管道检测与评价技术标准体系起步较早，且比较成熟，已经形成了一套完整的标准、法规、规章制度。以核心技术为基础形成较完善的标准体系，其中较有影响的标准文件介绍如下。

1. 管道检测技术标准

（1）NACE RP0188　防腐层的漏点检测标准

（2）NACE RP0102　管道内检测的推荐实践标准

（3）API 1163　管道内检测系统标准

（4）ASNT ILI-PQ　管道内检测员工资格

（5）API RP 580　基于风险的检测

（6）API RP 581　基于风险的检测 基本源文件

（7）API 510　压力容器检验规范 在用检验、定级、修理和改造

（8）API 574（RP）　管道系统设施检测条例

（9）API 1149　管道泄漏检测不确定性及其后果

（10）ASME E2373-04　超声时差衍射技术（TOFD）标准

（11）API 570　管道：在用检验、定级、修理和改造

2. 管道评价技术标准

（1）ASME B31G　腐蚀管道剩余强度测定手册

（2）NACE RP0502　管道外腐蚀检测与直接评价标准（ECDA）

（3）NACE SP0206　干气管道内腐蚀直接评价标准（ICDA）

（4）NACE SP0204　应力腐蚀开裂直接评估（SCCDA）

（5）NACE TM0284　管线钢和压力容器抗氢致开裂评定方法

（6）CEN/TS 15280　埋地阴极保护管道交流腐蚀可能性评估

（7）API 1155　基于泄漏检测系统软件的评价方法

（8）DNV RP-F101　腐蚀管道缺陷评价标准

（9）API 579　管道安全评价、几何机械损伤评价标准

（10）API 598　阀门的检验和试验

3.3.3　国内管道检测与评价技术标准研究

国内的相关技术标准虽然起步较晚，但通过各行业专家的不断努力，近些年也形成了相当一部分技术标准成果，列举如下：

（1）GB/T 27699　钢质管道内检测技术规范

（2）SY/T 4109　石油天然气钢制管道无损检测

（3）GB/T 19285　埋地钢制管道腐蚀防护工程检验

（4）GB/T 21246　埋地钢制管道阴极保护参数测量方法

（5）GB/T 6151　钢制埋地管道腐蚀损伤评价方法

（6）SY/T 0029　埋地钢制检查片腐蚀速率测试方法

（7）SY/T 0066　管道防腐层测度的无损测量方法（磁性法）

（8）SY/T 0087.1　钢制管道及储罐腐蚀评价标准 第1部分：埋地钢制管道外腐蚀直接评价

（9）ST/T 4080　管道储罐渗漏检测方法

（10）SY/T 6553　管道检验规范 在用管道系统检验、修理、改造和再定级

（11）SY/T 6597　钢制管道内检测技术规范

（12）SY/T 6975　管道系统完整性管理实施指南

（13）SY/T 6597　钢质管道内检测技术规范

（14）SY/T 6825　管道内检测系统的鉴定

（15）SY/T 6889　管道内检测

3.4　企业级管道完整性管理标准体系案例

北京天然气管道有限公司为强化技术分析能力，做到所有技术分析有模型，技术评价有标准，数据管理有依据，方案措施有验证，结合生产实际制定了检测与评价标准体系，包含 39 项技术标准，涵盖了数据收集、风险评价、管道检测、管道修复、体系建设 5 个方面的内容，极大地提高了公司标准化管理水平。

检测标准中，主要是以管道监测、检测和评价技术标准作为体系建设的重点，以 2001 年以来开展的管道检测、评价、测试等相关技术实践为基础，体现了管道检测和评价技术的最新研究成果，力求与国际接轨。

该企业的完整性管理标准见表 3-2。构建的检测与评价标准体系如图 3-1 所示。

表 3-2　陕京管道完整性管理标准

序号	企业标准名称	编　号
1	钢制管道内检测执行技术规范	Q/SY JS 0054—2005
2	钢质管道缺陷安全评价标准	Q/SY JS 0055—2005
3	管道超声导波检测及评估技术规范	Q/SY JS 0056—2005
4	管道夹具注环氧补强修复技术规范	Q/SY JS 0057—2006
5	管道碳纤维复合材料补强修复技术规范	Q/SY JS 0058—2006
6	高后果区分析准则	Q/SY JS 0061—2006
7	管道本体数据收集标准	Q/SY JS 0062—2006
8	管桥结构安全评价规范	Q/SY JS 0063—2006
9	钢质管道 ABAQUS 仿真系统评价规范	Q/SY JS 0064—2006
10	超声导波操作技术规范	Q/SY JS 0065—2006
11	超声时差衍射技术（TOFD）标准	Q/SY JS 0066—2006
12	天然气管道内腐蚀监测数据分析与评价规范	Q/SY JS 0067—2006
13	管道内检测内外缺陷认定标准	Q/SY JS 0068—2006
14	IOTECH 应变测试操作技术规范	Q/SY JS 0099—2010
15	IOTECH 振动测试设备操作规范	Q/SY JS 0100—2010
16	超声导波永久探头技术规范	Q/SY JS 0101—2013
17	管道地质灾害高风险点应变监测技术规范	Q/SY JS 0102—2010
18	管道完整性管理体系建设与实施导则	Q/SY JS 0103—2010
19	含缺陷管道 C 扫描三维检测技术规定	Q/SY JS 0104—2010
20	陕京管道地理信息 GIS 系统数据采集规范	Q/SY JS 0105—2010
21	陕京管道地理信息 GIS 系统与完整性业务整合规范	Q/SY JS 0106—2010
22	相控阵检测技术规范	Q/SY JS 0109—2012

序号	企业标准名称	编　号
23	声发射检测技术规程	Q/SY JS 0111—2012
24	输气管道 MICROCOR 内腐蚀监测系统安装与维护规程	Q/SY JS 0112—2012
25	陕京管道完整性管理覆盖率考核标准	Q/SY JS 0113—2012
26	管道完整性管理内部审核规程	Q/SY JS 0114—2012
27	陕京管道地理信息平台与数据库维护管理规程	Q/SY JS 0115—2012
28	建设期管道完整性管理失效控制导则	Q/SY JS 0116—2012
29	陕京管道地质灾害监测系统数据采集规范	Q/SY JS 0117—2012
30	管道完整性数据采集作业规程	Q/SY JS 0130—2014
31	站场工艺管道完整性管理检测技术规程	Q/SY JS 0131—2014
32	金属磁记忆应力检测技术规范	Q/SY JS 0132—2014
33	输气管道材质参数检测技术规程	Q/SY JS 0133—2014
34	输气管道本体壁厚测试技术规程	Q/SY JS 0134—2014
35	输气管道沉降监测与评价技术规范	Q/SY JS 0135—2014
36	钢质管道超声导波检测技术规范	Q/SY 1184—2009
37	钢制管道内检测开挖验证规范	Q/SY 1267—2010
38	天然气管道内腐蚀监测与数据分析-电阻探针法	Q/SY 1591—2013
39	油气管道沉降监测与评价技术规范	Q/SY 1672—2014

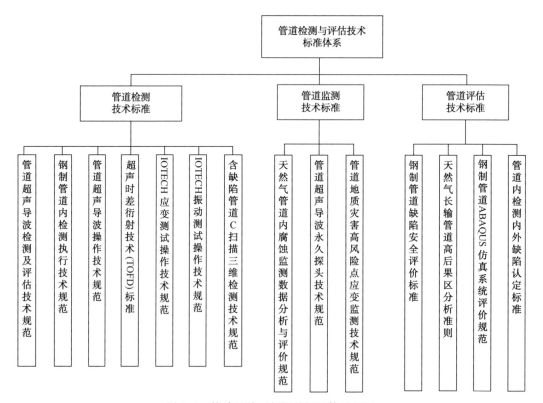

图 3-1　构建的检测与评价标准体系框图

3.4.1　企业级管道检测技术标准

管道检测是进行管道评价的前提条件，检测技术水平如何，直接决定着管道评价的准确度。所谓"差之毫厘，谬以千里"，必须对管道的检测活动作出标准性总结，使检测活动具有规范性、标准性和可重复性，为管道评价提供详实、准据的数据支持。

1.《钢制管道内检测执行技术规范》（Q/SY JS0054—2005）

陕京管道首次内检测项目于2001年9月正式启动，请英国ADVANTICA公司为检测项目做技术服务，对陕京管道的可检性进行评价。ADVANTICA公司和管道管理公司共同对陕京管线和廊坊检测公司及其检测设备进行了考察和评价，共同组织实施了陕京管道的内检测项目。之后又经过多次内检测的经验积累、总结，制定了该企业标准。该标准规定了陕京管道的智能内检测检测器技术指标、检测报告格式和验证方法。其框架为：

（1）一般要求　该标准规定国内外具有检测资质的检测承包商可进行公司检测业务。其检测器适合于天然气管道的检测。检测过程中参与人员需进行岗前培训，培训内容为NACE RP102技术标准以及检测双方约定的《检测方案》。管道内检测人员应包括检测器操作人员、收发检测器流程切换人员、调控指挥人员（包括调控中心指挥人员和现场指挥人员）。检测作业人员现场操作按预先制定的《检测方案》执行。

（2）检测器具备的前提条件　该标准检测器探头系统最少为80探头、80数据通道。检测器动态性能需满足系统要求，并且系统的动态性能经过牵拉试验验证。检测中的速度变化以及标定测试检验能够保证在许可的速度极限之内，并且保证数据的质量，具体由检测公司按检测器的要求确定。

（3）使用检测器指标　根据技术指标的要求，管道缺陷的中等清晰度检测准确率可信度达到80%以上，高清晰度检测准确率可信度达到90%以上。

（4）检测数据验证　为了验证检测承包商检测报告的准确性，必须对管线的腐蚀情况进行调查。该标准规定了选点原则，所选点的有关数据表格形式，定位、查找方法和初步验证结果的比较方法。

（5）数据评价分析　该标准规定了对检测服务商所提供缺陷数据的要求，明确了安全评价的内容及依据的标准，最终需给出该缺陷是否进行处理的建议。

2.《管道超声导波检测及评估技术规范》（Q/SY JS0056—2005）

针对站场管道难以进行内检测的特点，作为管道内检测的有效补充，陕京管道于2005年引进超声导波检测技术，并于同年制定了该标准。超声导波检测技术是一种可以代表管道检测技术发展水平的检测技术，主机激发2~3种扭转波和纵波、横波沿管道传播，在遇到管道壁厚发生变化时，有部分能量按比例返回并被探头接收从而实现检测。常用于检测管道内部和外部腐蚀和其他缺陷，可以对埋地、穿越、架空以及其他难以介入的管道进行100%的快速扫查。标准的框架为：

（1）被检管道具备的条件　该标准规定被检管道应具备以下条件：内介质温度范围为-15~70℃；管径范围为50~1219mm；200mm管径以下管道长度应大于1.5m，200mm管径以上管道长度应大于2.5m；管道振动频率不能大于35kHz；管道周向应具有200mm空间以便传感器环顺利缠绕。

（2）检测周期　该标准规定对新建管道投产之后应在三年内进行基线检测，其后检测周期为视管道情况每5~8年检测一次，对管道重点部位每3~5年检测一次。特殊情况可根据上次检测结果安全评价后适当延长或加密检测周期。上述重点部位是指站内管道弯头，曾经出现过影响管道安全运行的问题的部位，检测出存在15%以上的壁厚减薄的部位，排污管道和承受交变载荷的管段。

（3）检测程序　对于埋地管道，该标准明确了管道开挖和防腐层剥离的相关要求。在检测过程中出现的疑似信号需要用测厚仪或其他手段进行现场验证。现场需填写《超声导波检测记录表》和《管道缺陷记录表》，写明管道并清楚记录管道特征，明确标出缺陷位置特征及程度，记录计算机文件编号和检测日期，并由检测和审核人员签字确认。

（4）检测报告和数据安全评价　该标准规定了检测报告的标准格式，并对进行数据安全评价的人员资质、评价程序和所依据标准作出了明确要求，安全评价结果最终给出该缺陷是否需要进行处理的建议，并预测发展的趋势，提出建议的检测周期。

3.《超声时差衍射技术（TOFD）标准》（Q/SY JS0066—2006）

超声时差衍射技术（TOFD）是焊缝超声检测和缺陷定量很有发展前景的一种新技术。它有别于按脉冲回波波幅进行定量的常规超声技术，是靠入射纵波在缺陷端部产生的衍射波传播时差进行测深定高、可靠性很高的一种方法，有A、D、B三种显示（即直角坐标显示、焊缝纵断面显示、焊缝横断面显示）方式，探伤结果记录较直观和客观。自20世纪90年代起，超声时差衍射技术（TOFD）在国外工业无损检测领域已得到广泛应用，欧、美、日均已推出相应的应用标准。2006年期间，该技术在国内尚属推广阶段，国内也没有相关标准（注：JB/T 4730.10《承压设备无损检测 第10部分：衍射时差法超声检测》已于2010年批准颁布）。公司引进该技术后等同采用ASME E2373-04《超声时差衍射技术（TOFD）标准》（英文版），制定了该标准。

4.《含缺陷管道C扫描三维检测技术规程》（Q/SY JS0104—2010）

超声波C扫描技术是在超声波二维成像B扫描技术基础上发展起来的新型无损探伤技术，采用多元线阵探头实现水平面上的x、y方向综合扫描，即在水平x和y方向上通过探头定位方法使探头移动并记录移动轨迹，同时记录每个位置的回波信号，达到连点成线、连线成面的效果，对检测区域进行全方位100%三维成像。操作人员通过图像就能了解缺陷的位置、分布、形状、大小等信息，操作软件就能得到相关准确数据，使缺陷识别、定性和定量分析更加方便和直观。而且扫描结果可以保存，通过软件检测过程可以再现，为扫查结果事后分析和存档以及缺陷发展监视提供了有效手段。该标准规定了含缺陷管道C扫描三维检测所必需的管道超声波C扫描检测设备的操作要求，适用于管道在线超声波C扫描检测操作的管理。该标准对C扫描作业流程、设备操作步骤、现场检测记录、数据评价分析以及设备的保养作出了明确规定，为设备标准化管理和使用提供了文件支持。

3.4.2　管道监测技术标准建设与应用

对关键部位和数据进行实时监测是为了达到更好的管理目的而实施的必要手段，通过监测技术可以掌握数据的发展水平和发展趋势，并针对性地实施预防性措施。

1.《天然气管道内腐蚀监测数据分析与评价规范》（Q/SY JS0067—2006）

该规范提供了Microcor内腐蚀监测系统（简称Microcor系统）的数据分析、评价方法和推荐流程，根据评价结果为在役管道的安全运行提供科学依据和合理可行的建议。适用于在役管道内部发生腐蚀和磨蚀状况下的内腐蚀评价工作。

（1）评价流程　内腐蚀评价工作流程如图 3-2 所示。

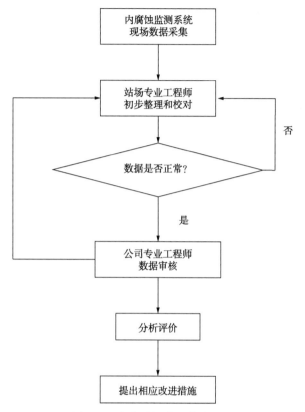

图 3-2　内腐蚀评价工作流程图

（2）数据处理　数据的处理采用 Microcor 系统配套的以 LABVIEW 应用程序为基础编制的应用软件（MS-9000）。根据单通道图形分析软件可以直接得出该时间段的腐蚀速率和壁厚金属损失量，每月统计的腐蚀速率和金属损失量由选取各时间段的计算结果进行累加求和并取算术平均值。若腐蚀量很小，对于该数据信号是腐蚀还是噪声假信号在区分上存在一定难度，可首先确定：在两个 CURSOR0-CURSOR1 之间读数是负值一定是噪声假信号，并将其滤掉，即读数确定为零。

（3）评价内容　现场测量及采集有关数据，对原始测量数据进行分析和处理；管线所处环境腐蚀性分析；根据管道的历史资料和现场监测的数据，计算输气管道内部的平均腐蚀（或磨蚀）速率和金属损失量；管道内腐蚀原因分析；提出管道内腐蚀防护的建议及措施。

2.《超声导波永久探头技术规范》(Q/SY JS0101—2010)

该规范规定了钢质管道超声导波永久探头安装和检测所必需的操作程序。明确了钢质管道超声导波永久探头安装和检测的技术要求、检测报告格式和验证方法。作为常规超声导波技术的补充，针对管道高风险部位且常规超声导波操作困难或成本较高的架空或埋地管道使用该技术进行监测，大部分操作及规定与常规超声导波技术相同，只是对永久探头的安装保养作了一些针对性规定，不作详细介绍。

3.《管道地质灾害高风险点应变监测技术规范》(Q/SY JS0102—2010)

该规范规定了天然气管道地质灾害高风险点应变监测装置安装与施工的技术要求。目的是在管道及附近区域埋设传感器，监测管道变形及土壤变化，及时发现地质灾害隐患并通知管理人员，以减小因地质灾害可能对管道造成的损害。

（1）监测系统设计原则　对地质灾害高风险区进行深入调研，研究地质灾害高风险区地质变化情况，掌握区域的地质灾害发生的特点，全面分析常见地质灾害类型及发生频率，制定合理的监测方式及监测频率，设置合理的预警机制，采用成熟的数据传输技术，与网络系统紧密结合，通过网络做到时时网上监控，做到灾害和风险的时时预警。

（2）监测点的选择　应选择具有地质灾害风险(如地震、滑坡、泥石流、土壤沉降等)或可能受到人为损坏(如工程施工区域)的地点进行监测，监测点位置应有手机信号。

（3）现场安装　该标准对施工前准备、开挖作业、应变计安装、测斜仪安装、土压计、孔隙水压计安装、采集仪测试与埋设和太阳能供电系统的埋设等环节都明确了作业流程和技术要求，有利于规范现场标准作业。

（4）数据采集与分析　系统按照预先设定好的策略，对下位机发送指令进行数据采集，将采集到的数据存入数据库中。数据采集过程无需人工干预。每次采集完一次数据，系统都会自动对所采集到的数据进行分析，对于达到报警极限的数据，系统会按照预先设定的方式进行报警(包括邮件报警、短信报警)。数据分析过程无需人工干预。如想进行更多的数据分析，可使用系统自带的数据分析功能。

（5）报警响应　当报警联系人收到数据超限报警信息时，应及时关注监测点处管道的状态，判断管道是否受到了自然灾害的威胁或人为的破坏。

3.4.3　管道评价技术标准建设及应用

管道评价是管道检测活动的延续和目的，是管道安全运营的重要环节，是进一步进行管道作业的指导和依据，所以保证评价技术的规范性也是标准化管理不可或缺的一环。

1.《钢制管道缺陷安全评价标准》(Q/SY JS0055—2005)

（1）评价步骤　该标准中推荐的评价步骤包括三个评价等级，分别为：

LEVEL-1：评价只考虑最大缺陷维数，例如最大深度、最大长度和单个缺陷或相邻缺陷之间距离，使用本标准中推荐的一个简单的方程，评价要求满足最少量的信息，并给出相关更加保守的结果。

LEVEL-2：评价不仅要考虑最大缺陷尺寸，而且要考虑缺陷或相邻缺陷金属损失面积，评价使用其中一种具有建设性和成果性的方法。一般来说，LEVEL-2 评价方法比 LEVEL-1 评价方法更复杂，因为 LEVEL-2 考虑了缺陷的形状，具有软件支持或专家支持能给出较高的精度。

LEVEL-3：评价使用数值分析方法、非线性有限元分析方法与应力或应变准则确定塑性失效。LEVEL-3 级评价要求有应力分析的特殊专家。总地说来，LEVEL-3 评价能给出高精度结果，适合于解决一些复杂问题，例如腐蚀管道的弯头、承受弯曲载荷或承受切向力。

（2）局限性说明　LEVEL-1 和 LEVEL-2 是由封闭形式方程给出的基于评价方程的方

法，这些方法要求输入最低的关于最大缺陷尺寸和名义材料特性方面的信息，适合于一个分选级缺陷评价，其适用于管道内单个或分离缺陷金属损失，并只承受内压载荷。总地说来，这些方法给出了一个相对保守的失效预测。基于这些 LEVEL-1 和 LEVEL-2 评价方程编制的软件，使用迭代计算程序预测失效压力，通过考虑复杂的缺陷形状，这些方法提供了较为精确的失效预测，可用于相互作用多腐蚀缺陷的评价，这些方法应用时要求额外的缺陷投影信息。

2.《天然气长输管道高后果区分析准则》(Q/SY JS0061—2006)

为了开展管道完整性管理，保证管道高后果区分析的科学性和准确性，特制定该准则。通过对高后果区(High Consequence Areas，HCAs)的分析，明确造成管道高后果区的原因、可能的影响区域和可能的后果，实现对这些区段有针对性的管道完整性管理，以达到减少或者是不发生管道运营过程对员工、社会公众、用户或环境产生不利影响的基本目标。HCAs 随时间和环境变化会发生变化，对 HCAs 的分析也需要定期重新分析。

(1) 气体长输管道 HCAs 识别　管道经过区域符合以下任何一条的区域为高后果区：①管道经过的三级地区；②管道经过的四级地区；③管道经过的三级和四级地区之外的地区，潜在影响半径大于 200m 且在潜在影响范围内包括 20 户或更多的供人类使用的建筑，对潜在影响半径大于 200m 的地区的人口密度可以通过与半径为 200m 以内的区域比例换算来识别，在此区域内的建筑物数量的换算方法为：20 户×(200m/潜在影响半径)^2；④管道两侧 200m 内有医院、学校、托儿所、养老院、监狱或其他具有难以迁移或难以疏散的人群的建筑设施的区域；⑤管道直径大于 762mm，并且最大操作压力大于 6.8MPa，管道两侧 300m 以内设有医院、学校、托儿所、养老院、监狱或其他具有难以迁移或难以疏散的人群的建筑的区域；⑥管道两侧 200m 以内(或管道直径大于 762mm，并且最大操作压力大于 6.8MPa，管道两侧 300m 内)，在一年之内至少有 50 天(时间计算不需连贯)聚集 20 人或更多人的区域，例如(但并不局限)农村的集市、寺庙等。

(2) 识别过程应考虑的因素
① 泄漏对健康和安全的影响后果，包括可能的排放需要；
② 输送产品的性质(成品油、原油、高挥发性液体、气体)；
③ 管道的运行条件(压力、温度、流量)；
④ 高影响区的地形和管段形貌，可能的扩散范围或可能的管输液体介质流通渠道；
⑤ 管道的压力波动影响；
⑥ 管道的管径、潜在的泄漏量、两个截断法等隔离点的距离；
⑦ 管道经过的或者是管线附近的高后果区种类和性质；
⑧ 地区内存在潜在自然力(洪水区、地震区、沉陷区)；
⑨ 响应能力(发现时间、证实和确定泄漏位置、反应时间、反应特性等)。

(3) HCAs 完整性管理减缓措施及方案更新　根据确定的 HACs，分析每一区段的管理现状，包括检测历史、管道属性、周边环境、可能的扩散或流淌区域，制定相应的完整性管理措施(检测、监测、完整性评价等)，确定组织处理泄漏事件的对策和责任。初步提出针对性的管理意见。根据每一区段的变化情况，确定再评价周期，最长不超过一年。

3.《管桥结构安全评价规范》(Q/SY JS0063—2006)

该规范规定了管桥结构安全评价的检测和计算分析的内容、测试条件与设备、方案等，适用于在役管桥的结构安全评价。

（1）检测内容 对全桥结构的关键部位进行静应力测试；对全桥结构的关键部位进行动态应力测试；对钢结构构件的腐蚀情况进行全面检测；对主要焊缝进行X射线与超声波探伤；对塔基进行现场取样，做岩土力学性能测试；开展地基基础振动测试和载荷板试验及其他需要检测的内容。

（2）分析内容 对全桥运用有限元方法建立三维实体模型进行各种载荷工况下的静、动力学分析，分两种状态：桥体设计状态（原状态）和现状态（钢结构腐蚀探伤——由测试得到），计算分析桥体的静、动态应力、变形及稳定性。同时须对钢索、系钩及塔架进行局部强度分析，并作出分析报告；对地基的静动态特性进行分析，作地基沉降与土壤变形趋势预测报告；对全桥结构进行安全性测试，提出分析报告，内容包含寿命分析、加强方案及安全性措施。

（3）计算分析方案 数值仿真计算可模拟多种工况，得到的数据广泛，在分析研究中发挥重要的作用。必须通过数值计算，才能得到管桥设计时的静、动态响应，为寿命分析提供资料。在计算极限风载（气象资料：五十年一遇）下结构的响应时，也只能通过数值仿真进行预报。

4.《钢制管道ABAQUS方针系统评价规范》(Q/SY JS0064—2006)

该规范描述的规则和评价方法适用于钢制管道的强度分析，这些管道初期的设计标准包括但不限于ASME B31.4、ASME B31.8、IGE/TD/1、BS 8010、CSA Z662、ISO/DIS 13623。该规范适用于在役天然气管道由于管道损伤、管道周围环境的变化造成的管道所承受应力改变、管道修复的可靠性评价。该规范提供了利用ABAQUS对管道进行可靠性评价的方法和推荐程序，根据评价结果提出相应的整改建议。

（1）评价流程 ABAQUS仿真系统评价工作流程如图3-3所示。

（2）结论与措施 根据ABAQUS计算结果，由具有安全评价资质人员按照Q/SY JS0055、ASME B31G、DNV RP-F101、SY/T 6186等规范和标准，评价管道是否安全可靠，若不安全，提出相应的措施，使管道承受的应力降低到安全可靠的范围内。

5.《管道内检测内外腐蚀缺陷认定标准》(Q/SY JS0067—2006)

该标准规定了进行管道内检测内外缺陷认定所必需的操作程序、基本要求和注意事项。明确了管道内检测内外缺陷认定工作要求，用于管道内检测内外缺陷认定工作的管理。

（1）缺陷认定应具备的资料 管道材质、管径、

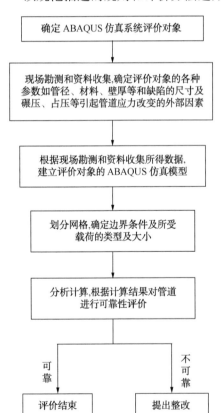

图3-3 ABAQUS仿真系统评价工作流程图

壁厚及使用年限；管道运行记录：管道输送介质、压力、温度、流速等；管道检测资料根据内检测结果，给出缺陷点准确定位。

（2）一般缺陷检验　使用测厚仪对管道剩余壁厚进行测量，使用深度尺和游标卡尺进行外部缺陷测量，同时用拓样复制缺陷形状，并做好网格，给出缺陷形状和不同部位的深度分布。记录缺陷点区域、剩余壁厚、径向点位置、距环焊缝距离等。缺陷数据评价由安全评价资质人员进行，并按照管道本体安全评价的程序和标准（Q/SY JS0055—2005《钢制管道缺陷安全评价标准》）进行。

（3）焊缝处缺陷检验　一般情况下使用常规超声探伤设备进行检测，标准中对探头的选择和扫查方式都作了详尽的说明，常规超声波探伤不能确定的缺陷建议使用超声衍射时差法（TOFD）进行检测。主要记录管线名称、编号、材质、规格、焊缝代号、焊工号、坡口形式、焊缝种类、表面情况、探伤方法、检验规程、验收标准、使用仪器、探头参数、耦合剂、试块、扫描比例、探伤灵敏度、缺陷性质、指示长度、最大反射波高、开口缺陷、检验人员、检验日期，并出具检测报告。

（4）缺陷或缺欠的最终认定　检测方完成检测后，提出异常点检测报告，检测报告须经钢管制造方、检测方、业主三方共同认定。

（5）针对缺陷的评价和修复　针对缺陷的评价参照 Q/SY JS0055—2005《钢制管道缺陷安全评价标准》进行。针对缺陷的修复参照 Q/SY JS0056—2006《管道碳纤维复合材料补强修复技术规范》和 Q/SY JS0057—2006《管道夹具注环氧补强修复技术规范》进行。

3.5　完整性管理管道间距标准比对分析

3.5.1　管道与地面建筑物的间距

1. 国外标准现状

美国 ASME B31.4《液态烃和其他液体管线输送系统》和加拿大 CSA Z662《油气管道系统》都没有对管道同建（构）筑物间的距离作出规定。ASME B31.4 既没有规定管道与周围建筑物的距离，又没有将沿线地区分类。ASME B31.8《输气与配气管道系统》将天然气、凝析油、液化石油气管道的沿线地区按其特点进行分类。不同地区采用不同的设计系数，以提高管道的设计强度。用控制管道的强度来确保管线系统的安全，从而对周围建（构）筑物提供安全保证。ASME B31.8 按不同的居民（建筑物）密度指数将输气管道沿线划分为 4 个地区等级。其划分的具体方法是以管道中心线两侧各 200m 范围内，任意划分成长度为1.61km（1 英里）的若干管段，在划定的管段区域内计算供人居住的独立建筑物（户）数目，定为该区域的居民（建筑物）密度指数，并以此确定地区等级。加拿大 CSA Z662《油气管道系统》中对输送高蒸气压油品的管道，按地区等级不同采用不同的设计系数和增加管道埋深。美国在《液体管道联邦最低安全标准》第 195 部分的 210 条中规定，管道和住宅、工业建筑及公共场所的最小间距为 15.24m。

苏联 CHHIIT 2.05·06《干线管道设计规范》按照管道等级（根据地形、工作条件、管道结构和考虑管道安全输送的要求，将管道划分为 4 级）规定了管道与各种建（构）筑物间的安全距离，并在整个干线输油管道线路上设置保护区。рД153-39.4-056-00《干线输油管道的运营技术规程》规定，应采取必要措施，使输油管道中心线距居民点、一些工农业企业和建构筑物的最低距离保持在10~3000m范围内（取决于输油管道的直径），以及输油站距这些设施的最低距离保持在20~200m范围内（取决于输油站的等级）。

2. 国内标准现状

GB 50253《输油管道工程设计规范》同时兼顾管线自身安全和对第三方人员安全，规定了埋地输油管道与地面建（构）筑物的最小间距为：原油、C_5 及 C_5 以上成品油管道与城镇居民点或独立的人群密集的房屋的距离不宜小于15m；与飞机场、海（河）港码头、大中型水库和水工建（构）筑物、工厂的距离不宜小于20m；与军工厂、军事设施、易燃易爆仓库、国家重点文物保护单位的最小距离应同有关部门协商解决。但液态液化石油气管道与上述设施的距离不得小于200m，与城镇居民点、公共建筑的距离不应小于75m。敷设在地面的输油管道与建（构）筑物的最小距离，应按上述规定的距离增加1倍。GB 50251《输气管道工程设计》参照 ASME B31.8，以"强度防护"为主要原则，按沿线居民户数和（或）建筑物的密集程度，划分为4个地区等级，按不同的地区等级采用不同的设计系数，并做出相应的管道设计——强度设计系数设计，以控制管道自身的安全性作为输气管道的设计原则。

3. 国内外标准差异

针对埋地输油管道与地面建筑物之间的距离，我国标准规定距离为15m，与美国法规基本一致。我国规定敷设在地面的输油管道与建（构）筑物的最小距离，应按上述规定的距离增加1倍。我国现行标准做法，采用的安全距离适应性强，线路选择比较灵活，也比较经济合理。

3.5.2 管道与地下构筑物的间距

1. 国外标准现状

美国联邦法规 49 CFR 192 章《管道安全法天然气部分》中第 192.325 条规定，输气管道与任何其他与本输气管道无关的地下结构之间的间距必须至少达到305mm，在保持305mm间距不现实的地方，如果采取适当的腐蚀控制措施，则该间距也可以进一步缩小。

美国 ASME B31.8 第 841.143（a）条规定，任何埋地管线与任何不用于同该管线相接的其他地下构筑物之间，若有可能，至少要有152mm的间距。美国法规和标准主要是强调管道自身的安全性，从安全角度，考虑管道自身安装和维护管理的需要。CSA Z662 规定，埋地管道附近铺设有地下电缆、导体、导管、其他管线或其他地下结构时，管线与这些物体的最小间距为300mm，与排水瓦管的最小距离为50mm。如果采取措施能够避免这些物体对管道造成破坏，可适当减小间距。在输电线路附近或相关设施附近的管道要符合 CAN/CSA-C22.3 NO6-M91《管道与电力供应线之间协调性原则与作法》要求。AS/NZS 4853《金属管道上的电危害》明确说明，如果没有经过允许的话，按照规定，管道线、电缆线、输送管和套管与其他管道、电力和通信电缆之间的水平距离应该至少有600mm，且它们之间应当没有别的干扰物（注意：此间距很重要，尤其在拥挤的穿越或者是有备用管沟的时候）。

荷兰标准 NEN 3650-1-A1《管道系统的要求》明确要求，在两条并行的地下管道之间必须保持至少 0.4m 的间距。出于安全的考虑，若一条管道失效时可能产生连锁反应，则这个距离可以设置得更大。

2. 国内标准现状

GB 50251《输气管道工程设计规范》、GB 50253《输油管道工程设计规范》和 GB 50183《石油天然气工程设计防火规范》规定，当埋地输油或输气管道同埋地通信电缆及其他用途的埋地管道平行敷设时，其间距应考虑施工、检修的需要及阴极保护相互干扰的影响，并符合国家现行标准 SY 0007《钢质管道及储罐腐蚀控制工程设计规范》的有关规定。

SY 0007 规定，外加电流阴极保护的管道与其他地下管道的敷设，应符合的设计原则是：①联合保护的平行管道可同沟敷设，非联合保护的平行管道，二者间的距离不宜小于 10m，当距离小于 10m 时，后施工的管道在距离小于 10m 内的管段及其两端各延伸 10m 以上的管端上，应做特加强级防腐层；②被保护管道与其他地下管道交叉时，二者间的净垂直距离不应小于 0.3m。外加电流阴极保护管道与埋地通信电缆相遇时，应符合的设计原则是：①管道与电缆平行敷设时，二者间距离不宜小于 10m；②交叉敷设时，相互间净垂直距离不应小于 0.5m。

GB/T 21447《钢质管道外腐蚀控制规范》没有明确要求并行管道的间距。该标准规定：联合保护的管道可同沟敷设；非联合保护的平行管道应防止干扰腐蚀。

3. 标准差异分析及结论

输油气管道与其他管道、通信光缆平行敷设时的间距，国内外都是考虑施工、检修的需要及阴极保护相互干扰的影响，国内主要符合 SY 0007《钢质管道及储罐腐蚀控制工程设计规范》有关规定。外加电流阴极保护管道与埋地通信电缆相遇时，如管道与电缆平行敷设时，二者间距离不宜小于 10m；交叉敷设时，净垂直距离不应小于 0.5m。埋地输油或输气管道同其他埋地管道或金属构筑物交叉时，其垂直净距不应小于 0.3m；管道与电力、通信电缆交叉时，其垂直净距不应小于 0.5m。针对管道与管道之间的最小距离，CSA Z662 规定为 300mm，NEN 3650-1-A1 规定为 400mm。国内标准分别针对平行、同沟敷设的不同情况进行了规定，SY 0007 规定平行敷设间距为 10m，更为详尽具体，GB/T 21447 并未明确规定并行管道的间距。

3.5.3 地管道与架空输电线路、交流接地体的间距

1. 国外标准现状

CAN/CSA-C22.3 NO6-M91《管道与电力供应线之间协调性原则及作法》规定：①在管道与电力线共用走廊或相临时，二者距离应尽可能大；②减少管道上的感应电压的最好方法是增加与管道与电力线的距离；③除非管道与电力线双方协商一致，建议管道与杆塔接地体以及其他地下排流措施之间的间距应大于 10m。在工程建设和维护期间中，10m 远的间隔距离已经成为一个合理的物理间隙。研究已经证明线路与地面短路会给管道涂层以及与电力线的间隔距离即使超过 10m 的管道带来损害。损害的严重程度受多种因素的混合作用影响，包括电压和漏电流大小、漏电持续时间、土壤电阻率、管道涂层特性等。

AS/NZS 4853《金属管道上的电危害》规定设施或者管道与结构之间的水平和垂直距离应当足够大，以便将来能够对设施或管道进行维修。它规定使用的牵引系统和架空线与管

道之间的最小距离是 5m。在最小值不可行的情况下，两者之间的距离需得到铁路部门的认可。铁轨和路基的位置关系：设施或者管道的位置不应当在堤岸前端的 6m 以内，或者在开挖的顶端或者在最近铁轨的 10m 以内。德国 DVGW/VDE 工作组《关于在三相高压电力系统和单线铁道牵引系统附近的管道设备和运行标准》规定，在线路平行的情况下：电压≥110kV 的输电线路边导线的垂直投影与管道中心线的距离至少为 10m；电压<110kV 的输电线路边导线的垂直投影与管道中心线的距离至少为 4m；铁道架空牵引电力导线垂直投影与管道中心线的距离至少为 6m；引入线的垂直投影与管道中心线的距离至少为 4m。

2. 国内标准现状

关于管道与输电线路的相互距离位置要求，GB 50253《输油管道工程设计规范》与 GB 50251《输气管道工程设计规范》中所提的要求一样，都是引用 SY 0007 或 SY/T 0032《埋地钢质管道交流排流保护技术标准》。这些标准规定，当埋地输油管道与架空输电线路平行时，其距离应符合现行国家标准 GB 50061《66kV 及以下架空电力线路设计规范》及 DL/T 5092《100~500kV 架空送电线路设计技术规程》的规定，埋地 LPG 管道与架空输电线路之间的距离除不应小于上述标准中的规定外，且不应小于 10m（指距最外边导线）。

3. 差异分析及结论

关于输电线路与管道的相互距离位置，国内外均是考虑高压电力系统和牵引系统对管道的电干扰。关于埋地管道与架空输电线路平行敷设时控制的最小距离，国内标准基本一致。对于 110kV 以上电路，目前国内规定为 5m（受限地区），与澳大利亚标准是一致的，但是德国标准要求更高，规定为 10m。建议对国内 110kV 以上受限地区的管段，加强隔离、屏蔽、接地等防护措施。在管道与电力建设中的协调方面，问题主要集中在管道与电力铁塔或电杆接地体的距离上。关于埋地管道与交流接地体的最小距离，目前国内标准规定的 220kV 电压等级接地体与管道之间的最小距离有差异，应用中容易产生矛盾。为防止油气管道发生爆炸、火灾事件或维护施工相互影响，考虑到雷电影响和可能的高压输电线路倒塌事故，当条件允许时，输电线路和管道之间的距离应尽可能远。目前输电电压等级已经超过 500kV，西部管道经过地区电力线输送电压高达 750kV，而油气管道相关设计标准中尚缺乏相关规定和内容。

3.5.4 管道与公路、铁路的间距

1. 国外标准现状

AS 4799《铁路边界内地下公用设施和管道的安装》的规定与 AS/NZS 4853 相同，设施或者管道至少应当在 3m 范围内没有任何铁路结构、拦牛栅栏、管沟、标志桩、架空桥、电线杆、地下电缆、建筑物、穿越点、桥以及涵洞等。ISO 13623《石油和天然气工业 管道输送系统》，将管道按其特点进行分类，不同的地区采用不同的设计系数。公路穿越时，为了选用环向应力设计系数，宜将道路分为主要和次要道路。高速公路和干线道路宜归为主要道路，所有其他公共道路则为次要道路。私有道路和小路即使可通行重型车辆也归为次要道路。与道路并行敷设的管道，只要可行的话，宜敷设在道路路权边界线以外。铁路穿越时，将标准中给出的环向应力设计系数和埋深作为最低要求，适用于铁路路权边界以外 5m 处，如果该边界线还没有明确，则宜取距铁轨 10m 以外。与铁路平行敷设的管道，只要可行的

话，宜敷设在铁路路权带以外。对于开挖法穿越铁路的管道，其管顶距铁轨顶部垂直距离宜最小为 1.4m；用钻孔法或隧道法穿越时，该距离宜最小为 1.8m。

2. 国内标准现状

GB 50253《输油管道工程设计规范》规定：原油、液化石油气、C_5 及 C_5 以上成品油管道与高速公路及一、二级公路平行铺设时，其管道中心距公路用地范围边界不宜小于 10m，三级及以下公路不宜小于 5m；原油、液化石油气、C_5 及 C_5 以上成品油管道与铁路平行敷设时，管道应敷设在距离铁路用地范围边线 3m 以外。GB 50251《输气管道工程设计规范》无相关规定。铁道部行业标准 TB 10063《铁路工程设计防火规范》规定：输送甲、乙、丙类液体的管道和可燃气体管道与铁路平行埋设或架设时，与邻近铁路线路的防火间距分别不应小于 25m 和 50m，且距铁路用地界不小于 3.0m；电气化铁路与管道平行敷设的最小间距不宜小于 200m。

GB 50183《石油天然气工程设计防火规范》的相关规定与 GB 50253 相同，原油和天然气埋地集输管道同铁路平行敷设时，应距铁路用地范围地界 3m 以外。

3. 差异分析及结论

针对管道与铁路之间的最小距离，国内外标准规定具有差异，ISO 13623 规定为 5m，AS 4799 和国内标准规定一致为 3m。国内标准相比 ISO 标准，要求略低。输油气管道与铁路平行敷设时，相比其他标准而言，TB 10063《铁路工程设计防火规范》从消防角度来说，规定输油气管道与铁路平行敷设时的最小距离更为细致和严格，规定防火间距不应小于 25m 和 50m，并距铁路界线外 3m，其他标准只规定在铁路路界线 3m 以外。为了确保管道安全，建议加强管道与铁路之间的安全防护措施。关于管道与公路之间的最小距离，ISO 13623 将管道按其特点进行分类，不同的地区采用不同的设计系数，并将公路划分为主要公路和次要公路，但未规定具体距离，仅要求在道路路权边界线以外；国内标准 GB 50253 规定与高速公路、一、二级公路平行敷设时，最小距离为 10m，与三级及以下公路最小距离为 5m，可满足生产需求。

3.6　企业管道完整性管理标准体系构建

3.6.1　标准规范

为保障天然气长输管道全生命周期管理工作的顺利开展，全面提升管道公司管道建设运营的管理水平，充分结合公司各项业务的实际需求和标准化管理的实际情况，按照突出重点、分步实施的原则，编制智能化管道标准体系。本标准体系是对管道全生命周期内管道建设、运营、管理等各方面、各阶段的业务活动以及各业务活动所产生成果的统一规范与定义，是系统、全面、直观地了解相关标准及标准状况，明确标准发展方向的重要途径。

1. 编制思路

（1）智能化管道标准体系是指导标准化工作的重要文件，是标准化科学管理的重要基础，是促进管道建设各项工作积极规范采用国际、国内先进标准的重要措施。

（2）严格遵循国家关于标准编制的有关标准的规定和要求。

（3）正确处理智能化管道标准体系与企业其他标准间的关系。新气管道智能化标准体系是在国家法律法规及企业方针目标的指导下，按照国家、行业、地方等相关标准要求，建立符合自身工作要求的一套标准体系。

（4）新气管道智能化标准体系框架以公共基础标准为基础，以技术标准和管理标准为主体，形成一个有机统一的整体。技术标准和管理标准既相互联系又相互补充，工作标准必须同时实施技术标准和管理标准中的相应规定，是技术标准和管理标准共同指导制约下的下层标准。

企业标准体系结构如图3-4所示。

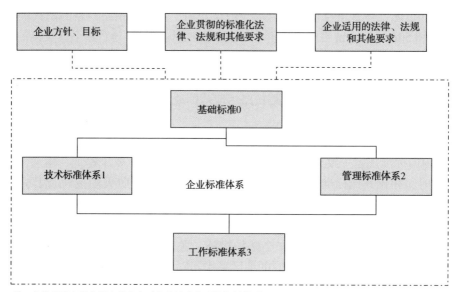

注1：虚线表示上排方框中的内容对企业标准体系的指导关系。
注2：点划线方框表示完整的企业标准体系。
注3：实线连接线表示相关关系。

图3-4　企业标准体系结构图

2. 主要原则

（1）统一性、完整性、层次性、协调性、明确性和可扩展性原则。

统一性：企业技术标准坚持统一规划、归口管理、分工负责、统一审定、统一发布。

完整性：根据对管道规划、建设、生产运行等生产全过程的综合分析，力求形成门类齐全、系统、成套的技术标准体系。

层次性：重点考虑标准的适用范围。

协调性：重点考虑管道建设各环节之间的协调配合。

明确性：按照标准本身的特点来划分类目，避免标准的重复制定。

可扩展性：考虑企业的业务范围和科技发展的趋势，标准体系应具有可扩展性。

（2）专业分类法和生产流程分类法相结合的原则。在充分吸收国际、国家、行业和地方标准、规范与规程的基础上，结合自身实际需求，以生产流程为基础建立企业标准体系。专业标准的分类方法重点参考行业技术标准的分类方法，生产流程重点考虑管道企业生产特点。

（3）结合新气管道公司发展的现状和趋势，突出管道建设的特点和需求，提出具有自身特点的标准体系。

（4）体现新气管道公司的管理思想。要贯彻集约化发展、精益化管理、标准化建设的发展方针。

（5）满足管道全生命周期管理要求。新气管道公司现阶段以管道建设业务为主，但仍然要考虑管道运营阶段的需求，从而满足管道全生命周期管理的需要。

3.6.2　框架及内容设计

按照上述思路与原则，对智能化管道标准体系的分层结构进行设计。智能化管道标准体系采用了分层结构，主要由三个层次组成：第一层为指导（指令）性标准，第二层为技术标准和管理标准，第三层为工作标准（见图3-5）。

图3-5　智能化管道标准体系分层结构图

1. 第一层指导（指令）性标准

指导（指令）性标准包括企业方针目标、标准化法规、相关国家及行业法规。

初步调研汇集的新气管道智能化建设主要涉及的指导（指令）性标准，见表3-3。

表3-3　相关的国家法律、法规标准示例列表

序号	文　号	中文名称	发布日期	实施日期
1	中华人民共和国主席令第30号	中华人民共和国石油天然气管道保护法	2012年1月4日	2010年10月1日
2	中华人民共和国主席令第4号	中华人民共和国特种设备安全法	2013年6月29日	2014年1月1日
3	中华人民共和国主席令第77号	中华人民共和国节约能源法（2007修订）	2007年10月28日	2008年4月1日
4	国家发展和改革委员会令第8号	天然气基础设施建设与运营管理办法	2014年2月28日	2014年4月1日
5	国家发展和改革委员会令第15号	天然气利用政策	2012年10月14日	2012年12月1日
6	中华人民共和国主席令第11号	中华人民共和国标准化法	1998年12月29日	1998年12月29日

序号	文 号	中文名称	发布日期	实施日期
7	国能局科技〔2009〕52号	能源领域行业标准化管理办法(试行)	2009年2月5日	2009年2月5日
8	国家技术监督局令第3号	中华人民共和国计量法实施细则	1989年11月4日	1989年11月4日
9	中华人民共和国主席令第6号〔2008〕	中华人民共和国消防法	2008年10月28日	2008年10月28日
10	中华人民共和国主席令第22号	中华人民共和国环境保护法	2014年4月24日	2015年1月1日
11	国务院令第549号	特种设备安全监察条例(2009修正)	2009年1月24日	2009年5月1日
12	国务院令第147号	中华人民共和国计算机信息系统安全保护条例	1994年2月18日	1994年2月18日
13	中华人民共和国国务院令第393号	建设工程安全生产管理条例	2003年11月24日	2004年2月1日
14	……	……	……	……

2. 第二层技术标准和管理标准

第二层由技术标准和管理标准构成该层主体。

1)技术标准

技术标准是从智能化管道全生命周期管理的角度出发,对管道建设、运营及管理过程中运用的相关技术进行规范化说明,包括技术基础标准和技术专业标准。

(1)技术基础标准

技术基础标准包括标准化工作导则(见表3-4和表3-5),通用技术语言标准(术语、符号、代号、代码、标志、技术制图)(见表3-6),量和单位,数值与数据,互换性与精度标准及实现系列化标准,环境保护、安全通用标准,各专业的技术指导通则或导则。其中标准化工作导则是智能化管道标准化建设工作的基础,是对智能化管道标准体系建设的总说明,阐述标准规范体系的基本原则和整体建设思路,标准体系的内容、范围、要求,标准的制定、修订、更新和补充完善,智能化管道标准体系与企业内其他标准的关系等内容。

表3-4 标准化工作导则(相关法规、文件)示例列表

序号	文 号	中文名称	发布日期	实施日期
1	国家技术监督局令第11号	行业标准管理办法	1990年8月24日	1990年8月24日
2	国家技术监督局令第13号	企业标准化管理办法	1990年8月24日	1990年8月24日
…	……	……		

表 3-5　标准化工作导则(各级标准)示例列表

序号	标准号	标准名称	状态	标准级别	代替标准	发布日期	实施日期
1	GB/T 15498—2003	企业标准体系 管理标准和工作标准体系	现行	国家	GB/T 15498—1995		2003 年 10 月 1 日
2	GB/T 15496—2003	企业标准体系要求	现行		GB/T 15496—1995		2003 年 10 月 1 日
3	GB/T 19273—2003	企业标准体系评价与改进	现行				2003 年 10 月 1 日
4	GB/T 15497—2003	企业标准体系技术标准体系	现行		GB/T 15497—1995		2003 年 10 月 1 日
5	GB/T 13017—2008	企业标准体系表编制指南	现行		GB/T 13017—1995		2008 年 11 月 1 日
6	ZC 0006—2003	专利申请号标准	现行	行业		2003 年 7 月 14 日	2003 年 10 月 1 日
...	......	......					

表 3-6　通用技术语言标准(术语、符号、代号、代码、标志、技术制图)示例列表

序号	标准号	标准名称	状态	标准级别	代替标准	发布日期	实施日期
1	GB/T 20604—2006	天然气词汇	现行	国家		2006 年 9 月 1 日	2007 年 2 月 1 日
2	GB/T 5276—1985	紧固件 螺栓、螺钉、螺柱及螺母尺寸代号和标注	现行	国家		1985 年 8 月 1 日	1985 年 8 月 1 日
3	GB/T 22352—2008	土方机械 吊管机术语和商业规格	现行	国家			2009 年 2 月 1 日
4	GB/T 324—2008	焊缝符号表示法	现行	国家	GB 324—1988	2008 年 6 月 26 日	2009 年 1 月 1 日
5	GB/T 1418—1995	中华人民共和国行政区划代码	现行	国家	GB 2260—2002	2007 年 11 月 14 日	2008 年 2 月 1 日
6	SY/T 0439—2012	石油天然气工程建设基本术语	现行	行业		2012 年 11 月 9 日	2013 年 3 月 1 日
7	SY/T 0003—2012	石油天然气工程制图标准	现行	行业	SY/T 0003—2003	2012 年 1 月 4 日	2012 年 3 月 1 日
8		天然气长输管道业务模型标准规范	在编	企业			
9		天然气长输管道实物分解结构导则	在编	企业			
10		全生命周期数字化交付标准体系总则	在编	企业			
...	......	......					

（2）技术专业标准

数据资源类标准（见表3-7）属于技术专业标准，是对智能化管道全生命周期中所涉及的各类数据及与数据相关的项目进行规范化描述。主要包括以下几方面内容：

① 全生命周期数据内容规定；

② 数据分类与编码规定；

③ 数据组织及数据库命名规定；

④ 数据分层与命名规定；

⑤ 数据字典、数据元规定，元数据与地理信息元数据规定；

⑥ 数据获取、处理、存储、输出的规定，数据质量规定、数据更新维护规定；

⑦ 数据属性规范值规定；

⑧ 数据格式规定，数据共享交换的规定；

⑨ 地图与影像交换规定；

⑩ 数据库与数据中心建设规定。

表3-7　数据资源类标准示例列表

序号	标准号	标准名称	状态	标准级别
1	GB/T 18391.1~6—2009	信息技术 元数据注册系统（MDR）	现行	国家
2	GB/T 17710—2008	信息技术 安全技术 校验字符系统	现行	国家
3	GB 21139—2007	基础地理信息标准数据基本规定	现行	国家
4	GB/T 17798—2007	地理空间数据交换格式	现行	国家
5	CH/T 9012—2011	基础地理信息数字成果 数据组织及文件命名规则	现行	行业
6		长输管道实物编码规则	在编	企业
7		长输管道项目文件编码规定	在编	企业
8		基础地理数据规定	在编	企业
9		管道测量数据规定	在编	企业
10		周边环境数据规定	在编	企业
11		一维模型数据规定	在编	企业
12		管道企业岗位分类标准	在编	企业
13		长输管道勘察数据规定	在编	企业
14		长输管道专项评价数据规定	在编	企业
15		长输管道可行性研究数据规定	在编	企业
16		长输管道初步设计数据规定	在编	企业
17		长输管道施工图设计数据规定	在编	企业
18		长输管道采办数据规定	在编	企业

续表

序号	标准号	标准名称	状态	标准级别
19		长输管道施工数据规定	在编	企业
20		长输管道专项验收数据规定	在编	企业
21		长输管道生产运行数据规定	在编	企业
22		长输管道站场完整性数据规定	在编	企业
23		长输管道保护数据规定	在编	企业
24		长输管道完整性数据规定	在编	企业
25		长输管道应急管理数据规定	在编	企业
26		长输管道 HSE 管理数据规定	在编	企业
27		长输管道天然气购销数据规定	在编	企业
…	……	……		

信息技术类标准(见表 3-8)属于技术专业标准，主要包括：

① 信息技术基础设施部分标准，如计算机软硬件标准、网络标准；

② 信息技术支撑服务类标准，如数据资源定位、数据访问、消息服务、流程控制、信息表示和处理、事务处理、业务访问、Web 服务等；

③ 集成平台标准，对集成系统的相关标准进行说明，如过程控制系统数据采集接口规范等；

④ 信息安全标准，包括数据安全、网络安全、系统安全等内容。

表 3-8　信息技术类标准示例列表

序号	标准号	标准名称	状态	标准级别
1	GB/T 18304—2001	信息技术 因特网中文规范 电子邮件传送格式	现行	国家
2	YD/T 1190—2002	基于网络的虚拟 IP 专用网(IP-VPN)框架	现行	行业
3	RFC 2411	IP 安全协议(IPSEC)	现行	国际
4		管道企业计算机网络建设技术规范	待编	企业
5		管道企业多媒体通信技术规范	待编	企业
6		管道企业统一域名系统建设规范	待编	企业
7		信息网络 IP 地址编码规范	待编	企业
8		信息网络规划设计规范	待编	企业
9		视频监控系统及接口规范	待编	企业
…	……	……		

专项技术标准(见表 3-9)是对在管道建设运营管理过程中需要采用的专项技术部分进行补充规定，包括管道建设相关专业技术标准、自控系统技术规范、通信系统技术规范、智能设备技术规范、内检测技术规范、管道泄漏监测与定位技术规范。

表3-9　专项技术标准标准示例列表

序号	数据资源子类	标准号	标准名称	状态	标准级别
1	勘察	SY/T 6706—2007	油气田及管道岩土工程勘察质量评定要求	现行	行业
2		SY/T 0051—2012	岩土工程勘察报告格式规范	现行	行业
3	设计	SY/T 0048—2016	石油天然气工程总图设计规范	现行	行业
4		SY/T 0003—2012	石油天然气工程制图标准	现行	行业
5		SY/T 6793—2018	油气输送管道线路工程水工保护设计规范	现行	行业
6	施工	SY/T 4126—2013	油气输送管道线路工程水工保护施工规范	现行	行业
7		SY/T 4110—2007	采用聚乙烯内衬修复管道施工技术规范	现行	行业
8		SY/T 4108—2012	输油(气)管道同沟敷设光缆(硅芯管)设计及施工规范	现行	行业
9	焊接	SY/T 0510—2010	钢质对焊管件规范	现行	行业
10		SY/T 0609—2016	优质钢制对焊管件规范	现行	行业
11		SY/T 4125—2013	钢制管道焊接规程	现行	行业
12	穿跨越	SY/T 7023—2014	油气输送管道工程水域盾构法隧道穿越设计规范	现行	行业
13		SY/T 7022—2014	油气输送管道工程水域顶管法隧道穿越设计规范	现行	行业
14		SY/T 6968—2013	油气输送管道工程水平定向钻穿越设计规范	现行	行业
15	自控	SY/T 6966—2013	输油气管道工程安全仪表系统设计规范	现行	行业
16		SY/T 4129—2014	输油输气管道自动化仪表工程施工技术规范	现行	行业
17		SY/T 6967—2013	油气管道工程数字化系统设计规范	现行	行业
18	阴保	SY/T 0096—2013	强制电流深阳极地床技术规范	现行	行业
19		SY/T 6964—2013	石油天然气站场阴极保护技术规范	现行	行业
20		SY/T 0095—2000	埋地镁牺牲阳极试样实验室评价的试验方法	现行	行业
21	设备	SY/T 4102—2013	阀门检验与安装规范	现行	行业
22		SY/T 6883—2012	输气管道工程过滤分离设备规范	现行	行业
23		SY/T 0403—2014	输油泵组安装技术规范	现行	行业
24	竣工	SY/T 4124—2013	油气输送管道工程竣工验收规范	现行	行业
25		SY/T 6882—2012	石油天然气建设工程交工技术文件编制规范	现行	行业
26	验收	SY 4211—2009	石油天然气建设工程施工质量验收规范 桥梁工程	现行	行业
27		SY 4207—2007	石油天然气建设工程施工质量验收规范 管道穿跨越工程	现行	行业
28		SY 4206—2007	石油天然气建设工程施工质量验收规范 电气工程	现行	行业

续表

序号	数据资源子类	标准号	标准名称	状态	标准级别
29	管材	GB/T 27699—2011	钢制管道内检测技术规范	现行	国家
30		SY/T 6763—2010	石油管材购方代表驻厂监造规范	现行	行业
31		SY/T 6700—2014	连续管线管	现行	行业
32	运输	SY/T 6577.1—2014	管线钢管运输 第1部分：铁路运输	现行	行业
33	防腐	SY/T 0041—2012	防腐涂料与金属黏结的剪切强度试验方法	现行	行业
34	检测	SY/T 6423.6—2014	石油天然气工业 钢管无损检测方法 第6部分：无缝和焊接（埋弧焊除外）铁磁性钢管纵向和/或横向缺欠的全周自动漏磁检测	现行	行业
35		SY/T 4112—2017	石油天然气钢质管道对接环焊缝全自动超声波检测试块	现行	行业
36	评价	SY/T 6445—2000	石油管材常见缺陷术语	现行	行业
37		SY/T 6699—2007	管材缺欠超声波评价推荐作法	现行	行业
38	安全	SY/T 6927—2012	煤层气管道输送安全技术规范	现行	行业
39	其他	SY/T 0330—2004	现役管道的不停输移动推荐作法	现行	行业
…	……	……	……		

2）管理标准

管理类标准是将管道全生命周期所涉及的管理标准进行规范化和统一化，主要包括质量管理、安全管理、职业健康管理、环境管理、信息管理、项目管理、成果管理、归档管理、认证管理等。在具体的标准整理汇集过程中，需要根据管道企业实际情况进行调整。初步规划的管理标准清单见表3-10。

表3-10 管理标准示例表

序号	标准号	标准名称	状态	标准级别	发布日期	实施日期
1	SY/T 6621—2016	输气管道系统完整性管理规范	现行	行业	2016年1月7日	2016年6月1日
2	SY/T 6325—2011	输油气管道电气设备管理规范	现行	行业	2011年7月28日	2011年11月1日
3	SY/T 6276—2014	石油天然气工业 健康、安全与环境管理体系	现行	行业	2014年10月15日	2015年3月1日
4	SY/T 6975—2014	管道系统完整性管理实施指南	现行	行业	2014年3月18日	2014年8月1日
5	CH 1016—2008	测绘作业人员安全规范	现行	行业	2008年2月13日	2008年3月1日
6	CH/T 1014—2006	基础地理信息数据档案管理与保护规范	现行	行业	2006年8月21日	2006年10月1日

3. 第三层工作标准

工作标准可根据各部门具体情况按专业或处室或流程建立工作标准分支，业务范畴涵盖管道规划设计管理、工程建设管理、天然气调运管理、管道完整性管理、应急管理、天然气营销管理等，见表3-11。

制定企业内各职务、各岗位的工作标准时应注意：

（1）最高决策者及决策层其他管理人员，每个职务都应制定明确的职责和权限；

（2）中层管理人员，正职和副职的职责和权限都需要制定；

（3）部门工作标准，可用部门正职管理人员的工作标准代替；

（4）一般管理人员工作标准应按岗位制定，其职责、权限体现在工作标准中，不按现实分工制定；

（5）应为操作人员制定作为企业员工必须遵从的通用的工作标准；

（6）对特殊工序过程的操作人员，可对特殊工种、特殊任务制定相应的具体的工作标准；

（7）操作人员的职责权限应体现在具体的岗位工作标准中，应按工种制定。

表3-11　工作标准内容示例列表

工作标准子类	标准名称	状态	标准级别
规划设计管理	天然气高压管道线路设计、施工及验收技术指引	待编	企业
	可行性研究业务活动规范	待编	企业
	长输管道初步设计业务活动规范	待编	企业
	长输管道施工图设计业务活动规范	待编	企业
	设计成果审查规定	待编	企业
	长输管道规划交付文件清单	待编	企业
	长输管道可行性研究交付文件清单	待编	企业
	长输管道项目核准文件清单	待编	企业
	长输管道初步设计交付文件清单	待编	企业
	长输管道施工图设计交付物清单	待编	企业
	……		
工程建设	长输管道采办业务活动规范	待编	企业
	长输管道施工业务活动规范	待编	企业
	数字化项目实施管理办法	待编	企业
	数据采集管理办法	待编	企业
	数字化竣工验收管理办法	待编	企业
	长输管道采办交付文件清单	待编	企业
	长输管道供应商交付资料清单	待编	企业
	长输管道施工交付文件清单	待编	企业
	总承包商项目管理交付文件清单	待编	企业
	长输管道监理交付文件清单	待编	企业
	长输管道专项验收交付文件清单	待编	企业
	长输管道竣工验收交付文件清单	待编	企业
	长输管道投产试运文件清单	待编	企业
	长输管道外协手续与协议文件清单	待编	企业
	……		

续表

工作标准子类	标准名称	状态	标准级别
完整性管理	管道完整性管理程序	待编	企业
	高后果区识别程序	待编	企业
	高后果区分析作业规程	待编	企业
	管道风险评估程序	待编	企业
	管道定性风险评价作业规程	待编	企业
	管道定量风险评价作业规程	待编	企业
	管道完整性评价程序	待编	企业
	管道内检测作业规程	待编	企业
	外腐蚀直接评估作业规程	待编	企业
	长输管道保护业务活动规范	待编	企业
	……		
天然气调运	长输管道生产运行管理规范	待编	企业
	管道及设施维护保养规程	待编	企业
	……		
应急管理	长输管道应急管理业务活动规范	待编	企业
	……		
天然气营销	长输管道天然气购销业务数据规定	待编	企业
	……		

第4章 国内外管道完整性管理法律法规

国内外管道完整性管理相关法律法规的建设是从2001年美国立法以来开始的，世界各国开始对管道完整性管理提出了具体要求，但由于各个国家的具体要求不同，完整性管理推广应用的力度也不同，我国完整性管理体系的政府监管各项规程正在抓紧制定。本章分析了国内外管道完整性管理相关的法律法规（包括管道保护等相关管理规定），提出了我国管道行业法律法规需要完善的相关环节，并建议逐步将管道完整性管理纳入管道保护立法中。

4.1 国外管道完整性管理法规、政令

4.1.1 国外完整性管理立法的起源

美国具有规模最大、最古老的管道基础设施，50%以上管道系统的工作寿命达40多年，而且有些管理者还对70年以前建成的老管道进行完整性管理。据美国能源情报局预测，到2020年美国天然气消耗量将增长60%，在高压大口径管道建设的大趋势下，势必将重新评估超出设计寿命期的管道系统，但有些管道是不能开展检测的，因为这些管道中大部分是在完整性管理和管内检测概念被提出之前就已建成。

1999~2000年期间美国发生了多次管道断裂事故，已经对美国的管道工业提出了一些有关管道完整性管理的创新措施和附加的管理要求，所有危险液体管道和天然气管道管理者面对的最重要问题是，该如何确保管道符合适用的目的。美国2000年12月提出的法规要求，凡具有800km以上液体管道的运营管理者，都必须制定管道完整性管理计划。

2001年3月又提出了类似的法规，美国工业界就此进行协商后，《管道安全法》提出了"在高后果区实施管道完整性管理规定"，于2001年12月15日正式出台，该项"最终规定"对美国输油管道和输气管道具有同等效力。基于此，美国运输部对高后果区的界定进行了修正，以响应工业界对此项规定的修改请求，这一法规全面论述了法令的授权、安全推荐做法，这项规定于2004年1月14日起开始生效。从此，管道完整性管理的概念在美国正式出现并运作。

目前，管道业主和管道作业者都面临着历史上从未遇到的与管道维护和运营有关的数据管理难题。现代化的管道控制室都配备了复杂的计算机系统和图像屏幕来监视管道流量、压力和温度数据，从而实现了高度自动化的系统，这些系统每天都在获取大量的监测数据，这就涉及管道完整性管理计划中的数据管理的问题。由于涉及管道泄漏和爆炸的一些高后果偶发事件，美国联邦政府颁布"促进管道安全性的法案"（2002年）和随后发布的"联邦管理条例法规"（49 CFR）192款（气体输送管道）和195款（危险液体管道），对有关数据的管

理都附加了新的要求。联邦管理条例 49 CFR 192 款和 195 款中，都要求对管道实行日常的管理计划和编制书面的管道完整性管理计划(IMP)，在 IMP 中对一些特定的要素(必需的部分)都加以概述和特别说明。

为了达到 IMP 中所要求的部分，目前管道业主和管道作业者都需要做以下一些工作：①必须将现有的有效数据整合到 IMP 中；②为来自不同系统并整合到 IMP 中的信息架设桥梁；③对有使用价值的和适用于 IMP 中的要素，应确保此种信息都是精确的；④应跟踪并管理这些数据，特别是提供给 IMP 的各种记录；⑤对日常发生的变化或对 IMP 的潜在变化情况进行管理。

管道输送的基本要求是安全、高效，管道一旦发生事故，会带来相当大的经济损失、社会影响和环境危害。要搞好管道的完整性维护需要大量的投入，而受维护资源的限制，需要将有限的资金最有效地用于降低管道的风险，以提高管道运行的安全性。

影响风险的主要因素是管道泄漏，可接受的准则取决于油品或气体泄漏的最大量。因此各管道管理部门应对管道进行有效的管理及定期检测维护，这也是西方国家，尤其是美国、韩国、法国、英国、加拿大等的做法。

管道完整性管理对公共设施服务是十分重要的，这正是美国、韩国等国家如此重视管道完整性管理的原因，从学术概念上讲，管道完整性管理是美国基于其国家利益率先提出并运作的，近年来，欧美和亚洲国家针对管道完整性管理也已制定了配套的法规和标准。

4.1.2　管道安全和保护立法

1. 美国管道安全立法

美国 1968 年的《天然气管道安全法案》(P. L. 90-481)和 1979 年的《危险液体管道法》(P. L. 96-129)是两部早期规定联邦管道安全的主要法规。这两部法规主要涉及管道安全的主要问题：包括设计、施工、运行和维护以及泄漏应急预案。

联邦法规(CFR)第 49 部中包括管道安全法规及与安全防护有关的一些规定(液化天然气设施的安全和防护参见联邦法规第 49 部 193 部分)，这一部分的内容包括：

(1) 授权运输部检查管道安全，并用罚款、命令和处罚等手段强制执行其制定的法规；

(2) 要求运营公司上报事故，以及与安全相关的情况和年汇总数据；

(3) 描述最低管道安全要求，包括操作员资格；

(4) 强制执行石油泄漏应急预案，以减少事故对周围环境的影响；

(5) 向负责实施损害安全计划的国家管道安全协调机构提供资金；

(6) 自 1997 年以来要求运营公司建立禁毒和禁酒计划。

2002 年 12 月 12 日，布什总统签署了 2002 版的《管道安全促进法案》(P. L. 107-355)。该法案重新批准了管道安全办公室直到 2006 年财政年度的资金预算，同时还加强了联邦管道安全计划，加强了各州对管道运营公司的监督，和对公众进行管道安全方面的教育，并允许各州执行"One Call 系统"计划要求。该法案扩大了不是"有意和蓄意"造成管道损坏的种种情况所应承担的刑事责任。法案还增加了一旦各州不符合联邦要求，则终止联邦与各州管道监管合伙契约的条款。

管道运营公司一直在寻求对其系统进行保护。当传统的安全计划趋于把重点集中在人员安全和防止故意破坏上时，一些计划总是要求更加全面且具有综合性。例如，在海湾战争期间，增加了横跨阿拉斯加州际管道的安全措施，包括武装守卫、控制通道、入侵监测和关键设施的专线通讯以及对管道走廊的空中和地面监视。

美国 49 CFR 192 和 195 推荐规范要求管道输送运营商遵循运用内检测、压力检测、直接评估或其他同样有效评估手段经常性地对事故高后果区所有管段建立统一的风险评估的完整性管理计划。还进一步要求管理计划为综合信息分析对各管段的整个威胁等级提供评估。还有，对于适用的每一管段，运营商必须通过补救措施及增强保护性和缓解的措施为管段的完整性提供额外的管道保护。

2001 年 9 月 11 日事件使人们把焦点集中在易受不同恐怖分子攻击的管道上，恐怖分子的袭击增加了系统攻击管道的可能性。9 月 11 日袭击事件之后，管道运营公司立刻增加了安全措施，并开始制定更多其他方法来对付恐怖分子的威胁。例如，管道运营公司通过美国州际天然气协会（INGAA），成立了安全特别工作小组来协调并且监督业界的安全工作。INGAA 声明，它确保每个成员公司都能指定一名资深经理负责安全事务。INGAA 正在与 DOT、能源部（DOE）和非成员管道运营公司一起工作，并声明它评估业界安全计划，并且开始制定用于事故处理、准备、检测和修复的通用常规风险做法。这些评估阐明了如备件互换、重要备件库存系统与应急机构进行安全通信等事项。INGAA 还与一些联邦机构，包括美国运输部管道安全办公室 OPS 及国土安全部合作，开发了通用政府危险通告系统。

2. 英国管道安全立法

1996 年英国制定管道安全规范，应用于所有引起或协助气体流动的设备，包括所有压力设备的设计、建设、安装、运行和报废，重大事故危害管线的通告书、重大事故预防文件、应急程序和应急方案等。部分条款规定如下：

第 5 条　管道设计规则要求管道的设计经得起管道运行、操作方式和任何外力、已经可能遭受的化学过程引起的力。

第 6 条　安全系统，这是对管线操作员的要求，以确保所采用的系统能够保障管线安全运行，并保护人身安全。

第 7 条　检查和维修通道，管线设计应当考虑检查和维修的需要。

第 8 条　材料，管道建造材料应当经得起所有运行状态下所输送流体的物理和化学条件考验。

2000 年的压力管道安全规范，目的在于预防压力装置及其组件的故障引起蓄能危害所造成的严重伤害。适用于最大运行压力超过 2bar 的任何管线及其保护装置；压力超过 0.5bar 的任何管线，并且其主要保护装置设定超过 2.7bar。部分条款规定如下：

第 4 条　设计与建设规则，要求系统的设计和建设安全可靠，采用合适的材料并便于维修。

第 5 条　有关资料和标记的规定，保留所有设计和建设记录，以便于在需要改造或维修时提供相应的资料。

第 6 条　安装，要求根据设计进行安装正确，以确保所有保护性装置正常工作。

第 7 条　安全操作极限，用户必须确定所有安全操作极限（例如进出口温度、压力紧急关闭启动时间、最大最小温度、疲劳周期数值），并且在现场或现场可得到的图纸上标明。

第8条　书面检验计划，要求用户确定每个压力系统的书面检验计划，说明需要检验的组件、检验的频率、下一次检验的日期、改造详单和检验方法。这些检定工作由独立的胜任人员鉴定。

第9条　根据书面检验计划进行检验，专业鉴定人员负责确保在预定日期前完成所有检测工作。

第10条　在紧急情况下的操作，紧急危险是在检测期间发现的最危险情况，要求立即对其进行整改。

第11条　操作，要求用户确保操作和维修人员经过培训

第12条　维护，要求用户制定维护策略。

第13条　改造和修补，要求用户保证所有改造和修补作业在动工之前已经过独立于设计师的评价，并且对完成的工作进行检查，确保所有改动是按照许可的方式进行的。

4.1.3　各国法律法规对管道检测的规定

世界各国的法律法规规定了必须采取措施进行管道检测，保证管道的安全，其中白俄罗斯、俄罗斯、美国、英国、加拿大规定如下：

（1）白俄罗斯干线管道运输法（2002年1月9日颁布）第六章第24条干线管道和干线管道系统管理中提出，为了确保干线管道运行安全，操作单位必须根据干线管道技术状况的检测检测结果对干线管道进行大修和日常修理，排除干线管道的故障、事故、紧急状况及其风险。

（2）俄罗斯干线管道运输法第六章（干线管道运输领域工业安全和生态安全的法律基础）第23条（干线管道运输安全的国家监督和检查）中规定，在干线管道运输工程的建设、使用、修理和停用过程中，应对管道的安全措施要进行鉴定、检查和监控。

（3）加拿大管道法第44部分总则中规定，为了保证公众人身财产安全，在其领土上的任何管道企业，都要以其自己的费用根据CSA（加拿大）或相关标准进行检验、检测和评估。

（4）美国联邦法典第49部第8分册（管道）第60102部分规定，美国运输部应在1995年10月24日前，指定标准进行内检测，如果这种设备不能用，要采用至少可以保证管道安全的技术和方法，要与使用内检测有同等的效果。

（5）英国管道安全规范第十一条（运行管线）中要求，管线公司须通过可行检测方法确定安全操作极限，并且采用与其设计、状态和历史记录相适应的安全方式运行管线管理。

4.2　国内法律法规概述

4.2.1　中华人民共和国石油天然气管道保护法

1. 管道规划与建设

管道发展规划应当符合国家能源规划，并与土地利用总体规划、城乡规划以及矿产资源、环境保护、水利、铁路、公路、航道、港口、电信等规划相协调。

管道企业应当根据全国管道发展规划编制管道建设规划，并将管道建设规划确定的管

道建设选线方案报送拟建管道所在地县级以上地方人民政府城乡规划主管部门审核；经审核符合城乡规划的，应当依法纳入当地城乡规划。纳入城乡规划的管道建设用地，不得擅自改变用途。

管道建设的选线应当避开地震活动断层和容易发生洪灾、地质灾害的区域，与建筑物、构筑物、铁路、公路、航道、港口、市政设施、军事设施、电缆、光缆等保持本法和有关法律、行政法规以及国家技术规范的强制性要求规定的保护距离。

新建管道通过的区域受地理条件限制，不能满足前款规定的管道保护要求的，管道企业应当提出防护方案，经管道保护方面的专家评审论证，并经管道所在地县级以上地方人民政府主管管道保护工作的部门批准后，方可建设。管道建设项目应当依法进行环境影响评价。

管道建设使用土地，依照《中华人民共和国土地管理法》等法律、行政法规的规定执行。依法建设的管道通过集体所有的土地或者他人取得使用权的国有土地，影响土地使用的，管道企业应当按照管道建设时土地的用途给予补偿。

管道建设应当遵守法律、行政法规有关建设工程质量管理的规定。管道企业应当依照有关法律、行政法规的规定，选择具备相应资质的勘察、设计、施工、工程监理单位进行管道建设。管道的安全保护设施应当与管道主体工程同时设计、同时施工、同时投入使用。管道建设使用的管道产品及其附件的质量，应当符合国家技术规范的强制性要求。

2. 管道运行维护与保护

管道企业应当建立、健全管道巡护制度，配备专门人员对管道线路进行日常巡护。管道巡护人员发现危害管道安全的情形或者隐患，应当按照规定及时处理和报告。管道企业应当定期对管道进行检测、维修，确保其处于良好状态；对管道安全风险较大的区段和场所应当进行重点监测，采取有效措施防止管道事故的发生。

对不符合安全使用条件的管道，管道企业应当及时更新、改造或者停止使用。

管道企业应当配备管道保护所必需的人员和技术装备，研究开发和使用先进适用的管道保护技术，保证管道保护所必需的经费投入，并对在管道保护中作出突出贡献的单位和个人给予奖励。

管道企业发现管道存在安全隐患时，应当及时排除。对管道存在的外部安全隐患，管道企业自身排除确有困难的，应当向县级以上地方人民政府主管管道保护工作的部门报告。接到报告的主管管道保护工作的部门应当及时协调排除或者报请人民政府及时组织排除安全隐患。

管道企业依法取得使用权的土地，任何单位和个人不得侵占。为合理利用土地，在保障管道安全的条件下，管道企业可以与有关单位、个人约定，同意有关单位、个人种植浅根农作物。但是，因管道巡护、检测、维修造成的农作物损失，除另有约定外，管道企业不予赔偿。

管道企业对管道进行巡护、检测、维修等作业，管道沿线的有关单位、个人应当给予必要的便利。因管道巡护、检测、维修等作业给土地使用权人或者其他单位、个人造成损失的，管道企业应当依法给予赔偿。

禁止下列危害管道安全的行为：

（1）擅自开启、关闭管道阀门；

（2）采用移动、切割、打孔、砸撬、拆卸等手段损坏管道；

（3）移动、毁损、涂改管道标志；

（4）在埋地管道上方巡查便道上行驶重型车辆；

（5）在地面管道线路、架空管道线路和管桥上行走或者放置重物。

禁止在管道及附属设施的上方架设电力线路、通信线路或者在储气库构造区域范围内进行工程挖掘、工程钻探、采矿。同时在管道线路中心线两侧各5m地域范围内，禁止下列危害管道安全的行为：

（1）种植乔木、灌木、藤类、芦苇、竹子或者其他根系深达管道埋设部位可能损坏管道防腐层的深根植物；

（2）取土、采石、用火、堆放重物、排放腐蚀性物质、使用机械工具进行挖掘施工；

（3）挖塘、修渠、修晒场、修建水产养殖场、建温室、建家畜棚圈、建房以及修建其他建筑物、构筑物。

在管道线路中心线两侧，管道附属设施周边修建下列建筑物、构筑物的，建筑物、构筑物与管道线路和管道附属设施的距离应当符合国家技术规范的强制性要求（需要按照保障管道及建筑物、构筑物安全和节约用地的原则确定）：

（1）居民小区、学校、医院、娱乐场所、车站、商场等人口密集的建筑物；

（2）变电站、加油站、加气站、储油罐、储气罐等易燃易爆物品的生产、经营、存储场所。

在穿越河流的管道线路中心线两侧各500m地域范围内，禁止抛锚、拖锚、挖砂、挖泥、采石、水下爆破。但是，在保障管道安全的条件下，为防洪和航道通畅而进行的养护疏浚作业除外。在管道专用隧道中心线两侧各1000m地域范围内，禁止采石、采矿、爆破。但因修建铁路、公路、水利工程等公共工程，确需实施采石、爆破作业的，应当经管道所在地县级人民政府主管管道保护工作的部门批准，并采取必要的安全防护措施，方可实施。未经管道企业同意，其他单位不得使用管道专用伴行道路、管道水工防护设施、管道专用隧道等管道附属设施。进行下列施工作业，施工单位应当向管道所在地县级人民政府主管管道保护工作的部门提出申请：

（1）穿跨越管道的施工作业；

（2）在管道线路中心线两侧各5~50m和本法第五十八条第一项所列管道附属设施周边100m地域范围内，新建、改建、扩建铁路、公路、河渠，架设电力线路，埋设地下电缆、光缆，设置安全接地体、避雷接地体；

（3）在管道线路中心线两侧各200m和本法第五十八条第一项所列管道附属设施周边500m地域范围内，进行爆破、地震法勘探或者工程挖掘、工程钻探、采矿。

3. 管道保卫和应急救援方面

管道企业应当指派专门人员到现场进行管道保护安全指导。管道企业在紧急情况下进行管道抢修作业，可以先行使用他人土地或者设施，但应当及时告知土地或者设施的所有权人或者使用权人。给土地或者设施的所有权人或者使用权人造成损失的，管道企业应当依法给予赔偿。

管道企业应当制定本企业管道事故应急预案，并报管道所在地县级人民政府主管管道保护工作的部门备案；配备抢险救援人员和设备，并定期进行管道事故应急救援演练。发生管道事故时，管道企业应当立即启动本企业管道事故应急预案，按照规定及时通报可能受到事故危害的单位和居民，采取有效措施消除或者减轻事故危害，并依照有关事故调查处理的法律、行政法规的规定，向事故发生地县级人民政府主管管道保护工作的部门、安全生产监督管理部门和其他有关部门报告。主管管道保护工作的部门应当按照规定及时上报事故情况，并根据管道事故的实际情况组织采取事故处置措施或者报请人民政府及时启动本行政区域管道事故应急预案，组织进行事故应急处置与救援。

管道泄漏的石油和因管道抢修排放的石油造成环境污染的，管道企业应当及时治理。因第三人的行为致使管道泄漏造成环境污染的，管道企业有权向第三人追偿治理费用。环境污染损害的赔偿责任，适用《中华人民共和国侵权责任法》和防治环境污染的法律的有关规定。

管道泄漏的石油和因管道抢修排放的石油，由管道企业回收、处理，任何单位和个人不得侵占、盗窃、哄抢。管道停止运行、封存、报废的，管道企业应当采取必要的安全防护措施，并报县级以上地方人民政府主管管道保护工作的部门备案。

管道重点保护部位，需要由中国人民武装警察部队负责守卫的，依照《中华人民共和国人民武装警察法》和国务院、中央军事委员会的有关规定执行。

4. 管道建设工程与其他建设工程相遇关系的处理

管道建设工程与其他建设工程的相遇关系，依照法律的规定处理；法律没有规定的，由建设工程双方按照下列原则协商处理，并为对方提供必要的便利：

（1）后开工的建设工程服从先开工或者已建成的建设工程；

（2）同时开工的建设工程，后批准的建设工程服从先批准的建设工程。

后开工或者后批准的建设工程，应当符合先开工、已建成或者先批准的建设工程的安全防护要求；需要先开工、已建成或者先批准的建设工程改建、搬迁或者增加防护设施的，后开工或者后批准的建设工程一方应当承担由此增加的费用。

管道建设工程与其他建设工程相遇的，建设工程双方应当协商确定施工作业方案并签订安全防护协议，指派专门人员现场监督、指导对方施工。

经依法批准的管道建设工程，需要通过正在建设的其他建设工程的，其他工程建设单位应当按照管道建设工程的需要，预留管道通道或者预建管道通过设施，管道企业应当承担由此增加的费用。

经依法批准的其他建设工程，需要通过正在建设的管道建设工程的，管道建设单位应当按照其他建设工程的需要，预留通道或者预建相关设施，其他工程建设单位应当承担由此增加的费用。

管道建设工程通过矿产资源开采区域的，管道企业应当与矿产资源开采企业协商确定管道的安全防护方案，需要矿产资源开采企业按照管道安全防护要求预建防护设施或者采取其他防护措施的，管道企业应当承担由此增加的费用。矿产资源开采企业未按照约定预建防护设施或者采取其他防护措施，造成地面塌陷、裂缝、沉降等地质灾害，致使管道需要改建、搬迁或者采取其他防护措施的，矿产资源开采企业应当承担由此增加的费用。

铁路、公路等建设工程修建防洪、分流等水工防护设施，可能影响管道保护的，应当事先通知管道企业并注意保护下游已建成的管道水工防护设施。建设工程修建防洪、分流等水工防护设施，使下游已建成的管道水工防护设施的功能受到影响，需要新建、改建、扩建管道水工防护设施的，工程建设单位应当承担由此增加的费用。

管道通过的区域泄洪的，地方政府水行政主管部门应当在泄洪方案确定后，及时将泄洪量和泄洪时间通知本级人民政府主管管道保护工作的部门和管道企业或者向社会公告。主管管道保护工作的部门和管道企业应当对管道采取防洪保护措施。

管道与航道相遇，确需在航道中修建管道防护设施的，应当进行通航标准技术论证，并经航道主管部门批准。管道防护设施完工后，应经航道主管部门验收。

进行前款规定的施工作业，应当在批准的施工区域内设置航标，航标的设置和维护费用由管道企业承担。

4.2.2　国内管道完整性法律法规方面的要求

1.《石油天然气管道安全监督与管理暂行规定》(中华人民共和国国家经济贸易委员会令，自 2000 年 4 月 24 日起施行)

1) 检测的规定

石油管道应当定期进行全面检测。新建石油管道应当在投产后 3 年内进行检测，以后视管道运行安全状况确定检测周期，最多不超过 8 年。石油企业应当定期对石油管道进行一般性检测。新建管道必须在 1 年内检测，以后视管道安全状况每 1~3 年检测 1 次。石油企业对检测不合格或存在隐患的管道路段，应当立即采取维修等整改措施，以保证管道运行安全。石油企业应当建立石油管道检测档案，原始数据及数据分析结果应当妥善保存。

2) 管道事故调查和处理

石油管道引发特别重大事故，石油企业应当按国务院有关规定报告。国家经济贸易委员会会同有关部门对特别重大事故组织调查处理。石油管道引发人员伤亡事故时，石油企业应当按各地政府有关规定报告。各地安全生产管理部门会同有关部门组织调查处理；石油管道发生凝管、爆管、断裂、火灾和爆炸等生产事故时，石油企业应当立即上报到当地经济行政主管部门；发生跑油污染事故时，在报当地经济行政主管部门的同时，还应当报当地环保部门，不得瞒报、迟报；石油管道发生生产事故后，应当按照分管权限组织事故调查组，及时认真进行事故调查，并写出事故调查报告；石油管道发生事故后，应当查清事故原因，依法对直接责任人员进行处理。

2.《石油天然气管道保护条例》(中华人民共和国国务院令第 313 号，2001 年 7 月 26 日颁布)

其中关于石油天然气管道保护方面为：

为了保障石油(包括原油、成品油，下同)、天然气(含煤层气，下同)管道及其附属设施的安全运行，维护公共安全，制定本条例。

本条例适用于中华人民共和国境内输送石油、天然气的管道及其附属设施(以下简称管道设施)的保护。输送石油、天然气的城市管网和石油化工企业厂区内部管网的保护不适用本条例。

管道设施的保护，禁止任何单位和个人从事下列危及管道设施安全的活动：

（1）移动、拆除、损坏管道设施以及为保护管道设施安全而设置的标志、标识；

（2）在管道中心线两侧各 5m 范围内，取土、挖塘、修渠、修建养殖水场，排放腐蚀性物质，堆放大宗物资，采石、盖房、建温室、垒家畜棚圈、修筑其他建筑物、构筑物或者种植深根植物；

（3）在管道中心线两侧或者管道设施场区外各 50m 范围内，爆破、开山和修筑大型建筑物、构筑物工程；

（4）在埋地管道设施上方巡查便道上行驶机动车辆或者在地面管道设施、架空管道设施上行走；

（5）危害管道设施安全的其他行为。

条例规定，在管道中心线两侧各 50~500m 范围内进行爆破的，应当事先征得管道企业同意，在采取安全保护措施后方可进行。

条例规定，穿越河流的管道设施，由管道企业与河道、航道管理单位根据国家有关规定确定安全保护范围，并设置标志。

条例规定，在依照前款确定的安全保护范围内，除在保障管道设施安全的条件下为防洪和航道通航而采取的疏浚作业外，不得修建码头，不得抛锚、拖锚、掏沙、挖泥、炸鱼、进行水下爆破或者可能危及管道设施安全的其他水下作业。

条例规定，管道企业负责其管道设施的安全运行，并履行下列义务：①严格按照国家管道设施工程建设质量标准设计、施工和验收；②对管道外敷防腐绝缘层，并加设阴极保护装置；③管道建成后，设置永久性标志，并对易遭车辆碰撞和人畜破坏的局部管道采取防护措施，设置标志；④严格执行管道运输技术操作规程和安全规章制度；⑤对管道设施定期巡查，及时维修保养；⑥配合当地人民政府向管道设施沿线群众进行有关管道设施安全保护的宣传教育；⑦配合公安机关做好管道设施的安全保卫工作。

条例还规定，管道设施发生事故时，管道企业应当及时组织抢修，任何单位和个人不得以任何方式阻挠、妨碍抢修工作。

3. 压力管道安全管理与监察规程、定期检验规则及标准

为了保障压力管道安全运行，保护人民生命和财产安全，根据《中华人民共和国劳动法》和有关法律、法规的规定，1996 年 4 月 23 日劳动部 140 号文件首次颁布《压力管道安全管理与监察规》，经过数次修订，形成了国家特种设备安全技术标准 TSG D0001—2009《压力管道安全技术监察规程——工业管道》。本规程所指压力管道是指在生产、生活中使用的可能引起燃爆或中毒等危险性较大的特种设备。

为了使管道检验法制化，国家质检总局特种设备局制定了 TSG D7003—2010《压力管道定期检验规则——长输（油气）管道》、TSG D7004—2010《压力管道定期检验规则——公用管道》以及 TSG D2001—2006《压力管道元件制造许可规则》，侧重压力管道元件许可文件；TSG D7002—2006《压力管道元件型式试验规则》，侧重管道元件试验规程。

压力管道按其用途划分为工业管道、公用管道和长输管道。TSG D0001 适用于具备下列条件之一的管道及其附属设施：

（1）最高工作压力大于等于 0.1MPa（表压，下同）的管道；

（2）公称直径大于 25mm 的管道；

（3）输送介质为气体、蒸汽、液化气体、最高工作温度高于或者等于其标准沸点的液体或者可燃、易爆、有毒、有腐蚀性的液体的管道。

下列管道应当遵守其他有关安全技术规范的规定：

（1）公称压力为 42MPa 以上的管道；

（2）非金属管道。

4.2.3　国内路权（通过权）管理

对影响石油天然气管道安全运行的问题，国家有关部门高度重视。2003 年公安部等联合八部门"关于开展整治油气田及输油气管道生产治安秩序专项行动的工作方案"，将违章施工和占压管线作为一个主要整治内容列入方案中。

2003 年 7 月，我国召开了"全国整治油气田及输油气管道生产治安秩序专项行动电视电话会议"，对专项行动进行了部署，涉及 22 个省，11 个地区是整治的重点地区。

2006 年 3 月 17 日"部际联席会议"印发了《2006 年整治油气田及输油气管道生产治安秩序专项行动工作方案》，从 3 月下旬至 11 月在 23 个省（自治区、直辖市）开展了整治油气田及输油气管道生产治安秩序专项行动。其中一个工作目标就是：全国重点输油气管道基本实现"零占压和新增占压零增长"。同时将北京等 12 个省（自治区、直辖市）125 处危害严重的输油气管道违章占压物，作为此次专项行动中部际联席会议挂牌重点整治的对象。

油气管道作为重要的运输方式，应享有独立的"路权（通过权）"。许多利益纠纷和管道事故往往是由于管道企业与其他土地权利人的土地权利冲突引起的。因此，明确管道的用地权利具有现实性和紧迫性。

针对管道安全的需要，管道保护法对管道线路中心线两侧各 5m 地域范围内，禁止 14 种危害管道安全的行为，包括种植深根植物、挖塘、修渠、修晒场、建温室等（管道保护法第三十条）。管道保护法为此又规定，依法建设的管道通过集体所有土地或者他人取得使用权的国有土地，影响土地使用的，管道企业应当按照管道建设时土地的用途给予补偿（管道保护法第十四条）。上述条文是保障管道安全和维护群众利益的配套规定。但目前该项规定还没有很好落实。一方面，管道上方违法占压违法施工如割韭菜般反复清理反复出现；另一方面，如何补偿没有形成有效的制度，大闹大补、小闹小补，管道企业花钱不少，却没有换来受到法律保障的用地权利。

管道的用地权利如何取得？在现行法律框架下，可以有两种选择：一是类似于铁路、公路，通过征地取得国有建设用地使用权；二是参照物权法的规定，管道企业与管道沿线的土地权利人之间以合同方式取得管道地役权。因此，设立管道地役权的好处是显而易见的：一是由于管道企业不是对土地的全部利用，因此管道对土地权利人的影响有限，其补偿也是有限的；二是签订管道地役权合同，明确管道企业与土地权利人各自的权利和义务，有利于矛盾的解决，特别是农村土地确权开始后，管道的用地权利迫切需要在法律上予以明确；三是有助于确立管道安全保护的市场化机制，有利于调动土地权利人保护管道的积极性；四是符合我国人多地少的国情，通过土地权利分层设立，提高其利用效益。

4.3　国外管道相关法律法规

国外管道相关法律法规见表4-1。

表4-1　国外管道相关法律法规

国家	文 件 名 称
美国	第191部分—天然气和其他气体的管道运输；年度报告、事故报告以及相关安全条件报告
	第192部分—管道运输天然气和其他气体的联邦最低安全标准
	第193部分—液化天然气设施：联邦安全标准
	第194部分—陆上石油管道应急方案
	第195部分—危险液体的管道运输
	第198部分—辅助州管道安全计划的拨款规定
	第199部分—毒品及酒精测试
	美国联邦政府有关油气管道安全方面的现行政策综述
	天然气输送管道的严重后果区域最终规则（2002年8月6日）
	危险液体管道完整性常见问题解答
英国	1996年管道安全规范
俄罗斯	俄罗斯联邦干线管道运输法
	干线管道运输经营活动许可条例
	俄罗斯联邦特种活动许可证法
	危险生产项目技术设备使用规程
	俄联邦工业项目安全申报单条例
	工业安全鉴定活动许可条例
	俄罗斯矿山和工业监督局地区机构技术处标准条例
	俄罗斯矿山和工业监督局系统监督和稽查活动条例
	进入俄罗斯矿山和工业监督局的工业安全申报单通过程序条例
	干线管道工程监理组织条例
	危险生产项目使用单位工作人员培训和考核程序条例
	工业安全申报单办理程序和申报单所含资料清单条例
	确认干线管道项目运行时最大允许工作压力值安全的文件的办理和保管程序
	向矿山和工业监督局地区机构通报和提供气体和危险液体干线管道运输项目事故、事故性渗漏和危险运行条件信息的程序
	俄罗斯矿山和工业监督局系统技术设备制造和使用许可证登记、办理和统计条例
	工业安全鉴定规程
	俄罗斯联邦国家标准-紧急情况安全 抢险救护工具和设备 一般技术要求
	俄联邦危险生产项目工业安全法

续表

国家	文 件 名 称
俄罗斯	干线管道保护条例
	苏联天然气工业部部颁建设标准–在天然气工业部干线管道保护带内进行建筑工程的规程
	干线管道用地划拨标准
	白俄共和国干线管道运输法
	俄联邦矿山和工业监督条例
	消除干线成品油管道可能事故标准计划–关于执行"消除干线成品油管道可能事故标准计划"的命令
	俄联邦矿山和工业监督局危险生产项目事故原因技术调查程序条例
	俄罗斯矿山和工业监督局危险生产项目国家登记簿项目登记和国家登记簿管理条例
	俄罗斯联邦矿山和工业监督局工业安全鉴定结论审批程序条例
	干线成品油管道事故和故障原因技术调查和故障统计不能回收的成品油损失注销规程
加拿大	加拿大国家能源委员会管道穿跨越条例
	建在联邦土地或土著居民土地上的石油产品和石油相关产品储罐的联邦注册规定
	加拿大北方管道法
	阿尔伯达省管道法案
	温哥华岛天然气管道法案
	加拿大新斯科舍管道条例
	国家能源委员会法案 1999 年陆上管道条例

4.4　国内管道相关法律法规

国内管道相关法律法规见表 4-2。

表 4-2　国内管道相关法律法规

	文 件 目 录
国内管道相关法规及政令	中华人民共和国石油天然气管道保护法
	石油天然气管道保护条例(国务院 313 号令)
	石油天然气管道安全监督与管理暂行规定(国家经贸委 17 号令)
	国家质量监督检验检疫总局关于印发《锅炉压力容器压力管道特种设备无损检测单位监督管理办法》的通知(2001 年 10 月 16 日国质检锅〔2001〕148 号)
	安监局关于石油天然气管道技术检测检验工作的批复
	安监局加强石油天然气安全生产工作的紧急通知
	安监局进一步清理管道占压的通知
	安监局石油天然气企业安全评价导则
	公安部打击破坏石油等行为的通知
	两高打击破坏油田等设施的犯罪行为的通知
	最高法院打击危害公共安全犯罪的通知

续表

文 件 目 录
最高法院关于在管道中盗油行为适用法律的规定
辽宁省石油天然气管道设施保护条例
青岛市人民政府关于加强胶青输油管道及其附属设施安全保护的通告
陕西省实施 313 号令办法
甘肃石油天然气管道保护办法
上海市燃气管道设施保护办法
石油管道和天然气管道与公路相互关系的若干规定
石油天然气企业安全生产许可证颁发工作的补充通知
石油天然气总公司、劳动部《石油企业申报国家级企业安全考核规定》的通知
四川省人民政府关于加宽改善公路中加强保护通信线路和输气管道安全的通知
特种设备如何执行监督检验工作的意见
危险化学品安全管理条例
压力管道使用登记管理规则
易燃易爆化学物品消防安全监督管理办
油气管道保护部级联席批复
原油、天然气长输管道与铁路相互关系的若干规定
中国民用航空总局、北京市人民政府、天津市人民政府保护津京输油管道的公告
重庆市政府天然气设施安全管理条例
特种设备安全监察条例
特种设备检验检测机构管理规定(2003 年 8 月 8 日国质检锅〔2003〕249 号)
《压力管道安全管理与监察规定》解析(劳动部职锅局压力管道安全监察处)
国家质量监督检验检疫总局关于印发《在用工业管道定期检验规程》(试行)的通知(2003 年 4 月 17 日国质检锅〔2003〕108 号)
锅炉压力容器压力管道焊工考试与管理规则(2002 年国质检锅〔2002〕109 号)
锅炉压力容器压力管道特种设备无损检测单位监督管理办法(2001 年国质检锅〔2001〕148 号)
压力管道使用登记管理规则(试行)(劳部发〔1993〕442 号,2003 年国质检锅〔2003〕23 号)
压力容器压力管道设计单位资格许可管理规则(2002 年国质检锅〔2002〕235 号)
锅炉压力容器压力管道及特种设备检验人员资格考核规则(质技监锅发 222 号-99)
锅炉化学清洗规则(质技监局锅发 215 号-99)
压力管道文件汇编-压力管道设计单位资格认证与管理办法(质技监局锅发 272 号-99)
压力管道文件汇编-压力管道元件制造单位安全注册与管理办法(质技监局锅发 7 号-2000)
压力管道安装单位资格认可实施细则(质技监局锅发 99 号-2000)
锅炉压力容器压力管道特种设备安全监察行政处罚规定(CS14 令-2001)
锅炉压力容器压力管道特种设备无损检测单位资格审查实施指南(试行)(CS25-2002)
锅炉压力容器压力管道特种设备事故处理规定(CS2 令-2001)

行标题:国内管道相关法规及政令

第 5 章　管道完整性管理体系的建立

完整性管理要素是管道完整性管理体系的重要组成部分，体系的重要内容在于运行、实施，因此，需要考虑油气管道企业的组织结构特点，编制行之有效、操作性强的管理文件。管道完整性管理体系文件包括程序文件、作业文件、操作规范和规程，支持文件有国家标准、行业标准、企业标准。相关标准已在前述章节中列出，本章主要从管理文件的角度入手，深入剖析完整性管理的管理体系的组成和内容。

管道完整性管理的管理体系侧重于体系的管理内容，由完整性管理的组织机构、职责分工、计划、质量控制、文件的架构、管理审核、完整性效能评价等多方面组成。重点描述完整性管理的相关要素、组织、职责、要素的内容、检查与审核、培训等多个方面，在油气管网公司上下贯彻执行，以设备的可靠性为基础，达到安全隐患提前排除和有效处理。

管道完整性管理的管理体系是规范完整性管理体系的建设和运行，规范完整性管理技术操作，规范质量监督、审核、效能测试、变更管理、联络等所必需的文件和规程。

本章主要从完整性管理的要素内容和资产的组成两个方面介绍完整性的管理体系包含的内容。

5.1　完整性管理体系要素

按照完整性管理的功能划分，完整性管理体系要素如图 5-1 所示。

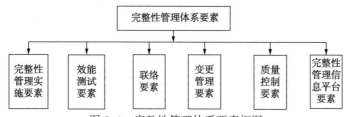

图 5-1　完整性管理体系要素框图

按管道设施资产的组成划分，管道完整性管理体系如图 5-2 所示，具体实物资产组成如图 5-3 所示。

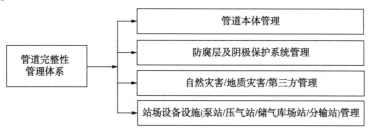

图 5-2　管道完整性管理体系框图

图 5-3 管道系统实物资产管理的组成

5.2 完整性管理实施方案编制要求

5.2.1 完整性管理方案

完整性管理方案是完整性管理的管理体系中的核心内容，是完整性管理活动的集中体现，它是在数据收集和对管道系统或每一管段的每种危险进行风险评估之后制定的。

完整性管理方案应当对每个管道系统或管段，确定合适的完整性评价方法。对每个系统的完整性评价可通过以下方法进行：试压、采用不同工具进行管道内检测、直接评价或采用其他经过证实的技术。某些情况下，几种方法可以组合使用。对于风险最大的管段，应优先进行完整性评价。

完整性管理方案应当根据完整性评价结果确定事故减缓措施。事故减缓措施包括两个部分：第一部分是采用合格的工业维修技术对管道进行维修。维修可包括用新管子更换有缺陷的管子、安装套管、修补涂层或其他修复活动。应对这些活动进行确认、优先排序，定出时间表。第二部分是维修活动确定之后，运营公司应评价防止管道以后失效的预防方法。这些方法可包括增加阴极保护、注入缓蚀剂、清管或改变管道的运行条件等。对于减少或消除因第三方损坏、外腐蚀、内腐蚀、应力腐蚀开裂、过冷天气、土体移动、暴雨洪水以及误操作等造成的管道事故，预防措施起着主要作用。

通过检测和维修，并不能消除所有危险。因此，预防这些危险是完整性管理方案的关键一环。预防活动可包括预防第三方损坏、对外力损坏进行监控等。

5.2.2　完整性管理方案的框架

1. 完整性管理方案内容

完整性管理方案必须包括数据的收集、检查和综合方案、风险评估方案、完整性检测与评价方案、对完整性评价的响应方案等基本要素。

2. 数据的收集、检查和综合方案

应当收集、整理、组织和检查与每一种危险和每一管段有关的所有数据。

在完整性评价和减缓活动完成后，以及在收集有关管道系统或管段的操作维护新数据的过程中，应重复收集、整理、组织和检查数据，更新数据库。

完整性管理方案或其数据库中应包含对数据的检查。所有数据将用于支持以后的风险评估和完整性评价。

3. 风险评估方案

完整性管理方案应有关于如何进行风险评估和再评估频次的具体内容。

风险评估应定期进行，要加入新数据、考虑管道系统或管段的变化、综合外界的变化，还要考虑上一次风险评估之后新的商业化技术。建议每年进行风险评估，但在管道系统发生重大变化之后及当前检测时间结束之前，也应进行风险评估。风险评估的结果要在事故减缓活动和完整性评价活动中有所反映。验收标准的改变，也需要进行再评估。

4. 完整性检测与评价方案

（1）在完整性管理方案中，要确定完整性检测与评价的方法。完整性评价方法取决于检测要确定的危险类型。

（2）在完整性管理方案中应明确需要进行的完整性评价活动和具体实施的时间安排。应对所有完整性评价进行先后排序，并定出实施的时间表。

（3）每次完整性评价之后，应对完整性管理方案中的完整性评价内容进行修改，以反映获得的所有新信息，并用于以后按要求的时间间隔进行的完整性评价。

（4）对于某些危险，完整性评价方法可能并不适用。采取预防措施或增加维护频次可能更为有效。

（5）以上内容均应以文件形式作为完整性管理方案的一部分。

（6）选择完整性评价方法及进行检测的具体内容。

5. 对完整性评价的响应方案

（1）完整性管理方案应包含运营公司怎样及何时对完整性评价作出响应的具体内容。响应应是立即的、按计划进行的，或受到监测的。

（2）完整性管理方案的减缓措施包括两个部分：一是管道的维修，应根据完整性评价结果和确认的危险，确定和进行相应的维修活动。维修活动应按合格的标准和操作规程的要求进行。二是预防，预防可阻止或延缓管道以后的恶化趋势。预防对非时效性危险也同样有效。应对所有减缓活动进行优先级排序并列出时间表。减缓活动的先后顺序和时间表，应随着新信息的不断获取而调整，以体现方案的时效性。

（3）选择完整性评价方法及进行检测的具体内容，参见后面的完整性监测技术、检测技术和评价技术部分。

6. 完整性管理方案的更新

（1）完整性评价具有针对性和一次性，是针对特定危险（如制造缺陷、施工缺陷和设备缺陷）的评价分析。对于其他危险，完整性管理方案应保持灵活性，不断加入新的信息。

（2）完整性管理方案的制定和形成是一个不断更新改进的过程。应根据管道运行环境的改变、时间的变迁以及检测和监测数据的改变不断更新完整性管理方案。

（3）应把检测和预防活动期间收集的数据与以前收集的数据结合起来进行分析和综合。在管道的正常运行和减缓活动中，不断收集数据，并将其纳入完整性管理程序中。新数据的加入是一个连续不断的过程，随着时间的推移，对新、旧数据的不断综合，将提高以后风险评估的准确性。数据的不断综合和定期风险评估的结果，将不断改进完整性管理评价和减缓活动。

（4）完整性管理方案更新后应根据新的方案进行完整性评价或检测。以后，也可能需要进行一系列额外的完整性评价或继续进行以前的预防活动。

（5）应定期更新完整性管理方案。

（6）如果管道系统或管段在物理和运行方面发生了重大变化，应根据变更管理方案要求进行的完整性管理过程，制定变更的完整性管理方案（变更管理报告）。

5.2.3　完整性管理要素

完整性管理要素组成见表5-1。

表5-1　完整性管理要素组成

序号	完整性管理要素	内　　容	备注
1	完整性管理实施要素	数据收集和整合、高后果区识别、风险评价、基线评估、完整性监检测、完整性评价、风险减缓措施（包括管道修复、管道高风险地区的削减）、风险再评价等，以及各项的投入	
2	效能测试要素	管道泄漏事件、管道失效事件数、机械损伤数、制造缺陷数、人员伤亡数、由于地质灾害引起的事件数、第三方破坏率、河流洪水引起的事件数、效能考核评分办法、完整性管理实施前后效果分析、内部完整性管理考核情况、完整性管理考核机构及人员配置、完整性管理内审员配置	
3	联络要素	公众警示程序建立、外部联络、内部联络、内部和外部沟通要求、明确需要沟通的部门和人员、明确本地和区域应急反应者	
4	变更管理要素	记录保存格式、维护记录的方法和计划、变更处理办法和程序、变更过程性质分析、变更审查程序	
5	质量控制要素	领导者的承诺、组织机构设置、完整性管理计划制定、程序文件编制要求、作业文件编制要求、完整性管理标准采标、培训设施和要求、培训计划和资料	

续表

序号	完整性管理要素	内　　容	备注
6	完整性管理信息平台要素	地理信息平台的建设、地理信息平台的使用、地理信息平台的功能、企业资产管理的数据资料完备性等；数据模型、数据库、现实完整性管理工作中的数据库应用、开发的数据分析工具、实际工作中数据分析工具的应用	

1. 完整性管理实施要素

完整性管理实施方案构成见表5-2。

表5-2　完整性管理实施方案构成

1　完整性管理实施方案	要 素 内 容	备注
1.1　数据收集和整合	管道沿线建设数据、站场数据、内外检测数据、保养大修维护数据、设备设施数据、有地理信息数据平台的载入	
1.2　高后果区识别	设计阶段的高风险识别、运行期的高后果区识别分布情况、识别频率	
1.3　风险评价	管道综合风险评价、地质灾害风险评价、第三方破坏风险评价	
1.4　完整性监测、检测	管道内外检测、基线检测情况、管道监测、管道内外腐蚀监测、管道检验	
1.5　完整性评价	管道试压评价、管道ECDA评价、管道ICDA评价、管道SCC评价、管道完整性评价	
1.6　风险减缓措施(包括管道修复、管道高风险地区的削减)	管体修复、线路管理措施、第三施工与破坏管理措施	
1.7　风险再评价等	定期风险评价、再评价	

2. 效能测试要素

效能测试方案构成见表5-3。

表5-3　效能测试方案构成

2. 效能测试方案	要 素 内 容	备注
2.1　效能考核评分办法	(1)效能考核的文件、标准 (2)效能考核的评分办法符合分公司情况 (3)有具体的考核记录格式	
2.2　全面效能测试	(1)完整性管理实施方案与计划的完成对比情况，检测的里程与完整性管理程序要求的里程之比 • 管理部门要求变更完整性管理程序的次数 • 单位时间内报告的与事故/安全相关的法律纠纷 • 完整性管理程序要求完成的工作量 • 完整性管理程序中的系统组成部分 • 已发生的影响安全的第三方活动次数记录 • 已发现需补或减缓的缺陷数量 • 修补的泄漏点数量 • 第三方损坏事件、接近失效及探测到的缺陷的数量	

续表

2. 效能测试方案	要 素 内 容	备注
2.2 全面效能测试	• 实施完整性管理程序后减少的风险 • 未经许可的穿越次数 • 检测出的事故前兆数量 (2)地质、第三方破坏或周边环境问题 • 地质灾害及自然灾害损害管道次数 • 因未按要求发布通知，第三方的侵入次数 • 空中或地面巡线检查发现侵入的次数 • 收到开挖通知及其安排的次数 • 发布公告的次数和方式 • 联络的有效性 (3)其他方面的评价 • 公众对完整性管理程序的信心 • 反馈过程的有效性 • 完整性管理程序的费用 • 新技术的使用对管道系统完整性的改进 • 对用户的计划外停气及其影响	
2.3 完整性管理实施前后效果分析	(1)完整性管理取得的成果总结 (2)发现的管道本质安全隐患 (3)处理的隐患患 (4)效果分析	
2.4 管道泄漏事件统计分析	(1)机械损伤引起泄漏数患 (2)制造损伤引起泄漏缺陷数患 (3)人员伤亡数患 (4)由于地质灾害引起的泄漏事件数患 (5)第三方破坏伤引起泄漏数患 (6)河流洪水引起的泄漏事件数	
2.5 管道失效事件数统计分析	(1)机械损伤数 (2)制造缺陷数 (3)人员伤亡数 (4)第三方破坏率 (5)河流洪水引起的事件数	
2.6 效能评估结论	(1)效能评价的可信度 (2)效能评价结论与实际的符合性	
2.7 效能评估报告	(1)效能评估报告的全面性 (2)效能评估报告的合理性 (3)效能评估报告的质量 (4)考核的初步记录全面	
2.8 效能测试的可靠性和可信度(1个技术要点，2个问题)	(1)效能测试的取样的可信度 (2)效能测试的可靠性	

2. 效能测试方案	要 素 内 容	备注
2.9　内部完整性管理考核情况	（1）完整性管理审核有组织性的开展 （2）定期开展完整性管理内部审核 （3）完整性管理审核面向基层开展工作	
2.10　完整性管理考核机构及人员配置	（1）完整性管理考核机构的组织结构 （2）完整性管理考核机构的人员资质情况 （3）完整性组织机构纳入 QHSE 文件中	
2.11　效能改进	（1）完整性管理程序进行修改使其不断完善 （2）采用内外审核结果，评价完整性管理程序的有效性 （3）对完整性管理程序的修改和/或改进建议，应以效能测试和审核的结果分析为依据 （4）对这些分析结果、提出的建议和对完整性管理程序所作的相应修改情况形成文件	

3. 联络要素

联络方案构成见表5-4。

表5-4　联络方案构成

3　联络方案	审 核 内 容	备注
3.1　外部联络	（1）现场外部联络 ● 公司名称、位置和联系方式 ● 一般的位置信息和在哪里可以获取更详细位置信息或地图 ● 怎样识别泄漏，怎样向上级报告，该采取什么措施 ● 日常联系电话和紧急联系电话 ● 关于管道运营公司预防措施、完整性测试、应急预案和怎样获取完整性管理方案概要的一般信息 ● 防止破坏的信息，包括开挖通知的数量、开挖通知中心的要求和管道损坏时的联系人 （2）应急反应人员之外的公务人员 ● 定期向每个市政当局发放地图及公司联系资料 ● 应急预案和完整性管理程序概要 （3）当地和地区应急反应人员 ● 运营公司应与所有应急反应人员保持密切联系，包括当地应急计划委员会、地区和区域计划委员会、管理部门应急计划办公室等 ● 公司名称、日常联系电话和紧急联系电话 ● 当地地图 ● 设施介绍和运输的货物名称 ● 怎样识别泄漏，怎样向上级报告，该采取什么措施 ● 公司预防措施、完整性测试、应急预案和怎样获取完整性管理方案的一般信息 ● 站场位置及说明 ● 公司应急反应能力概况 ● 公司的应急预案与地方官员的协调	

3　联络方案	审 核 内 容	备注
3.1　外部联络	(4)一般公众 ● 为支持开挖通知所做的努力和其他损坏预防措施的信息 ● 公司名称、联系方式和事故报警信息，包括一般的业务联系	
3.2　内部联络	(1)公司的管理人员和其他相关人员必须了解和支持完整性管理程序 (2)应在联系方案中制定有关内部联系的内容并予以实施 (3)效能测试的定期检查和完整性管理程序的调整，也应成为内部联系方案的一部分	
3.3　公众警示程序建立	(1)是否有公众警示文件或标准 (2)贯彻公众警示程序的情况 (3)建立公众警示程序	

4. 变更管理要素

变更管理方案构成见表5-5。

表5-5　变更管理方案构成

4　变更管理方案	审 核 内 容	备注
4.1　变更的管理程序	(1)应制定正式的变更管理程序 ● 识别和考虑变更对管道系统及其完整性的影响 ● 程序足够灵活，以适应大小不同的变化 ● 使用这些程序的人必须掌握这些程序 (2)应考虑每种情况的独特性 ● 变更原因 ● 批准变更的部门 ● 必要性和意义分析 ● 获取所需的工作许可证 ● 各种变更文件 ● 将变更情况通知有关各方 ● 时限 ● 执行变更的人员资质	
4.2　系统变更后修改完整性管理程序	(1)系统变更后是否修改了完整性管理程序 (2)程序的变更需要修改系统时，系统是否修改和变更(如风险削减文件中存在加装截断阀室的措施，系统是否变更了)	
4.3　变更过程性质分析	(1)变更管理应阐述对系统的技术变更、物质变更、程序变更 (2)组织变更中是否指出了变更是永久性的还是临时性的	
4.4　变更审查程序	(1)所有变更在实施前都应进行鉴别和审查 (2)在管道系统变更期间，变更管理程序为保持正常运行提供支持	
4.5　变更记录	(1)建立和保存各种变更的记录 (2)记录变更实施前后的过程和设计数据	
4.6　系统变更后对人员的培训情况	(1)系统变更，特别是设备变更时，要求有资质的操作人员进行新设备的正确操作 (2)对新操作人员进行培训，以确保他们掌握和遵守设备当前的操作程序	

续表

4 变更管理方案	审 核 内 容	备注
4.7 新技术、新成果使用形成文件	(1)新技术成果的研究和投入力度 ● 新技术成果的研究情况 ● 新技术成果的投入力度 ● 知识产权的拥有 (2)新技术的推广和应用 ● 完整性管理程序中应用的新技术及其应用结果都形成文件 ● 新技术的推广力度	
4.8 变更通知	管道系统中的变更情况通知有关各方面	
4.9 重要变更再评价	系统的压力从原操作压力增加到或接近最大允许操作压力($MAOP$),变更应在完整性管理程序中反映出来,并再次评价危险	
4.10 变化公告,写入程序	(1)如果完整性管理程序的检查结果表明需要改变管道系统,应将这些变化告知操作人员 (2)变化公告在更新的完整性管理程序中反映出来	

5. 质量控制要素

质量控制方案构成见表5-6。

表5-6 质量控制方案构成

5 质量控制方案	审 核 内 容	备注
5.1 领导重视和承诺	(1)领导者在体系文件中有承诺 (2)领导者在日常讲话中重视完整性管理 (3)领导者积极倡导完整性管理	
5.2 组织机构设置	(1)完整性管理组织机构健全 (2)完整性管理组织人员配备 (3)组织机构的岗位设置 (4)组织机构运转	
5.3 完整性管理计划制定	(1)完整性管理计划制定情况 (2)完整性管理计划的可行性	
5.4 完整性管理内审员	(1)培训了内审员 (2)内审员的审核情况	
5.5 完整性管理体系制定	(1)完整性管理各个方面的标准 (2)完整性管理的技术体系 (3)完整性管理的管理体系、完整性管理程序文件、完整性管理作业文件	
5.6 完整性管理培训	(1)完整性管理相关的资格认证,如安全工程师、风险评价工程师等 (2)员工从事完整性管理工作的相关本职工作的年限要求 (3)员工完成自身岗位工作的能力 (4)员工对于自身的职责 (5)培训资料 (6)培训次数 (7)培训计划 (8)培训设施	

续表

5 质量控制方案	审 核 内 容	备注
5.7 具备完整性管理核心技术数量	(1)具备完整性管理核心技术情况 (2)科技支持完整性管理情况	
5.8 组织并经常参加国际管道技术交流和培训	(1)参加国际会议的级别 (2)参加国内会议的级别 (3)参加国内外技术交流次数 (4)参加国内外完整性管理培训情况	
5.9 完整性管理体系文件的要点	(1)完整性管理体系文件要求包括执行文件、执行和维护 • 完整性管理体系文件的框架 • 完整性管理体系文件的流程 • 确定了这些过程的先后顺序和相互关系 • 确定了完整性管理过程的运行和控制有效所需的标准和方法 • 文件中指出提供必要的资源和信息，以支持这些过程的运行和监控 • 体系中规定对这些过程进行监控、测试和分析 • 采取必要措施，以获取预期结果，并持续改进这些过程 (2)完整性管理体系文件应特别包括以下内容 • 在质量控制过程中，这些文件应受到控制，并将其保存在适当的地方 • 形成文件的活动包括风险评估、完整性管理方案、完整性管理报告及数据文件 • 明确、正式地规定质量控制文件中的职责和权利 • 按预定时间间隔，检查质量控制文件的结果，并提出改进的建议 • 与完整性管理方案有关的人员应能胜任、了解该程序和程序中的所有活动，应经良好培训 • 有关这种能力、知识、资历及培训过程的文件，应成为质量控制方案的一部分 • 采取监控措施，以保证完整性管理程序按计划实施，并将这些步骤形成文件。定义控制点、标准和/或效能度量 • 定期内部审核完整性管理程序及其质量控制方案，让与完整性管理程序无关的第三方检查整个程序 • 改进质量控制文件的改进活动应形成文件，监测其实施的有效性 • 在选用外部队伍进行影响完整性管理程序质量的任何过程时，应保证对这些过程加以控制，并以文件形式确认 (3)完整性管理体系标准支持文件 • 体系中引用了国内外标准 • 体系中引用的标准适当	

6. 完整性管理信息平台要素

完整性管理信息平台方案构成见表5-7。

表 5-7　完整性管理信息平台方案构成

6　完整性管理信息平台方案		审 核 内 容	备注
6.1	地理信息平台的建设	(1)建设地理信息平台 (2)建设投入 (3)与管道完整性管理结合	
6.2	地理信息平台的使用	(1)地理信息平台使用 (2)地理信息平台使用的实用性 (3)使用效果	
6.3	地理信息平台的功能	(1)地理信息平台的功能 (2)地理信息平台功能的实用性	
6.4	数据模型、接口等	(1)数据模型 (2)平台之间接口 (3)完整性管理各个系统共享和整合	
6.5	数据库	(1)数据库建设 (2)数据库中数据录入 (3)数据库的管理	
6.6	现实完整性管理工作中的数据库应用	(1)数据库的更新 (2)数据库的应用和作用 (3)各类数据入库，特别是内外检测、修复、风险评价数据等	
6.7	完整性管理平台的速度	(1)完整性管理平台的速度 (2)完整性管理平台所具备的大比例尺地图 (3)完整性管理平台的可扩展性	
6.8	完整性管理平台的流程	(1)平台流程清晰 (2)完整性管理过程实施过程有控制 (3)完整性管理平台的嵌入流程正确、得当	
6.9	完整性管理网站	(1)完整性管理网站建设 (2)完整性管理网站使用 (3)完整性管理网站作用	

5.2.4　管理体系框架

管理体系是一般是由 6 级文件组成，每一级文件的功能和着眼点不同，资产完整性管理框架如图 5-4 所示。

5.2.5　框架文件的性质

各个部分文件在资产完整性管理的框架下有些是强制执行文件，有些是声明性的文件。各部分文件的性质如下：

企业资产管理需求手册(ARM)：企业资产管理纲要文件；

资产管理规划文件：声明性文件；

方针：强制文件；

程序文件：强制文件；

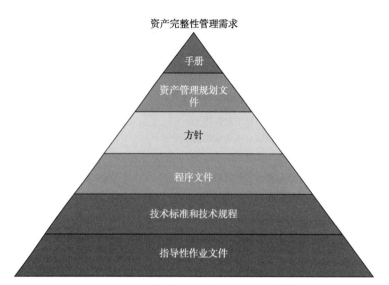

图 5-4 资产完整性管理框架

技术标准和技术规程：强制文件；

指导性作业文件：强制文件。

5.2.6 框架文件的具体内容

1. 一级（LEVEL-1）：资产完整性管理需求手册

（1）公司资产管理结构；

（2）作用和责任；

（3）能力和培训；

（4）文件开发过程；

（5）安全控制操作；

（6）评估组和可使用的文件；

（7）应急程序的确认；

（8）管理机构；

（9）变更管理；

（10）联络；

（11）质量控制；

（12）效能评估；

（13）审核。

2. 二级（LEVEL-2）：资产管理规划文件

（1）设计规范和标准；

（2）管道系统的灾害评价；

（3）管道系统的风险评价；

（4）完整性管理规划；

（5）预防事故文件；

（6）其他文件等。

3. 三级（LEVEL-3）：方针

（1）给出一种目的性、短期、强制性文件；

（2）建立于服从于立法的方针；

（3）发布企业需求的方针。

4. 四级（LEVEL-4）：程序文件

（1）强制并提出程序是如何制定的；

（2）管道维护和检测程序，包括监测条件、阴极保护、监督、远程监控等；

（3）设备维护和保养以及检测设备保养程序（如清管设备保养）；

（4）失误操作、损伤和缺陷报告以及记录步骤；

（5）缺陷评价程序；

（6）安全评价程序；

（7）更改和抢修程序；

（8）应急程序；

（9）事故调查程序。

5. 五级（LEVEL-5）：技术标准

（1）详细的强制性技术要求；

（2）管道预防性维护技术标准；

（3）管道连接件；

（4）操作技术标准；

（5）编制发布的强制性指导的文件；

（6）其他。

6. 六级（LEVEL-6）：指导性作业文件

对程序文件中涉及的具体操作给出操作指导文件。

5.2.7　资产完整性管理系统需求手册内容

资产完整性管理系统需求手册是专门针对管理人员、操作人员编写的，对不同层次的从事管道工作的员工也有价值。其内容包括：

（1）管理总册；

（2）应急响应计划分册；

（3）安全分册；

（4）管道设施完整性分册；

（5）焊接分册；

（6）油品质量和计量分册；

（7）环境管理分册；

（8）电气设备维护分册；

（9）机械设备维护分册；

（10）管道运行操作分册。

1. 管理总册

管理总册包括所遵循的规范、事故报告、设备标识、公众意识、记录保留以及培训和人员资质等方面的程序，还包括所使用的行业标准，例如建筑物和安全条例、加拿大职业安全与健康规范和 CSA 认证标准。

管理总册主要包括十个部分：遵循规范；事故报告；设备标识；公众意识的普及计划；记录保留；培训和人员资质；变更；效能测试；质量控制；沟通与联络方案。

1）遵循规范

提供与行业管理相一致的信息，有助于有效地开展国家、行业、上级部门的管理评审工作。

2）事故报告

（1）保证内部通知的及时性、内检测的准确性以及与政府规定一致。

（2）相关的行业标准和常用的环境和安全法规被编入手册中。手册中还包括表格、公告和证书。

3）设备识别

（1）研制的系统应具备标定和识别所有站场、末站和干线设备(包括干线装置、阀门、电气设备、站场、偏远场所和管道通过权)的功能。

（2）设备的识别能减少由于意外的误用和设备误操作所带来的危险，并要求与之有关的制图和流程图前后对应。所有的公告和标准符号都包括详细的说明和制图。

4）公众意识的普及计划

（1）公众意识普及计划的目的是在经过土地所有者、承租人、附近居民、地方机构和公共事业企业时，增强公众对管道运营和管输产品的了解。

（2）常常以参观、发邮件和宣传材料的形式引起公众对安全和环境问题的关注，并向公众解释管道的运营和管道通过权。

（3）说明如何建立和开展公众意识的普及计划，包括组织机构图、职责、进度表、样本证书和表格，以及可用的法规、必要的资源和管理资料方面的参考文献。

（4）管道企业通过建立公众警示标志和公众教育计划提高管道沿线居民、学校、企业、行政部门、开挖作业者保护管道安全和保护环境意识。

（5）管道企业应与公众进行某些对话，以表达经营公司对管道完整性的信心，表达管道企业对公众帮助维护管道完整性的期望。

（6）管道企业应当将联络信息制成相应的表格以便进行联络，并定期更新。

（7）与下列相关各方联络时应重点考虑开展普及计划：路权沿线的土地所有者和租用者；除应急人员外的公务人员；当地的和地区的应急人员；普通公众。

5）记录保留

（1）记录程序确保与政府的规定一致并有利于管道的内检测。

（2）提出事故报告、安全、管道运行、焊接和石油产品的质量和计量记录方面的要求，也说明了对三种"关键"类型图(线路走向图、工艺流程图、施工安装图)的要求。

6）人员培训和资质

（1）在输送危险物质时，人员培训和资格认证规范，使员工能够进行管道安全的操作和维护。

（2）提出了人员技术培训和资格认证的要求。

7）变更

当出现以下重大变化时，应当采取应对措施，制定正式的管理方案：

（1）管道系统或管段在物理方面的变更，如管段因维修进行的更换、监测设施与方式的变化等；

（2）管道系统运行方式的变化；

（3）管道系统所处环境的改变，包括管道周边土地使用情况发生变化的改变，管道周边人口的变化，地下采矿造成下陷等；

（4）管道企业内部管理机构和人员的变化；

（5）完整性管理方案的改变。

变更管理的具体要求为：

（1）当管道系统发生了影响管道风险的变化时，要对管道重新进行风险分析，制定详细的完整性管理方案（变更管理报告）。变更管理应确保在系统发生变化时和/或可获得新的经过修改或校正的数据时，完整性管理程序持续可靠和有效。所有的变更，在实施前都应进行鉴别和审查。

（2）应建立和保存各种变更的记录。记录应包括变更实施前后的过程和设计数据。

（3）管道运营公司应将系统的任何变更通知有关各方。

（4）系统变更特别是设备变更时，可能要求有资质的操作人员进行新设备的正确操作。此外，应对新操作人员进行培训，以确保他们掌握和遵守设备当前的操作程序。

（5）变更管理应阐述对系统的技术变更、物质变更、程序变更和组织变更是永久性的还是临时性的。该过程应包括对上述每种情况的计划，应考虑每种情况的独特性。

（6）完整性管理程序中应用的新技术及其应用结果都应形成文件，并告知相关人员和股东。

根据变更管理的要求，当管道系统发生了影响管道风险的变化时，应对管道重新进行风险评估，变更管理报告是管道系统发生改变后制定的完整性管理报告，其实质也是一个完整性管理方案。变更管理方案应阐述以下内容：变更原因；批准变更的部门；变更所引起的后果分析；获取所需的工作许可证；文献资料；将变更情况通知有关各方；时间限制；人员资质。

8）效能测试

效能测试的目的是对完整性管理实施效果进行评价，即：

（1）完整性管理程序的所有目标是否达到？

（2）通过实施完整性管理程序，管道的完整性和安全性是否有效提高？

效能测试的具体要求为：

（1）效能测试主要关注的是完整性管理程序提高管道安全性的效果。效能测试可显示效果，但并非绝对。效能测试评价和趋势分析还能识别未预见到的危险，包括对以前未识别出来的危险。

（2）所有效能测试应简单、可测定、可实现、具有相关性，应能进行及时的评价。

（3）应仔细选择效能测试方法，以确保其有效性。正确地选择和评价效能测试，是确定完整性管理程序效果的一项重要工作。应监测发生的变化，以确保效能测试在完整性管理方案完善的过程中保持有效。选择效能测试时，还应考虑收集足够多的分析数据所需的时间。应选择既能用于短期效能测试，又能用于长期效能测试的评价方法。

完整性管理效能测试一般可分为以下几类：

（1）过程或措施测试　过程或措施测试可用于评价预防或减缓活动。测试可确定运营公司实施完整性管理程序各步骤的好坏程度。应仔细选择与过程和措施有关的测试方法，以确保能在实际的时间框架内进行效能评价。

（2）操作测试　操作测试包括操作和维护趋势的测试，以确定系统对完整性管理程序作出响应的好坏程度。例如，可以测试实施了更为有效的阴极保护后腐蚀速率的变化情况。又如，可测试在实施了预防措施（如完善开挖通知的方法）之后第三方损坏的次数。

（3）直接完整性测试　直接完整性测试包括泄漏、破裂和伤亡测试。

（4）前期测试和后期测试　前期测试是指在管道实施完整性管理程序之前，对预期效果进行测试；后期测试是指在管道实施完整性管理程序之后，对取得的效果进行测试。

效能评价依据：

管道企业应能通过系统内部比较或与行业内其他系统的比较，评价系统完整性管理实施的效果，即系统内评价和行业内评价。

（1）系统内评价　根据公司内部制定的某个特定的管道的完整性要求，评价该管道完整性管理方案实施后的效果。

（2）行业内评价　除系统内部的比较之外，外部比较也可作为完整性管理程序效能测试的依据。外部比较可包括与其他管道运营公司、其他工业数据源及管理数据源的比较。其他输气管道运营公司的标准检查程序也可采用，但应仔细评价从这些数据来源获得的效能测试或评价方法，以保证所有比较结果的有效性。外部审核也可提供有用的评价数据。

系统内评价要求：

（1）应定期选用效能度量标准，评价完整性管理程序。这种度量标准应既适用于对管道局部（如特定管段）的评价和某种特定危害因子的评价，也适用于对整个完整性管理程序的效能进行评价。

（2）效能测试应包括每个特定危险因素的特性度量。

（3）应确定以下信息，并形成文件，作为完整性管理总结报告内容的一部分：

① 已检测管道的里程数与完整性管理要求的里程数；

② 已完成的立即维修的数量；

③ 已完成的按计划维修的数量；

④ 泄漏、破裂和事故的次数（按原因分类）。

（4）管道企业应定期进行内部审核，评价完整性管理程序的效果，并保证完整性管理程序按书面计划实施。内部审核频次的确定，应考虑既定的效能度量标准及其特定的时间段，还要考虑完整性管理程序发展中的变化和修改。可由内部员工进行审核，最好是未直接参与完整性管理的人员或其他人员。

效能改进的要求：

应利用效能测试和审核结果，对完整性管理程序进行修改，使其不断完善。除完整性管理程序中要求的测试外，应采用内外审核结果，评价完整性管理程序的有效性。对完整性管理程序的修改和/或改进建议，应以效能测试和审核的结果分析为依据。对这些分析结果、提出的建议和对完整性管理程序所作的相应修改，都必须形成文件。

9）质量控制

质量控制的目的是对完整性管理中的流程、操作、分析、管理行为等活动进行有效的控制和规范，以保证完整性管理体系的有效执行。

以质量控制为目的的完整性管理程序的评价和完整性管理程序所需的文件，包括对完整性管理程序的审核，以及对完整性管理过程、检测、减缓措施和预防措施的审核。要求严格控制管道完整性管理的检测、评价、维护维修等过程的质量，制定相应的质量保证体系，使完整性管理每一个步骤行之有效。

质量控制程序的要求包括文件、执行和维护。通常需做以下六项工作：

（1）确定质量控制程序的过程。

（2）确定这些过程的先后顺序和相互关系。

（3）确定保证这些过程的运行和控制有效所需的标准和方法。

（4）提供必要的资源和信息，以支持这些过程的运行和监控。

（5）对这些过程进行监控、测试和分析。

（6）采取必要措施，以获取预期结果，并持续改进这些过程。

质量控制程序应特别包括以下内容：

（1）确定所需的文件，并将其纳入质量控制程序中。在质量控制过程中，这些文件应受到控制，并将其保存在适当的地方。形成文件的活动包括风险评估、完整性管理方案、完整性管理报告及数据文件。

（2）应明确、正式地规定质量控制中的职责和权利。

（3）应按预定时间间隔，检查完整性管理程序和质量控制程序的结果，并提出改进的建议。

（4）与完整性管理方案有关的人员应能胜任、了解该程序和程序中的所有活动，应经良好培训，以完成这些活动。有关这种能力、知识、资历及培训过程的文件，应成为质量控制方案的一部分。

（5）运营公司应确定采取监控措施，以保证完整性管理程序按计划实施，并将这些步骤形成文件。应定义控制点、标准和/或效能度量。

（6）建议定期内部审核完整性管理程序及其质量控制方案。让与完整性管理程序无关的第三方检查整个程序，也是有益的做法。

（7）改进完整性管理程序和质量控制方案的改进活动应形成文件，应监测其实施的有效性。

（8）运营公司在选用外部资源进行影响完整性管理程序质量的任何过程时，如清管，应保证对这些过程加以控制，并以文件形式记入质量控制方案中。

10）沟通与联络方案

管道的完整性管理涉及管道企业、公众、地方行政部门、股东的利益，为了使各方能够更好地协作与交流，共同保证管道的完整性，管道企业应建立完备和有效的联络信息。

沟通与联络的具体要求：

（1）管道企业应制定一套联络方案并予以实施，以确保将完整性管理工作和完整性管理工作的结果告知公司有关人员、管理部门和公众。这些信息可以作为其他所需信息的一部分予以传达。

（2）有一些信息应定期传达，有一些信息可以根据需要传达。使用行业、管理部门和公司的网络进行联络是行之有效的办法。

（3）应根据需要经常联系，以保证有关人员和部门对经营公司的系统和完整性管理工作有最新了解。建议定期进行联系，根据需要经常将完整性管理方案的重大变化进行传达。

2. 应急响应计划分册

应急响应计划（ERP）简要概括了快速有效地作出应急响应所需的程序。这些程序能确保员工的操作是安全的，公众得到保护和对环境的影响是最小的。因为突发事件具有不可预见性，大部分程序只是作为一般的指导方针而并非硬性的规定。

应急响应计划包括应急计划预案、紧急通知和事故报告、整体安全与环境考虑以及与媒体的联系。对影响公司设备的诸如火灾、爆炸、自然灾害和炸弹袭击等特殊的突发事件也有相关的程序。这两部分详细给出了泄漏响应的处理，简要概括了泄漏的封存、复原和清除的程序。同样，特殊地区的应急响应设备明细、敏感图与控制点的信息也应一起附加在后。

应急响应计划用于泄漏点处和泄漏点处的指挥部。这些信息对泄漏点是必要的，常作为参考手册供事故现场指挥员和其他应急小组成员使用，以确保在事故发生时能作出迅速反应。公司所有雇员应该掌握这些程序，使他们在事故发生时知道自己的职责。通过应急响应培训可以加强员工们对操作程序和职责的掌握。

在任何突发事件（或被认为是突发事件）中，应急响应计划中概括的应急处理程序将适用于任何拥有诸如泵站、阀室和管道穿越通过权的公司。进入设施的位置和通道以及具体的管道信息也包括在应急响应计划中。

在事故期间，管道企业的应急组织机构是基于某种改进的事故指挥系统（ICS），该系统被许多行业和应急机构所采用。事故指挥系统为任何类型和规模事故的处理提供一种灵活的可变通的方法。该系统的优点包括：

（1）规定了突发事件中机构的职责。

（2）成立一个作为应急机构（例如后勤、财政、计划、公共关系等）一个组成部分的机构。

（3）为那些可能酝酿成重大事故的小事故提供了一种变通程序。

（4）确保有专人对事故负责，授权该人领导该应急机构有效地处理事故。

（5）在应急机构中使用通用术语，如果必要的话，允许将 ICS 的两个机构合并成一个机构。

（6）建立一个机构为现场应急操作的实施提供支持。

ERP 分册主要包括十一部分：①前言；②突发事件预案；③紧急通知和上报程序；④安全防范；⑤与公众的联系；⑥突发事件常规程序；⑦石油产品应急指导书；⑧液态天然气泄漏应急指导书；⑨其他突发事件；⑩应急响应装置/应急合作机构的信息；⑪控制点的信息。

1）前言

（1）叙述应急响应计划的政策、目标和组织机构。

（2）规定应急响应计划进行拷贝的地方。

2）突发事件预案

（1）规定突发事件计划措施。

（2）概述发生突发事件时公司各部门和具体人员的职责。

（3）确定可能出现的各种事件的类型(从一类到三类)。

3）突发事件的通报程序

解释公司人员在上报突发事件中的职责和程序。

4）安全防范

（1）叙述管理者、员工和承包商在突发事件中的安全职责。

（2）在各种紧急情况下确定安全的危险和防范措施，包括泄漏探查、天气变化、消除污染、急救、公共场所通道等。

（3）包括行船安全方面的详细信息，包括行船准则、水面作业、起锚、牵引、抛锚和停靠等方面信息。

（4）包含有产品信息的明细。

5）与公众的联系

（1）解释媒体的作用和对媒体的质询作出适当的回应。

（2）说明文件的要求。

（3）解释如何控制通往突发事件场所的通道。

（4）解释如何准备对媒体的发表和声明。

6）突发事件常规程序

（1）解释对事故日志和指挥部的要求。

（2）叙述事发场所通讯、场所安全和如何保护公众脱离危险环境方面的程序。

（3）总结在紧急情况下管道企业的废物管理策略。

（4）确定应急响应结束应具备的条件。

7）石油产品应急指导书

（1）对于在陆地、湿地、沼泽、河流、湖泊以及冻土发生的石油的溢漏，石油产品应急指导书给出了详细的应急的策略、封圈、恢复以及清洁作业方面的信息。

（2）包括在环境敏感的地区发生泄漏的程序。

8）液态天然气泄漏应急指导书

（1）描叙处理液态天然气泄漏时的安全事项，并规定在何种情况下准许动火。

（2）包括在发生液态天然气泄漏时采取隔离、挖掘、修理与清理措施的程序。

9）其他突发事件

包括在处理诸如炸弹袭击、火灾或爆炸、医疗撤退和自然灾害等非泄漏突发事件时对通告和程序方面的要求。

10）应急响应装置/合作机构的信息

（1）概括了管道企业的够快速部署到泄漏地点的活动应急响应装置的作用和内容。

（2）应急响应装置包括各种应急响应的设备（例如泵、吊杆、绳子、铲子、吸附剂、燃料等等）。

（3）对合作机构进行确认，共享管道企业应急响应资源使这些机构能够作出反应。

（4）本节内容随不同地区的管道企业而变化。

11）控制点的信息

（1）控制点是预先确定的场所，通过设立一个范围以防在河流或小溪附近发生泄漏。这些场所的预选通常要考虑众多诸如天然的排水区域、江河水流模式、季节河流变化、可接近的地区、可作业地区和预先的天气情况等因素。

（2）在选取合适的控制点时，最重要的是要知道当地的排水方式以容纳泄放。

（3）控制点信息包括地理位置、场所朝向、场所具体环境的考虑、地区照片等。

（4）本节内容随不同地区管道企业而变化。

12）应急响应手册

应急响应手册概括了应急响应计划的许多方面的信息，作为一本针对员工编写的速查参考工具在应急操作中扮演了重要的作用。应急响应手册包括详细的报告关系、通报职责、员工电话号码、无线电通信程序、危险品信息和应急响应程序方面等信息。应急响应手册的内容随不同地区管道企业而变化。

3. 安全分册

安全分册是一本参考性手册，是专为现场操作人员和在管道设备和设施附近工作的承包商编制的。安全分册主要包括十四部分：① 安全管理系统；② 一般安全操作练习；③ 安全操作许可证；④ 有限空间的进入；⑤ 消防；⑥ 停工；⑦ 电气设备的安全；⑧ 有害物质；⑨ 车辆；⑩ 航空器；⑪工具和设备；⑫原材料处理；⑬个人防护器材；⑭安全设备。

1）安全管理系统

（1）解释管道企业的安全管理系统的运作，并规定安全会议、安全示范和审查、安全定位和安全培训的标准。

（2）提供开展安全检查和管道操作和维护的再学习的程序。

2）一般安全操作惯例

（1）确定对单独工作、吸烟、游客、喝酒和吸毒、家务管理、手工起重、电梯工作等要求。

3）安全操作许可证

（1）解释管道企业的安全操作许可证的使用，包括签字授权、危险和受限制的地方以及火灾警戒。

（2）提供全面的安全操作许可证的程序。

4）有限空间的进入

（1）解释有限空间的确认和划分，明确要求有限空间里安全操作的许可证、空气检测和监测，有限空间里个人防护装备和消防等。

（2）提供进入有限空间的操作程序。

5）消防

（1）规定救火、火灾逃生练习、救火装备、装备检查和维护等所必备的条件。

（2）提供火灾报警的程序（总程序），对设备发生火灾的响应程序，干线、管汇或管线发生火灾的响应程序，储罐发生火灾的响应程序，使用灭火器、泡沫灭火拖车/卡车的程序，检查消防设备等程序。

（3）附录中包含有灭火机构的明细。

6）停工

（1）规定设备停运的要求。

（2）规定设备停运、停运设备的启动、停运装置和增压泵、将液态天然气吹扫到火炬烟筒或坑中等程序。

7）电气安全

（1）明确规定在高压导体下工作的要求、接近的安全距离、高压变电所内工作、电气工作的个人防护装备、电压测试等要求。

（2）提供开关闸刀、拆卸与更换保险丝、高压导体接地、绝缘设备等操作手册。

8）危害物质

（1）规定危害物质的储存、运输和处置、危害物质的吸入危险、辐射危险等要求。

（2）提供清除石棉污染物质、进入有潜在危害的空气中、在湿电池旁工作、带静电焊接等操作程序。

（3）规定附录中的危害物质类型和窒息产品的特性。

9）交通工具

对司机、车辆、车辆装备和车辆的维修作出明确的规定。

10）飞行器

（1）明确规定普通飞行器、直升机、固定机翼飞行器的安全操作要求和直升机外部载荷操作要求。

（2）提供应急定位发射机的操作程序。

11）工具和设备

确定工具操作要求及电动砂轮、气动工具、调整器、便携式催化加热器和空气推进器操作要求。

12）物料输送

明确规定物料输送设备的分类与安全工作载量，物料输送设备及其检查和操作的要求。

13）个人防护装备

（1）明确规定眼、头、听觉、手、脚和面部的保护措施，防火服、防护服、呼吸保护等要求。

（2）提供用串联空气系统填充钢瓶的操作程序。

14）安全装备

明确规定标准的安全设备，便携式可燃气体检测器、硫化氢检测器、手电筒、急救设备、车辆自救带和风向袋的要求。

4. 管道设施完整性分册

当对公司的管道或设施进行修理和维护时，管道设施完整性可供管道维护（PLM）人员、工程师以及运行人员使用。管道设施完整性分册由以下项目的标准和程序组成：①计划和准备；②环保；③管道管道通过权的维护；④开挖；⑤外部穿越；⑥管线维修和更换；⑦试压；⑧管道完整性；⑨风险管理；⑩储罐维护。

1）计划和准备

（1）包括对于管道的维护工作如何有效地进行计划和准备，还包括使用的表格和任务报告书。

（2）对于所有的管道工作，全面的计划是必须的。全面的计划能保证管道的维护和修理工作按期安全地进行，还有助于消除任何潜在的隐患。

（3）对于一项安全的操作作业，准备工作是十分重要的。它能确保：

① 尽可能地对后备的工人进行在职的培训以确保工作安全有效；

② 设备和工具处于良好而又可靠的工作状态；

③ 灭火器和安全设施按要求进行维护并能立即使用；

④ 工作中所需的物资能够容易地获得；

⑤ 环保措施准备充分并得到落实。

2）环保

当对管道和设施进行保养和维修时，环保措施要满足代理机构方面的要求。

3）管道通过权维护

在任何管道建设或维护工作完成之后，管道征用的土地必须尽可能恢复到最初的状态。本节包括征地维护的标准和程序。

4）开挖

（1）管道许多意外事故的发生是在管道进行维护时和在其附近承包工程引发的。违章的挖掘作业会对管道和环境造成破坏，进而对工人和公众造成伤害或不幸的后果。这样的破坏将带来昂贵的修理费用，也会造成收入和基本服务的损失。

（2）本节的标准和程序能降低地下设施的可能性，并确保管道能以安全有效的方式进行运行。

5）外部穿越

（1）本节的标准和程序适用于所有承包商、设施所有者和个人使用动力设备在管道30m以内或在管道通过权内进行开挖作业，或者在管道或管道通过权的交叉、上方或下方建造设施时的情形。

（2）本节确保与管道穿越规定相一致。

（3）外部穿越是指由一个公司拥有的设施经过管道通过权或另外一个公司的场所。一般说来，设施包括（不仅限于）：

① 公路　任何公共或私人公路允许通过的公路、街道、小巷、停车场或其他公共道路。

② 公用设施　灌溉沟渠、排水系统、排水沟、下水道、大堤、输送碳氢化合物或其他

物质的管线、地下或架空的通讯或电力线路。

③ 建筑物　任何建造或安装的穿过、沿着或埋在管道或管道通过权下的建筑物，例如工棚、车库和游泳池。

6）管线维修和更换

（1）管线的维修和更换分为两类，即紧急作业和计划作业。紧急作业通常因突发事故的出现而产生，像泄漏情况。计划作业与突发事故无关，它有充足的时间去现场调查并组织人员去控制危害。计划作业通常包括以下类型：①管道上打套袖；②更换管段；③对管道进行加深；④安装干线截断阀；⑤干线连头。

（2）本节包括管道的计划维修、更换和重新定位的标准和程序，但不包括正常的管道维修和更换的安全标准。对于正常的安全生产可以参考安全手册。

7）试压

（1）行业标准和政府法规规定管道及其设施在试运行前必须进行试压以确保安全运行。

（2）本节给出了在进行试压作业的标准和程序，包括测试计划、测试工具要求、测试演练、试样计算以及相关文件程序。

8）管道完整性

（1）在经济可行的条件下对管道进行保养使之保持崭新状态是十分重要的。

（2）给出管道系统在发送和接收清管器时的腐蚀控制程序、外检测程序和内检测程序。

（3）本节的目的是给公司提供一个详细的步骤去适用于有关腐蚀测量的规范要求。

① 土壤电位的测量组成　为使管道得到连续不断的保护，按照规范要定期进行现场测量。与地面相连的处于阴极保护的每一处被埋的或被淹没的管道设施必须进行检查以确定阴极保护是否能达到要求。此外，危险液体管道的规范要求对所有的储罐区和下埋的泵站系统通过电子系统进行监测，以满足阴极保护的需要并在那些需要的地方提供阴极保护。

② 密间隔测量的操作　密间隔测量（CIS）为管道企业无需开挖作业就能对埋地或浸泡在水中的管道的腐蚀级别和涂层状况进行调查提供了一种手段。该方法能检测到管道的腐蚀或涂层的损伤，老化和缺陷会对管道长期的安全造成影响。掌握整条管道的腐蚀级别和涂层状况可以提前采取行动以应对管道发生的失效。

③ 探测干扰源的试验　干扰源是一种不可控制的和不希望得到的交流或直流电压/电流的效应，它能对管道的阴极保护系统产生干扰。干扰物能加速腐蚀破坏的速度，在极端情况下能危及员工的人身安全。能够探测到干扰源就可以提前采取行动以确保管道和员工的安全。

④ 检查和测试接地/绝缘装置　阴极保护的监测是以接地线方式通过读取管段间的数值来实现的。绝缘装置通常安装在管道附近或建筑物存在电流的且需要保护的管道中。不考虑该装置的组成和其精确的功能，正确地操作接地/绝缘装置对于有效地发挥阴极保护装置系统的功能是十分必要的。

⑤ 测量土壤电阻　土壤电阻是土壤或地下水的电的特性，它能影响电流通过土壤或地下水的能力。电阻测量在确定潜在的腐蚀环境，在阴极保护设计中以及在确定土壤成分中起辅助的作用。

⑥ 测试桩的维护　安装阴极保护系统是为了减轻对管道腐蚀所造成的影响。为了监控和测试诸如阴极保护系统的性能，需要沿管道方向每隔一段距离布置测试线。安装和维护测试桩是该项工作的中心环节。阴极保护和阴极保护系统也一并进行论述。

⑦ 检查整流器　腐蚀控制的其中一种方法是通过在每个管道系统中安装恒电位仪，为外加电流接地床系统提供电力。为了保证由恒电位仪提供动力的阴极保护正常工作，恒电位仪必须定期地进行检查。

⑧ 检查在外裸露埋地管　在管道建设中，设计用的制管材料能承受管道正常的内部运行压力。这些处于地面或地下环境中的材料会对管道带来影响。当管道一年四季都裸露在外时，对埋地管线的检查将成为重要任务。

⑨ 检查和实施大气腐蚀防治方法　外部运用涂层技术为防止大气对裸露管道的腐蚀提供一种经济上划算的方法。腐蚀通过降低管道的壁厚或产生开裂效应削弱了管道结构上的完整性，给液体和气体产品的运输带来了安全隐患。确保与这个规范一致，该规范要求员工掌握腐蚀原理、腐蚀评价、防腐层类型以及防腐层的准备、运用、检查和维护。这部分的目的是为管道运行人员提供详细的过程以满足有关预防大气腐蚀的要求。

⑩ 测量管壁厚度　内外腐蚀会降低某点管壁厚度使该处的管子无法承受正常的操作压力，从而导致泄漏的发生。在壁厚不足的在役管道上进行焊接作业时会导致爆炸和火灾。管道安全条例对运营商维修或更换壁厚不足的管子作出了规定，或者降低该段的压力以确保人员和财产的安全。

⑪ 安装阴保接头　阴极保护通常用于控制管道的外腐蚀。阴极保护监测是通过读取连接管道上仪表的数值来实现的。安装阴保接头是这部分的重点。

⑫ 安装牺牲阳极装置　腐蚀控制的其中一种方法是通过安装牺牲阳极装置达到管道系统的阴极保护。牺牲阳极的主要目的是产生足够的电流避免管道腐蚀。安装牺牲阳极装置是这部分的重点。

⑬ 安装外加电流地床　腐蚀控制的其中一种方法是通过安装外加电流系统达到每条管道系统的阴极保护。外加电流地床的主要目的是保护管道防止腐蚀。安装外加电流地床是这部分的重点。

⑭ 安装恒电位仪　腐蚀控制的其中一种方法是通过安装为外加电流地床系统提供电源的恒电位仪达到每条管道系统的阴极保护。安装恒电位仪是这部分的重点。

⑮ 修复短套管　政府规范要求管道穿越铁路或公路必须采取一定的加固（套管）措施以承受可预见的交通负荷。在实际运用中，套管要与管道有良好的绝缘以便于腐蚀控制。短套管是否能获得良好的绝缘效果可以通过使用测试桩和测试站场的电压测试来核实。

⑯ 内腐蚀监测　减少内腐蚀的一种途径是通过使水和杂质处于悬浮状态的方式运行管道。实际上，管道不可能在上述方式下运行。公认的减少内腐蚀的一种方式是通过添加腐蚀抑制剂来降低腐蚀的速度。为了掌握和减轻内腐蚀情况，管道监测系统和监测程序是十分必要的。

⑰ 注入腐蚀抑制剂　在一条输送有害液体或输送天然气的管道中，管道的内表面将存在被腐蚀的风险。电化学反应会加剧内腐蚀的进程。通过注入腐蚀抑制剂可以减慢或抑制

内腐蚀的过程。规范也要求良好的文件管理具有全面性和持续性，该文件应与内腐蚀控制计划的实施和跟踪联系起来。

⑱ 使用清管器　管道内检测是用于确定管道状况和决定管道维护要求的一种主要方式。每次实施的检测都是不同的并且需要精心的计划，需要对管道进行评估，并掌握操作方法。在选择一种管道缺陷修补方法时，管道的恶化或破坏程度，无论是局部的或是扩展的，都必须考虑在内。

⑲ 埋地/水下管道外涂层的修补　外涂层为避免埋地和水下管道腐蚀提供了一种经济上划算的方法。腐蚀能降低管道结构的完整性，使输送危害物质存在潜在的安全隐患。

⑳ 放置和保养管线里程桩　政府规范要求管道有关设施和管道通过权要有适当的对特定位置的标记和可识别的设施，以便于确保管道的完整性。标记和里程桩能防止由承包商或其他人员在管道上方或管道附近以及管道相关的设施作业可能造成管道运行的中断。不能正确地对设施进行定位和识别会造成意外的过失、设施的损坏、人员伤害和环境的破坏。这部分为那些负责维护和正确定位安放管道标识和标牌的人员提供了指导意见。

㉑ 调查管道管道通过权的地面情况　管道通过权调查包括检查泄漏和其他影响管道安全和完整性的新情况。对管道通过权和附近地区的调查有助于保护附近的城市或农村的地区。这部分以调查过程为重点，并非具体的维护或其他来自管道通过权调查中的纠错行为。可是，这部分详细说明了报告不作为、情况变化或异常情况方面的程序。

㉒ 埋地管道开挖前的临时标识　管道失效的最主要原因是管道外部因素带来的破坏。第三方开挖引起的管道破坏占上报管道失效总数的三分之二。外来的管道失效随行业主办的"One Call"系统的扩展而减少。精确的深度测量和后面确定的管道定位程序对保持管道的完整是十分重要的。如果管道不能准确地定位，开挖作业可能导致地面水平以下设施的损害。这些会导致产品的泄漏、环境的影响和管道有毒或易燃产品的爆炸。

㉓ 制定管道开挖计划　政府规范要求危险流体管道和天然气管道的运营方要有书面的计划以削减开挖作业中管道损害的风险。作为广泛危害防治计划的组成部分，这些程序有助于维护管道的完整性和避免因管道的破坏可能对人类、财产或自然环境的安全造成的威胁。

㉔ 检查随后的开挖作业　这部分明确包含了与开挖有关的部分防灾程序。在开挖作业中，管道运营方派出有资质的代表有助于保证管道的安全。检查程序用于由管道运行人员/第三方人员进行操作的开挖作业。

9）风险管理

为使管道在经营中的风险得到有效的控制，管道运行和管道通过权风险管理常用于削减风险的措施，风险评估能确定管道风险的排序，制定相应的预防性措施，提前采取行动防止管道受到来自外部和第三方破坏的风险。

（1）操作风险管理：

① 风险控制和决策；

② 程序维护。

（2）管道通过权管理。

（3）干线基准评价：

① 完整性计划；

② 缺陷行为管理；

③ 增长率分析；

④ 适用性腐蚀评价；

⑤ 几何变形评价；

⑥ 通用维修要求；

⑦ 直接修复必备要求。

（4）预防性和削减措施：

① 被提议的风险削减和预防的行为；

② 第三方风险削减和预防；

③ 地面沉降风险削减和预防；

④ 阴极保护风险的削减和预防；

⑤ 应急演习；

⑥ 年度总结。

10）储罐维护

（1）储罐维护用于指导保持储罐结构的完整、符合环境和安全的标准以及确保当前储罐的运作满足生产的需要。

（2）本分册概括了包括检查、喷漆、清洁和维修在内的储罐维护的标准和程序。

5. 焊接分册

焊接分册是一本参考手册，是针对在管道装置和设备上进行焊接作业的雇员而编制的。作为一本参考的指南，焊接手册常常供雇员、承包商和工程师在管道企业内部进行野外操作切割和焊接管道装置和设备时使用。

焊接分册主要包括三部分：①焊工资格；②焊缝的维护和修补；③天然气切割。

1）焊工资质

（1）解释管道企业如何对焊接人员进行资格认定，包括焊接类型的检验、何时需要进行测试、焊缝测试承受的标准。

（2）提供测试订货程序。

（3）在附录中包含有关焊接工艺规范（WPS）的内容。

2）焊缝的维护和修理

（1）确定干线、管件和装置以及罐的焊接作业要求。

（2）包括安装、检查焊接设备和缺陷修理的内容。

（3）提供减少磁场区域、量油箱应变、罐体焊接、对焊、测量钢管壁厚程序等。

（4）包含磁粉探伤和超声波探伤方面的内容。

（5）在附录中包括安全"信息图"（安装、使用焊接设备，焊接工效学的清单）。

3）气割

（1）规定对气割设备的要求。

（2）提供连接和操作气割设备的程序。

（3）包括在附录中的安全"信息图"（操作的圆筒清单、校正安装、处理泄漏和圆筒过热等）。

6. 油品质量和计量分册

油品质量和计量分册是专为进行油品质量评估和从事流体计量工作的人员编写的一本参考手册。该手册作为一本参考指南，供管道企业所属管道系统涉及计量和质量方面的现场操作人员和工程技术人员使用。手册包括许多程序、图和表格，便于使用。

油品质量和计量分册主要包括五部分：①影响体积的变量；②交接质检和计量表；③油品质量；④计量文件；⑤交接质检和计量罐。

1）影响体积的变量

（1）解释三种变量（温度、密度和压力）如何影响体积测量，以及说明在计量过程中要将这些变量考虑在内的原因。

（2）提供不同日用品的温度计刻度的校验和压力修正的计算。

（3）附录中包括有关的修正因子和温度计说明书。

2）交接质检和计量表

确定仪表校对的要求，如何确定仪表因子，多长时间用水自吸方式进行校对，以及统计的测量如何工作。

3）油品质量

（1）确定样品、沉淀物和水、黏度、匹配性、液态天然气和精制石油产品的质量标准。

（2）提供质量检验的程序，包括检验的精制石油产品、检验的液态天然气、检验的原油和冷凝物的 KF 滴定。

4）计量文件

（1）确定交接质检和计量的许可证和校验报告。

（2）为非补偿性仪表提供交接质检和计量的许可证和校验报告的准备手册。

（3）包括报告范本、换算表以及说明流量计算机如何进行工作。

5）交接质检和计量罐

（1）规定储罐的计量、自动计量装置、储罐温度、储罐取样、储罐收缩以及储罐底部检查的要求。

（2）提供使用计量平台、计量罐及取样罐的取样和温度、计算收缩量、储罐排水等程序。

7. 环境管理分册

管道企业的环境管理计划（EMP）包括的指导原则有助于员工选择正确的废物管理惯例。该计划包括三个方面的废物管理：①环境保护；②恰当的废物处理；③安全的运输废物。该计划确保管道企业遵循运用中的政府规范。

尽管无害废物通常没有通过立法加以规范，但该计划仍旧包括有害和无害废物的处理。该计划以联邦和州法律、CAPP 废物管理手册和管道企业现场人员经验为基础。

环境管理计划主要分为两部分：第一部分包括如何与管道企业的综合废物管理原则一

起使用方面的信息；第二部分包括废物信息清单，它包括如何处理众多出管道企业运行中所产生的废物方面的信息。

鼓励员工使用环境管理计划去评估废物管理需求。对所有废物的处理，主要考虑是否将废物划分成有害的或无害的。显而易见，有害废物需要经过专门的处理，与此同时，无害废物则不需要。计划中包括的废物信息清单有助于决定的作出。如果没有可查阅的废物信息清单，则需要对废物进行化学分析。

员工必须对任何被认为是有害废物的处理、储存、运输和排放要求进行评估。经批准的运输工具与有害废物处理设施一道必须得到确认。任何情况下，必要的文件应当准备齐全。

用"4R"来指导废物的管理，即：①减少；②再利用；③再循环；④回收。

（1）"减少"就是通过更加有效的工作方法达到减少废物的目的。例如，购买化学药品加入大的容器中以减少所用的桶的数量或需要销毁的桶的数量。对有毒物质，使用无公害的替代物（例如去污剂或其他清洁剂）。

（2）"再利用"就是对那些能重复使用的材料进行再次利用。例如，清理和再利用油污抹布。

（3）"再循化"就是将废物转化为可用的产品。例如，对碳酸易拉罐、瓶子、锡杯进行再循环使用。

（4）"回收"就是从废物中提取能量或材料作为其他用途。

环境管理分册主要包括八部分：①前言；②废物管理原则（供管道企业使用）；③废物的分类；④废物的储存；⑤废物的运输；⑥记录保留系统；⑦废物的处理和排放；⑧废物信息清单。

1）前言

（1）解释管道企业的废物管理政策和环境管理计划（EMP）的目的。

（2）规定废物管理的职责。

（3）说明如何使用环境管理计划。

2）废物管理原则（供管道企业使用）

（1）说明废物最小化的步骤。

（2）解释自始至终的废物管理。

（3）规定"4R"废物管理。

（4）给出废物最小化的实例。

3）分类

（1）解释废物分类和评定之间的区别。

（2）解释如何进行废物的分类。

（3）为管道系统穿越不同省份提供常规的分类程序和标准。

4）储存

（1）解释可接受的储存区域。

（2）解释废物封存、混合和稀释。

（3）规定储存期限和数量。

（4）为特殊的废物种类(空桶、油污布、电池和过滤器)提供指导。

5）运输

（1）规定有关废物运输中员工的职责。

（2）给出废物运输的文件要求。

（3）解释如何使用危险货物运输单。

（4）规定危险货物运输免责条款。

（5）提供废物生成源的确切数量。

6）记录保留系统

（1）规定必须保留的废物记录。

（2）规定必须保留的运输文件。

7）处理和排放

（1）解释如何选择处理和排放方式。

（2）规定员工的职责。

8）废物信息清单

（1）包括管道企业废物目录和详细的废物信息清单。

（2）包括危险货物运输的相关信息。

8. 电气设备维护分册

电气设备维护分册是一本专为负责维护管道企业所属管道装置和设施的雇员和承包商所设计的指导书。

电气设备维护分册主要包括两部分：①电气设备维护程序；②电气设备的预防性维护。

1）电气设备维护程序

本节包括与电气设备的维修、标定、更换和保持光泽有关的程序以及建立在有代表性液体管道操作中的系统。主要包括：

（1）电动机(高达5000马力)；

（2）开关设备；

（3）机械电子继电器；

（4）油库图形用户界面系统；

（5）储罐计量系统；

（6）交接质检和计量系统；

（7）变送器；

（8）可编程逻辑控制器(PLCs)；

（9）局域网(LANs)；

（10）压力控制阀/调压阀(PCVs)；

（11）电子检定设备；

（12）天然气和火灾探测器；

（13）泄漏检测设备等。

以下参考文献资料是作为电气设备维护程序的补充：

（1）净重压力标定台；

（2）控制回路；

（3）分装式楔式流量计。

2）电气设备的预防性维护

本节包括与电气设备的定期检查和维修有关的程序以及建立在有代表性液体管道操作中的系统。主要包括：

（1）电动机（高达5000马力）；

（2）开关设备；

（3）机械电子继电器；

（4）储罐计量系统；

（5）交接质检和计量系统；

（6）变送器；

（7）压力控制阀/调压阀（PCVs）；

（8）电子检定设备；

（9）天然气和火灾探测器等。

9. 机械设备维护分册

机械设备维护分册是针对管道企业系统内的操作员工和管道机械设备和设施承包商的指导书。

机械设备维护分册主要包括两部分：①机械设备的维护程序；②机械设备的预防性维护。

1）机械设备维护程序

本节包括与机械设备的维修、更换和保持光泽有关的程序以及建立在有代表性液体管道操作中的系统。主要包括：

（1）离心泵；

（2）正压容积式泵；

（3）机械密封；

（4）闸阀、旋塞阀、球阀、单向阀和泄流阀；

（5）容积式或涡轮式仪表；

（6）校验（标定）装置；

（7）四通道分流调节阀；

（8）双密封阀；

（9）储罐等。

机械设备维护程序还括运动装置的校正和振动分析的程序。

2）机械设备的预防性维护

本节包括与机械设备定期检查和维修有关的程序以及建立在有代表性液体管道操作中的系统。主要包括：

（1）离心泵；

（2）闸阀、旋塞阀、球阀、单向阀和泄流阀；

（3）容积式或涡轮式仪表；

（4）标定装置；

（5）四通道分流调节阀；

（6）储罐等。

10. 管道运行操作分册(包括管道操作标准和规范)

管道运行操作分册是一本参照性指导书，当计划或承担与操作、维修以及管道和设备的维护有关的操作时，该手册可供管道维护人员、工程师和运行人员使用。

管道运行操作分册主要包括八个部分：①概述；②通讯；③紧急操作；④操作标准；⑤日常操作程序；⑥日常维护程序；⑦异常操作程序；⑧附录。

第6章 管道完整性技术体系的建立

本章的目的是为国内油气管道的安全和完整性管理提供一套系统、综合的技术体系。管道企业采用该体系进行站场完整性管理，通过不断变化的管道因素，对站场运营中面临的风险因素进行识别和技术评价，制定相应的风险控制对策，不断改善识别到的不利影响因素，从而将站场运营的风险水平控制在合理的、可接受的范围内。

管道完整性管理的技术体系主要由数据分析整合、风险评价、管道检测、完整性监测、完整性评价、管道修复、完整性管理平台技术、公众警示等八个技术方面构成，组成一个完整的有机整体，如图6-1所示。

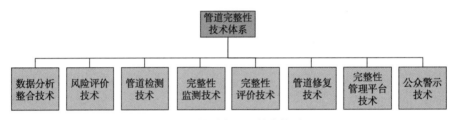

图6-1 管道完整性技术体系

6.1 数据分析整合技术

数据分析整合技术主要包含数据的构成、数据的收集、数据的整合分类，如图6-2所示。

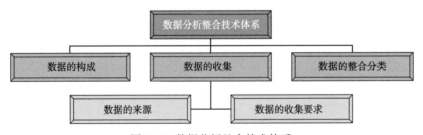

图6-2 数据分析整合技术体系

6.1.1 数据的构成

本节所述数据是指管道完整性管理过程中所需要的数据，又称为完整性数据。收集的重点有以下几个方面：

（1）应重点收集受关注区域的评价数据，以及其他特定高风险区域的数据。

（2）要收集对系统进行完整性评价所需的数据，要收集对整个管道和设施进行风险评估所需的数据。

（3）随着管道完整性管理的实施，数据的数量和类型要不断更新，收集的数据应逐渐适应管道完整性管理的需求。

（4）数据由特征数据、施工数据、操作运行数据、检测数据、监测数据等组成，具体内容见表 6-1。

表 6-1　管道完整性数据构成

特征数据	管道检测报告
管道壁厚	内/外壁腐蚀监测
直径	压力波动
焊缝类型和焊缝系数	调压阀/泄压阀性能
制管商	侵入
制造日期	维修
材料性能	故意破坏
设备性能	外力
施工数据	**检测数据**
安装年份	试压
弯制方法	管道内检测
连接方法、工艺和检测结果	几何变形检测
埋深	开挖检测
穿越/套管	阴极保护检测（密间隔测试）
试压	涂层状况检测（直流电位梯度）
现场涂层方法	审核和检查
土壤、回填	**监测数据**
检测报告	内腐蚀情况
阴极保护	内外壁壁厚
涂层类型	沉降变形
操作数据	线路
气质	地质位移
流量	运行参数
规定的最大、最小操作压力	气质
泄漏/事故记录	外防腐层状况（腐蚀调查）
涂层状况	泄漏
阴极保护系统性能	站场设施
管壁温度	

6.1.2　完整性数据收集

1. 数据来源

数据的来源是多方面的，表 6-2 列出了管道完整性典型数据的来源。

表 6-2　管道完整性典型数据的来源

工艺仪表图(P&ID)	行业标准/规范
管道走向图	操作和维护规程
施工检验员原始记录	应急反应方案
管道航拍图	检测记录
设施图/测绘图	试验报告/记录
竣工图	事故报告
材料证书	合格记录
测量报告/图纸	设计/工程报告
安全状况报告	技术评价报告
企业标准/规范	制造商设备数据

2. 数据收集要求

1）数据收集一般性要求

（1）应按照完整性管理程序所需的数据要求，从公司内部和外部获取。

（2）应检查设计和施工文件中以及近期操作、维护记录中，包含所需数据项的内容。

（3）应调查所有管道记录的可能出处，记录获得的数据内容和形式，并确定数据量是否充足，如果发现数据不足，可根据数据的重要性制定收集数据的方案，必要时要进行相关的监测、检测和现场数据的收集工作。

（4）应管理好企业信息管理系统数据库或管道地理信息系统(GIS)数据库中所涉及的全部数据，以及历史的评估结果，这些都是有用的数据源。

（5）应重点、全面收集历史事故的分析报告，并形成事故数据库。

（6）外部信息的获得可通过与线路沿途相关的气象、地质、水文负责部门建立起固定的联系，借鉴专业信息源的土壤资料、人口统计、水文资料分管单位的报告或数据库。

（7）应借鉴其他国内外管道企业的历史数据库和事故数据库。

（8）实施完整性评价管理过程中获得的检测数据、试验数据、评价数据以及效能测试方面的研究数据应重点收集和整理。

2）基建、生产类数据收集要求

（1）所要收集的数据必须包括管线、站场等基础设施施工建设期间的相关数据。

（2）所要收集的数据必须包括管道维护维修、设备管理、应急预案以及具体的维护、维修、应急操作案例方面的数据信息。

3）管线及周边数据收集要求

（1）必须包括管道任何一段管段的本体属性数据、管道施工期间对管道施工的详细记录数据、运营维护期间的管道操作记录及其他管道相关数据。

（2）必须包括所有站场、站场设备检测、故障维修、设备更新及相关数据。

（3）必须包括所有抢修队伍、抢修物资的详细信息。

（4）必须包括管道两边各种对象的详细信息。

（5）必须包括管道周边的社会依托信息。

6.1.3　数据整合和分类

1. 数据的整合

1）应综合分析收集的单项数据

根据收集的数据相互关系进行分析，以发挥完整性管理和评估的全部作用。完整性管理程序的主要作用在于它能综合、利用从多种渠道获取的多种数据，增加某一管段是否会遭受某种危险的置信度。它还能改进整个风险的分析结果。

2）制定一个统一的参照系

数据整合初始阶段需要制定一个统一的参照系和统一的计量单位，以便将从多种渠道获得的各种数据综合起来，并与管道位置准确关联。

3）通过人工方式或图解方式整合数据

人工方式整合就是按大小把潜在影响区域范围叠加在管道航拍照片上，以确定潜在影响的范围。图解方式的整合是把与风险有关的数据项输入管道信息系统 MIS/管道地理信息GIS 系统中，以图形叠加方式标识出具体危险的位置。

2. 数据的分类

完整性数据的收集完成后，要根据完整性数据的使用功能划分为风险评价数据、ECDA评价数据、安全评价数据、ICDA 数据、GIS 数据图形特征数据五大类。按功能划分分类有利于完整性数据的使用和决策。

6.2　风险评价技术

通过管道风险评价，对管道完整性管理活动进行排序，合理制定完整性管理计划，优化维修决策，降低管道管理运行成本。

具体目标：在管道完整性评价后实施措施时按风险排序；评价减缓措施产生的效果；对识别到的危险，确定最有效的减缓措施；评价改变检测周期后的完整性效果；评价两种检测方法的使用情况或必要性；进行更有效的资源分配。

根据所采用风险评价方法的不同，其要求有所不同：

（1）最低目标：识别可能诱发管道事故的具体事件的位置或状况，了解事件发生的可能性和后果。

（2）对风险评估完整性管理方案活动进行优化排列，将维护和检修资源优先用到最重要的地方。

（3）详细的风险评价方法除了达到上述要求外，还可用来确定采用何种检测、预防方法或应急措施以及何时采取这些措施。

本节从管道危险因素分类到管道严重后果区，再从风险评价方法及流程的形成，来阐述管道风险评价技术体系的建立，如图 6-3 所示。

6.2.1　管道危险因素分类

国际管道研究委员会（PRCI）对管道事故数据进行了分析并划分成 22 个根本原因。这

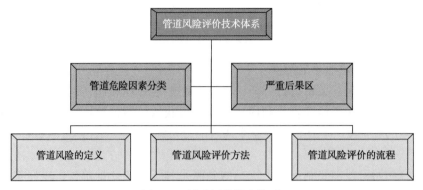

图 6-3　风险评价技术体系

22 个原因中每一个都代表影响管道完整性的一种危险，应对其进行管理。同时按其性质和发展特点，划分为 9 种相关事故类型。这 9 种类型对判定可能出现的危险很有用。应根据危害的时间因素和事故模式分组，正确进行风险评估、完整性评价和减缓活动（见 ASME B31.8S）。

6.2.2　严重后果区(HCA)内的管段

严重后果区是指管道发生泄漏对于健康、安全和环境有着很大危险的区域。管道运行公司应采取特别措施来确保管道的完整性，避免严重后果区泄漏的影响从而保护严重后果区。

由此可见，严重后果区管段是实施风险评价和完整性评价的重要管段。

确定严重后果区的方法有以下两种。

1. 方法 A

严重后果区包括以下区域：

(1) 三级地区。

(2) 四级地区。

(3) 潜在影响半径超过 200m 三级和四级地区之外的地区，且在潜在影响圆内包括 20 幢或更多的供人类使用的建筑。对潜在影响半径大于 200m 的地区的人口密度可以通过与半径为 200m 以内的区域比例换算来识别，在此区域内的建筑物数量的换算方法为：20 幢×(200m/潜在影响半径)^2。

(4) 潜在影响圆内需要识别的地区：用于照顾行动不便或限制迁移人群的公共设施（见 ASME B31.8S）。

2. 方法 B

严重后果区包括以下区域：

(1) 潜在影响圆内包括 20 幢或更多的供人类使用的建筑。

(2) 潜在影响圆内需要识别的地区：用于照顾行动不便或限制迁移人群的公共设施、户外集会场所。

6.2.3 管道风险定义

管道风险是两个主要因素的乘积，即事故发生的可能性（或概率）与事故后果的乘积。一种描述风险的方法是：

对于单个危险：　　　　　　　　　　风险 $i=P_i\times C_i$

对于 1~9 类危险：　　　　　　风险 $=\sum_{i=1}^{9}(P_i\times C_i)$

$$管道总的风险=P_1\times C_1+P_2\times C_2+\cdots+P_9\times C_9$$

式中：P 为失效概率；C 为失效后果；1~9 为失效类别（见 ASME B31.8S）。

采用的风险分析方法，应能确定管道系统的所有 9 种危险类型或 22 种危险因素中的任何一种危险。典型的风险影响有事件对人员和财产的潜在影响、经营性影响和环境影响。

6.2.4 管道风险评价方法的建立

1. 评价方法

管道企业可采用以下一种或几种符合完整性管理程序目标的风险评估方法。这些风险评估方法为专家评价法、相对评价法、情景评价法和概率评价法。

（1）专家评价法　可利用管道企业的专家或顾问，结合从技术文献中获取的信息，对每种危险提出能说明事故可能性及后果的相对评价。管道企业可采用专家评估法分析每个管段，提出相对的可能性和后果评价结论，计算相对风险。

（2）相对评价法　这种评估方式依靠管道具体经验和较多的数据，以及针对历史上对管道运行造成影响的已知危险风险模型的研究。这种相对的或以数据为基础的方法所采用的模型，能识别与过去管道运行有关的重大危险和后果，并给以权重。

（3）情景评价法　这种风险评估方法所建立的模型，能描述系列事件中的一个事件和事件的风险等级，能说明这类事件的可能性和后果。这种方法通常包括构建事件树、决策树和事故树。通过这样的构建确定风险值。

（4）概率评价法　这种方法最复杂，数据需求量最大。得出风险评估结论的方式，是与运营公司确定的经认可的风险概率相对比，而不是采用比较基准进行比较。

2. 各种风险评价方法的特点

（1）专家评价法的特点　定性分析为主；所需数据最少，以专家经验为主；对管段事故发生频率和结果分别按高低次序排序或分级，最后综合起来对管段的风险进行排序；可对管段风险筛选、排序；通过专家讨论、打分、排序来实施。

（2）相对评价法的特点　半定量分析方法；所需数据较少，以专家经验为主；对管段事故发生频率和结果分别按高低次序打分，分值代表了不同频率或后果发生的相对关系，最后综合起来得到管段相对的风险值；可对管段风险筛选、排序；通过专家打分，根据打分结果排序。

（3）情景评价法的特点　定量分析为主；通常用在成本分析和风险决策中；所需数据较多；设置特定的事件情景，然后确定该事件情景下的风险值。

（4）概率评价法的特点　定量评价方法；根据管道历史数据分别计算管段事故发生的

概率、事故发生的后果的大小，然后计算风险值，风险值通常用个人风险、社会风险或经济损失来表示；所需数据较多，计算复杂；可用于风险排序、确定检测周期。

3. 风险评价方法选择原则

管道企业可结合自身情况采用以上一种或几种符合完整性管理程序目标的风险评估方法。管道企业通过对风险进行优先序排列，将更多的注意力集中在高风险管段上，并对管段进行完整性评价。

6.2.5 管道风险评价流程

管道风险评价由管道风险因素识别、数据收集与综合、管道风险计算、风险排序、风险控制等组成。图 6-4 给出了管道风险评价主要流程的结构框图。

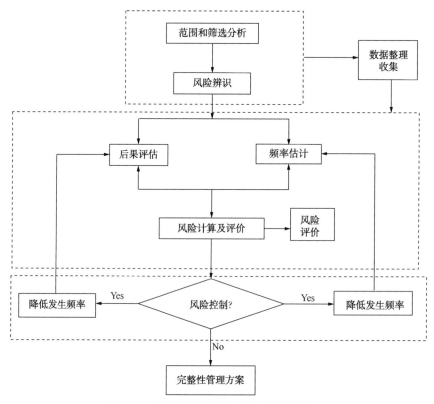

图 6-4 管道风险评价主要流程的结构框图

管道风险评价流程要求：

（1）范围和筛选分析 确定将被分析的管道系统的自然界限；收集管道沿线人口情况，明确管道严重后果区；管道分段；筛选确定严重后果区内的管段。筛选可将数据收集和管道维护、检修资源优先用到所确认的最重要的地方。

（2）管段危险因素辨识 分析后果严重区内管段的危险因素，列出各管段的危险因素；收集与整理相应管段内的数据。

（3）频率估计 根据所收集的数据对管段可能发生事故的可能性进行计算，确定其发生频率；可以将频率分为"高-中-低"或"高-中高-中-中低-低"等级；频率估计可以使用专家估计，或相对打分法，或使用历史事故数据、操作数据及行业内统计数据，或使用逻辑推理的方法(事件树分析、故障树分析等可靠性分析方法)。

(4) 后果评估 根据所收集的数据对管段可能发生事故的后果进行计算，确定其发生后果；可以将后果分为"高-中-低"或"高-中高-中-中低-低"等级；后果评估可以使用专家估计，或相对打分法，或使用历史事故数据、操作数据及行业内统计数据，或使用逻辑推理的方法(事件树分析、故障树分析等可靠性分析方法)。

(5) 风险值计算及评价 计算特定管段上每个单个危险因素的风险值；单个危险因素的风险值等于频率与后果的乘积；特定管段的风险值等于所有单个危险因素风险值之和；将管段按照风险的高低进行排序。风险排序时需要考虑以下因素：

① 优先级排序通常是按管段的整个风险的递减顺序，对每一特定管段的风险结果进行分类。当管段具有相同的风险值时，应分别考虑事故的可能性和事故后果。这样，事故后果最严重的管段可定为较高优先级。

② 也可分别根据事故的后果和可能性，按由大到小的顺序对风险分类。

③ 管道企业还应评价那些会给特殊管段带来较高风险等级的风险因素。可用这些因素对需要进行检测的地方，如需进行静水试压、管道内检测或直接评价的地方进行选择、排序和作出计划安排。例如，某一管段可能因为单个危险因素而排在风险非常高的位置，但综合考虑各种危险后，却排在了比其他所有管段风险都低的位置。及时确定单个危险最高的管段，可能比确定综合危险最高的管段更合适些。

④ 排序时可考虑管道效率和系统输量要求等因素。

根据风险评价判据，确定需要降低风险的管段。风险结果按"高-中-低"或"高-中高-中-中低-低"或一个数值进行评价。例如，可以使用风险评价矩阵(见图6-5)对管段的风险进行评价，将频率和后果的组合与风险矩阵中的方格对应，越靠近矩阵的右上方，风险越大。也可利用模糊评判、层次分析等其他方法进行评判。

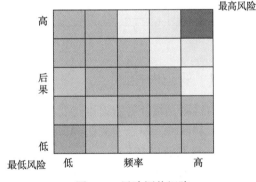

图6-5 风险评价矩阵

风险控制：根据风险计算结果采用相应的风险控制的方法，降低管段风险值，使管段风险值降低到可接受的程度；可以通过降低事故发生频率和降低事故发生后果达到降低管段风险值的目的；制定风险控制策略时应进行风险成本分析，应结合管道风险评价判据和企业经营目标进行分析。

风险评价判据：

(1) 定性风险评价评判标准 根据专家建议判断管段的风险值的高低，决定风险等级和是否采取风险降低措施。

(2) 半定量风险评价判据 如果采用 W. Kent Muhlbauer 打分法，建议对管段评分值进行如下划分(分值越高者风险越低)，对中高风险管段应当采取措施使其风险评分达到800分以上：①分值 0~400，高风险管段；②分值 400~800，中高风险管段；③分值 800~

1200，中度风险管段；④分值 1200~1600，中低风险管段；⑤分值大于 1600，低风险管段。

定量风险评价(概率风险评价)判据：

（1）个人风险标准   管道后果严重区内居民个人风险的期望值为死亡率应当小于 10~6 人/年。

（2）管道经济风险标准   经济损失应小于 100 元/(km·a)。

6.3   管道检测技术

管道检测是管道完整性管理至关重要的一环，管道完整性管理检测主要包括管道外检测、管道内检测、全面检测和其他检测，如图 6-6 所示。

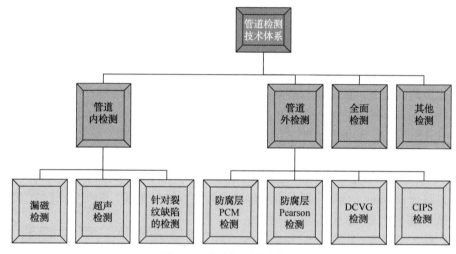

图 6-6   管道检测技术体系

6.3.1   管道内检测

管道内检测是指针对管道本体管壁完整性即金属损失情况的检测。检测管壁金属损失的方法主要有两种：漏磁检测法(MFL)和超声检测法(UT)。

1. 漏磁检测法(MFL)

漏磁的基本原理是通过在管壁上放置磁极，漏磁检测设备能使磁极之间的管壁上形成沿轴向的磁力线。无缺陷的管壁中磁力线没有受到干扰，会产生均匀分布的磁力线。管壁金属的腐蚀会导致其中传播的磁力线产生变化，在磁饱和的管壁中，磁力线会从管壁中泄漏。传感器通过探测和测量漏磁来判断泄漏地点和管壁腐蚀情况。漏磁信号的数量、形状常常用来特征管壁腐蚀区域的大小和形状。

漏磁检测的特点：属于间接测量，可以用复杂的解释手段来进行分析；用大量的传感器区分内部缺陷和外部缺陷；测量的最大管壁厚度因磁饱和磁场要求而受到限制；信号受缺陷长宽比的影响很大，轴向的细长不规则缺陷不容易被检出；检测结果会受管道所使用钢材性能的影响；检测结果会受管壁应力的影响；设备的检测性能不受管壁中运输物质的影响，既适用于气体运输管道也适用于液体运输管道；需进行适当的管道清管（相对于超声检测设备必须干净）；适用于检测直径大于等于3in（8cm）的管道。

可检测缺陷类型：外部缺陷；内部缺陷；各种焊接缺陷；硬点；焊缝，包括环形焊缝、纵向焊缝、螺旋形焊缝、对接焊缝；冷加工缺陷；凹槽和变形；弯曲；三通；法兰；阀门；套管；钢衬块；支管；修复区；胀裂区域（金属腐蚀相关）；管壁金属的加强区。

漏磁在线检测设备一般分为标准分辨率（也叫作低的或常规分辨率）设备、高分辨率设备和超高分辨率设备。

高分辨率设备更加适合于检测不规则管道，所需处理的数据量比较大，数据处理的过程较复杂。

2. 超声检测法（UT）

当在线检测设备在管道中运行时，超声检测设备可以直接测量出管壁的厚度，通过所带的传感器向垂直于管道表面的方向发送超声波信号。管壁内表面和外表面的超声反射信号也都被传感器所接收，通过它们的传播时间差以及超声波在管壁中的传播速度就可以确定管壁的厚度。

超声检测的特点：采用直接线性测厚的方法，结果准确可靠；可以区分管道内壁、外壁以及中部的缺陷；对很多缺陷的检测都比漏磁法敏感；可检测的厚度最大值没有要求，可以检测很厚的管壁；有最小检测厚度的限制，管壁厚度太小则不能测量，因为超声脉冲要持续一定的时间；不受材料性能的影响；只能在均质液体中运行；通常超声检测设备对管壁需要比漏磁检测设备更高的清洁度；检测结果准确，尤其是检测缺陷的深度和长度，得到的结果适合于最大许用压力下评价结果的准确性；检测结果易于解释和理解，因为它直接对管壁厚度进行测量；设备的最小尺寸可以达到6in（15cm）。

可检测的缺陷类型：外部腐蚀；内部腐蚀；各种焊接缺陷；凹坑和变形；弯曲，包括场弯曲、锻造弯曲、热弯曲；焊接附加件和套筒（套筒下的缺陷也可以发现）；法兰；阀门；夹层；裂纹；气孔；夹杂物；纵向沟槽；无缝管道管壁厚度的变化。

3. 针对裂纹缺陷的检测

裂纹缺陷出现后会导致管道泄漏和破裂，在管道工业中对裂纹的检测显得更加重要。通常，在安全评价中对裂纹最可靠的在线检测方法是超声波检测。因为大多数类型的裂纹缺陷都垂直于主应力成分，而超声波以环形向四周发送，这样可以得到最大的超声响应。

1）超声波液体耦合检测器

液体偶合装置让超声脉冲通过一种液体耦合介质（油、水等）调整超声脉冲的传播角度，可以在管壁中产生剪切波。在钢结构管道检测中，超声波入射角可以调整为45°的传播角，这样可以更适合于裂纹缺陷的检测，它是超声检测中的一项标准。

超声波液体耦合检测器的特点：只能用于液体环境；气体管道在补充液体的情况下可以进行检测；可以对管道的任何地方进行检测，没有盲区；可以区分缺陷类型；可以区分内壁缺陷、外壁缺陷和管壁内部缺陷等；可进行实际壁厚测量。

可检测的缺陷类型：纵向裂纹和类裂纹缺陷；裂纹缺陷，包括应力腐蚀裂纹、疲劳裂纹、角裂纹；类裂纹，包括缺口、凹槽、划痕、缺焊、纵向不规则焊接；与几何尺寸相关的缺陷类型，包括焊接缺陷、凹痕；与安装有关的缺陷类型，包括阀门、T形零件安装缺陷及焊接补丁；管壁中的缺陷类型，包括夹杂、层叠。

2）超声波轮形耦合检测器

这种装置使用液体填充盘作为传感器，产生剪切波以 65° 的入射角进入管壁。其特点是：可以在气体或者液体管道中运行；不能用来区分内部和外部缺陷；目前不能用于直径小于 20in(51cm)的管道。

3）电磁声学传感器装置(EMAT)

电磁声学传感器由一个放置在管道内表面的磁场中的线圈构成。交变电流通过线圈促使在管壁中产生感应电流，从而产生洛仑兹力(这个力由磁场控制)，导致产生超声波。传感器的类型和结构决定了所产生的超声波的类型模式以及超声波在管壁中传播的特征。电磁声传感器在在线检测设备中的应用目前还处于发展阶段；电磁声学传感器不需要耦合介质，可以稳定地应用于气体输送管道。

4）其他方法

还有一些其他的方法也被发展用来进行管道裂纹的检测，包括环形漏磁检测装置。其特性是：在气体和液体运输管道中运行；不能区分内壁和外壁缺陷；能检测管壁金属的腐蚀。

6.3.2　管道外检测

1. 防腐层的 PCM 检测

1）检测原理

仪器的发送机给管线施加近似直流的 4Hz 电流和 128Hz/640Hz 的定位电流，便携式接受机能准确探测到经管线传送的这种特殊信号，跟踪和采集该信号，输入微机，便能测绘出管道上各处的电流强度，由于电流强度随着距离的增加而衰减，在管径、管材、土壤环境不变的情况下，管道防腐层的绝缘性越好，施加在管道上的电流损失越少，衰减亦越小，如果管道防腐层损坏如老化、脱落，绝缘性就差，管道上电流损失就越严重，衰减就越大，通过这种对管线电流损失的分析，从而实现对管线防腐层的不开挖检测评估。

2）探测结果

检测时沿管线将发送机发送的检测信号供入管道，在地面上沿管道记录各个检测点的电流值及管道埋深，用专门的分析软件，经过数据处理，便可以计算出防腐层的绝缘电阻及图形结果。计算出的绝缘电阻通过与行业标准对比即可判断沿管线各个管段防腐层的状态级别，得到的图形结果可以直接显示破损点的位置。

2. 防腐层的 Pearson 法检测

该检测方法是由 John Pearson 博士发明的，因此叫 Pearson 检漏法。在国内，也叫人体电容法。国内基于这种方法也研制出相应的检测仪器。

1）检测原理

当一个交流信号加在金属管道上时，在防护层破损点便会有电流泄漏入土壤中，这样在管道破损裸露点和土壤之间就会形成电位差，且在接近破损点的部位电位差最大，用仪器在埋设管道的地面上检测到这种电位异常，即可发现管道防护层破损点。

2）具体的检测方法

操作时，先将交变信号源连接到管道上，两位检测人员带上接收信号检测设备，两人牵一测试线，相隔6~8m，在管道上方进行检测。

3）Pearson方法的特点

（1）优点 是一种常用的防腐层漏点检测方法，准确率高；很适合油田集输管线以及城市管网防腐层漏点的检测。

（2）缺点 抗干扰能力差；需要探管机及接收机配合使用，首先必须准确确定管线的位置，然后才能通过接收机接收到管线泄漏点发出的信号；受发送功率的限制，最多可检测5km；只能检测到管线的漏点，不能对防腐层进行评级；检测结果很难用图表形式表示，缺陷的发现需要熟练的操作技艺。

3. DCVG检测技术

1）工作原理及测试方法

在施加了阴极保护的埋地管线上，电流经过土壤介质流入管道防腐层破损而裸露的钢管处，会在管道防腐层破损处的地面上形成一个电压梯度场。根据土壤电阻率的不同，电压梯度场的范围将在十几米到几十米的范围变化。对于较大的涂层缺陷，电流流动会产生200~500mV的电压梯度，缺陷较小时也会有50~200mV。电压梯度主要在离电场中心较近的区域(0.9~18m)

2）判断标准

由于实测管道距离较长，实测DCVG数据多，采用实测数据与标准电压梯度相比较判断缺陷工作量十分大，而实际检测过程中由于检测位置的变化，检测的DCVG电压梯度变化较大，为方便判断，对DCVG数据进行转换并定义了一个标准电压$V_{1标准}$。其定义为：

$$V_{1标准} = 50\text{mV} - V_{实测的绝对值}$$

当$V_{1标准} \geq 0$时，则防腐层基本无缺陷；

当$V_{1标准} < 0$时，则防腐层很可能存在缺陷。

随着防腐层破损面积越大和越接近破损点，电压梯度会变得越大、越集中。为了去除其他电源的干扰，DCVG检测技术采用不对称的直流间断电压信号加在管道上。其间断周期为1s，这个间断的电压信号可通过通断阴极保护电源的输出实现，其中"断"阴极保护的时间为2/3s，"通"阴极保护的时间为1/3s。

4. CIPS密间隔电位测量技术(阴极保护有效性检测方法)

在阴极保护运行过程中，由于多种因素都能引起阴极保护失效，例如防腐层大面积破损引起保护电位低于标准规值、杂散电流干扰引起的管道腐蚀加剧等。所以，阴极保护的有效性评价具有十分重要的现实意义。

1）工作原理

密间隔电位测量是国外评价阴极保护系统是否达到有效保护的首选标准方法之一，其原理是在有阴极保护系统的管道上通过测量管道的管地电位沿管道的变化(一般是每隔1~5m测量一个点)来分析判断防腐层的状况和阴极保护是否有效。

2）判断依据

CIPS测量时能得到一个阴极保护系统电源开时的管地电位(V_{on}状态电位)。通过分析管地电位沿管道的变化趋势可知道管道防腐层的总体平均质量优劣状况。防腐层质量与阴极保护电位的关系可用下式来衡量：

$$L = \frac{1}{\alpha \ln(2E_{max}/E_{min})}$$

式中 L——管道的长度；

   α——保护系数(与防腐层的绝缘电阻率、管道直径、厚度、材料有关)；

E_{max}，E_{min}——管道两端的阴极保护电位极值(V_{on})。

管道的防腐层质量好时，单位距离内 V_{on} 值衰减小，质量不好时，V_{on} 值衰减大。

CIPS 测量时还得到一个阴极保护电流瞬间关断电位(V_{off} 状态电位)。该电位是阴极保护电流对管道的"极化电位"，由于阴极保护系统已关断，此瞬时土壤中没有电流流动，因此 V_{off} 电位不含土壤的 IR 电压降，所以，V_{off} 电位是实际有效的保护电位。国外评价阴极保护系统效果的方法是用 V_{off} 值判断(即 ≤ -850mV 有效，≤ -1250mV 时过保护)。通过分析 V_{on}/V_{off} 管地电位变化曲线，可发现防腐层存在的大的缺陷。当防腐层有较严重的缺陷时，缺陷处防腐层的电阻率会很低，这时阴极保护电流密度会在缺陷处增大。由于电流的增大，土壤的 IR 电压降也会随之增大，因此在缺陷点周围管地电位(V_{on}、V_{off})值会下降。在曲线图上出现漏斗形状，特别是 V_{off} 值下降得更多些。

6.3.3　全面检验

全面检验是指按一定的检验周期对在用埋地压力管道进行的较为全面的检验。在用埋地压力管道检验周期一般不超过 6 年，使用 15 年以上的在用埋地压力管道，检验周期一般不超过 3 年。定期检验周期可根据下述情况适当缩短或延长。

属于下列情况之一的埋地压力管道，应适当缩短检验周期：①新投用的管道检验应在 2 年内完成首次检验；②发现应力腐蚀或严重局部腐蚀的管道；③承受交变载荷，可能导致疲劳失效的管道；④埋地压力管道定期停用一年后再启用，应进行全面检验；⑤埋地压力管道定期输送介质种类发生改变时，应进行全面检验；⑥多次发生泄漏、爆管等事故的管道以及受自然灾害和第三方破坏的管道；⑦介质对管道腐蚀严重或管道使用环境腐蚀严重的；⑧覆盖层损坏严重或无有效阴保的管道；⑨运行期限超过 10 年的管道；⑩一般性检验中发现严重问题的管道；⑪检验人员和使用单位认为应该缩短检测周期的管道。

全面检验的项目一般包括：①一般性检验的全部项目；②管道智能内检测；③管道敷设环境调查；④管道防腐层检测与评价；⑤管道阴极保护检测与评价；⑥管体腐蚀状况测试；⑦焊缝内部质量检验；⑧理化检验；⑨压力试验。

在进行全面检验时，应将整条埋地压力管道定期划分为若干管段，管段划分原则为：①应按管道材质规格相近、外部环境相似、腐蚀条件和状况相同，具有相似的地电条件，可采用相同的地面非开挖检测仪器等要求设定管道划分标准；②管段划分标准可以根据地面非开挖检测结果作适当调整；③具有相同性质的管段可以是不连续的，即可分别处于管道的不同地段，比如跨越河流的两岸条件相似，可将两岸的管道划为同一个管段。

金属管道敷设环境及阴极保护调查与评价：金属管道敷设环境及阴极保护调查与评价按输气管道腐蚀与调查企业标准 Q/SY JS0002.1、Q/SY JS0002.2、Q/SY JS0002.3 以及 QHSE 作业文件 JS/ZY-08-07 实施。

6.3.4　其他检测

（1）土壤方面：土壤腐蚀性检测，土壤剖面描述；土壤腐蚀电流密度与土壤平均腐蚀速度检测；土壤理化性质测试；土壤腐蚀性初步评价。

（2）防腐层方面：防腐层状况检测；防腐层外观检测；防腐层厚度检测；防腐层黏接力检测；电火花检测；防腐层性能指标检测；防腐层状况初步评价。

（3）外部管体检测：腐蚀产物分析；腐蚀类型分析(细菌型腐蚀，pH 值腐蚀)；腐蚀类型确定；腐蚀坑检测及腐蚀面积测量；射线无损探伤检测；超声波无损探伤；磁粉探伤；管道硬度检测；其他。

（4）管道材料性能、机械性能测试：材料性能；化学成分分析；拉伸性能测试；断裂韧性确定；冲击性能测试；硬度测试。

（5）站场内部管道检测：站场管道无损探伤；站场压力容器无损探伤；站场管道超声导波检测；其他。

（6）大罐检测：大罐漏磁检测；大罐超声检测。

（7）其他检测。

6.4　完整性监测技术

监测技术的建立，主要包括完整性监测、内腐蚀监测、内腐蚀金属挂片监测、内外壁厚监测、沉降变形定量监测、一般性监测与检验、线路监测、地质位移监测、运行参数监测等多个方面的内容，如图 6-7 所示。

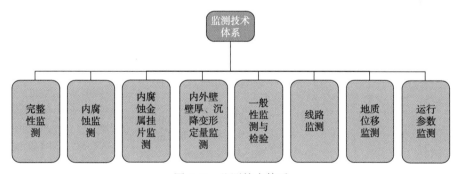

图 6-7　监测技术体系

6.4.1　完整性监测

完整性监测的作用：①为科学管理与决策提供依据；②预防事故的发生；③预测设备寿命；④完整性监测除了可以因改善管道运行状态、提高设备的可靠性、延长运转周期和缩短停车检修时间而得到巨大的经济效益以外，腐蚀监控技术还可以使管道在接近于设计的最佳条件下运转，也可以在管道的运行安全、保证操作人员的安全和减少环境污染方面起到有益的作用；⑤完整性监测还有利于分析影响管道完整性的原因，了解腐蚀过程与管道运行工艺参数之间的关系，或评价一些防腐方法的实际效果。

腐蚀监测方法分为内部腐蚀监测方法和外部腐蚀监测方法。

1. 内部腐蚀监测方法

管道内部腐蚀监测的方法是通过在管道内部或对管道内部排出的液体进行分析监测，以达到定性或定量分析或获取管道内部金属损失或金属损失速率的方法。内部腐蚀监测方法如表6-2所示。

表6-2　内部腐蚀监测方法

方　法	检测原理	应用情况	测量装置
电阻探针法	通过正在腐蚀的与管道同等材料的电阻对金属损失进行累积测量，可以计算出腐蚀速度	通过正在腐蚀的管道的电阻对金属损失进行累积测量，可以计算出腐蚀速度和腐蚀量。经常使用	通过插入管道内部的电阻探针，气流经过后，引起的冲蚀和腐蚀会引起探针电阻的变化，同时将监测数据记录到记录仪中，通过变送器传到调控中心，实时监测
电位监测法	测量被监测的管道相对于参比电极的电位变化	根据特性电位区的特征说明管道的腐蚀状态(比如是活态、钝态、孔蚀还是应力腐蚀破裂)，可直接监测管道的状态。用途适中	可用一个输入阻抗约10MΩ、满刻度量程 0.5~2V 的简单电压表进行测量。金属电极可以单独设计或者像参比电极那样改制成腐蚀探头。参比电极材料通常是 $CU/CuSO_4$
腐蚀挂片试验法	经过一已知的暴露期后，根据试样失重或增重测量平均腐蚀速度	当腐蚀是以稳定的速度进行时非常满意。在禁用电气仪表的危险地带有用处，是一种费用中等的腐蚀监测方法，可说明腐蚀的类型。使用非常频繁	放入管路和容器内的腐蚀短管和金属试样容易安装。此法劳动强度大。加工试样的费用视材料而变化
分析法1	测量腐蚀下来的金属离子浓度或缓蚀剂浓度	可用来逐一鉴别正在腐蚀的设备。只有中等程度的用途	需要范围广泛的分析化学方法，但是对特定离子敏感的专门的离子电极很有用
分析法2	测量工艺的 pH 值	监测诸如管道废液 pH 值的变化，废液的酸性可引起严重腐蚀。应用非常频繁	从科学仪器供应商店很容易买到各种标准 pH 计。耐用的电极如锑、白金、钨常常优于通常的玻璃电极。固体的 $Ag/AgCl$ 参比电极在某些混杂体系中也具有类似的优点

2. 外部腐蚀监测方法

外部腐蚀监测方法如表6-3所示。

表6-3　外部腐蚀监测方法

方　法	检测原理	应用情况	测量装置
辐射显示法	通过射线穿透作用和在膜上的探测，检查缺陷和裂纹	特别适用于探测焊缝缺陷。广泛应用	X射线设备、γ射线设备

续表

方　法	检测原理	应用情况	测量装置
超声波法	通过对超声波的反射变化，检测金属厚度和是否存在裂纹、空洞等	普遍用作金属厚度或裂纹显示的检查工具。广泛使用	超声波测厚仪、超声波探伤仪
涡流法	用一个电磁探头对进行扫描	探测缺陷，如裂纹和坑。广泛应用	涡流探测仪
红外成像（热像显示）	用温度或温度图像指示物体物理状态	用于耐火材料和绝热材料检查，炉管温度测量，流道物体探测和电热指示。应用不广泛	带有快响应时间的灵敏红外探测器
声发射法	探测泄漏、空泡破灭、设备振值等；通过裂纹传播期间发出的声音探测裂纹	用于检查泄漏和摩擦腐蚀、腐蚀疲劳以及空泡腐蚀的可能性。用于探测管道的应力腐蚀破裂和疲劳破裂。目前还只是一种新技术，严格说来不是一种监测方法。应用不广泛	单通道或多通道的声发射仪
零电阻电流表法	在适当的管道液体排污物电解液中测定两种不同金属电极之间的电偶电流	显示管道腐蚀的极性和腐蚀电流值，对大气腐蚀指示露点条件。可作为金属开裂而有腐蚀剂通过的灵敏显示器。不常使用	使用零电阻电流表。采用运算放大器可以测量微弱电流（10^{-8}A）。可以采用小型恒电位仪
定点壁厚测量法	通过检管道壁厚的变化量，从而推断腐蚀速率和腐蚀量的变化	用在腐蚀冲蚀能造成无规律减薄的管道弯头处。可以防止泄漏、穿孔等破坏性事故发生。经常应用	从设备壁或管道外侧定位一点或多点，定期监测管道壁厚的变化
警戒孔法	当腐蚀裕度已经消耗完的时候给出指示	用在特殊的管道特别是腐蚀能造成无规律减薄的管道弯头处。可以防止灾难性破坏。是最早的监测手段，监测周期一年、二年或更长(直接在管道外壁上操作)。不常应用	从设备壁或管道外侧钻一孔，使剩余壁厚等于腐蚀裕度。出现一个正在泄漏的孔就指示出腐蚀裕度已经消耗完。用一锥形销打入洞内可将泄漏临时修补，适合低压

6.4.2　内腐蚀监测

腐蚀监控的目的是使用与管道材质相同的探头，通过检测探头金属失重引起的电阻变化来监测管道的腐蚀速率。

满足的功能要求：①监测系统应用于长距离、大口径、高压天然气管道的内腐蚀速率监控；②系统的设计、加工及使用应符合相关规范和标准；③系统应能在任何具有腐蚀和磨蚀过程的天然气环境下，实现快速、准确测量腐蚀速率的功能；④探头应具有伸缩性；⑤系统反应快、使用寿命长；⑥对操作温度和介质组分的范围具有一定的适用性。

必须满足的基础条件：①介质：天然气，H_2S 含量≤20mg/m^3，CO_2 含量为 3%~5%；②压力等级：0~10MPa；③介质温度范围：-10~50℃(压缩机出口温度)；④环境条件：安装于各类天然气站场，室外埋地或地上管线，环境温度为-40~45℃；⑤管道材质：监测腐蚀探头的材料与管道材料相同或处于同一钢级，只监测冲蚀时应使用不锈钢探头。

满足的安装要求：①对于系统所有的现场安装的设备，防爆等级必须满足电工标准EEx(d)ⅡCT5，防护等级满足IP 65；②探头采用水平方式安装和垂直方式安装时，系统应能正常工作。

腐蚀监测系统至少由以下几部分组成：监测探头；变送器；数据记录仪；数据接口转换器；安装短管及阀门。

监测位置的选择：①监测点的选择以检测天然气对管道内壁的腐蚀速率为主要出发点，监测气质、压力及流速等对内壁腐蚀速率的影响；②应对工艺流程进行分析，安装的内腐蚀速率监测系统应考虑到管道流速大、粉尘冲刷严重等问题；③如果是在建设期，设计上要选择在管道低洼地段进行安装；④如果是在运行期，建议在站场进行安装，为减少或避免站内带压开口施工，在保证监测点数据具有代表性和真实性的前提下，每个站探头安装位置都尽量选择在有旁路的站内管线上。

内腐蚀监测分析报告内容：应分析管道的腐蚀速率与磨蚀速率；应分析管道的年腐蚀量、月腐蚀量、日腐蚀量；应分析气量与腐蚀速率与磨蚀速率的关系；应分析天然气气质与腐蚀速率及磨蚀速率的关系；应评价腐蚀量是否在许可范围内。

6.4.3　内腐蚀金属挂片监测

在停气或在生产过程中，把试片挂到装置各个部位，经过一定时间后，取出试片称重，计算挂片前后的质量变化。对于管道内部腐蚀试片的安装需结合管道站场的情况，选择合适的地点安装，如果监测外部环境对管道有腐蚀，则需要在与管道外部环境相同的地点安装。

为了使挂片腐蚀速率接近于实际腐蚀情况，挂片时间应不少于30天。

长方形试片一般长度为30~200mm，宽度为15~25mm，厚度为2~3mm；圆形试片一般直径为30mm，壁厚为3~5mm；挂片的穿孔直径与绝缘瓷环一致。试片材料可使用低碳钢或与管道同等材料。

两试片间使用外径为9.5mm、内径为6.5mm、长度为12mm的瓷环隔开，穿过试片的不锈钢丝或者钢条与试片间用外径为5.5mm、内径为3.5mm、长度为6.5mm瓷环绝缘，两端用角钢固定。

试验后处理：使用机械法、化学法和电解法去处试片表面的腐蚀产物。机械法：擦、刮、刷等方法；化学法：采用加有乌洛托品或硫脲缓蚀剂10%的盐酸适当加热清洗后，用自来水冲洗；电解法：碳棒为阳极，试片为阴极，通电3min，取出试片，用自来水冲洗。单一效果不佳时，可采用机械法、化学法、电解法结合处理，然后干燥称质量，描述试片表面腐蚀情况。

挂片腐蚀速率计算：
$$年腐蚀率 = (24 \times 365/1000) \times (K_W/\rho) = 8.76 \times (K_W/\rho)$$
式中　K_W——腐蚀率，$g/(m^2 \cdot h)$；

　　　ρ——金属密度，g/cm^3。

$$K_W = (W_0 - W)/ST$$

式中　W_0——挂入前试片质量，g；

　　　W——挂入后试片质量，g；

　　　S——试片表面积，m^2；

　　　T——挂片时间，h。

6.4.4 内外壁壁厚、沉降变形定量监测

对线路和站内外露管线关键部位的壁厚进行检测，测量部位包括：运行露天管线弯头背部；三通背部及拐角处；排污管线；调压阀阀体；其他受冲刷较严重部位；低洼地段管道。

地区公司应每年针对干线、站场管道，全面测量管线关键部位的壁厚，具体由各管线自己负责组织实施，以监测管线的壁厚变化。

监测要点：监测结果报地区公司完整性管理机构，同时要建立管道壁厚监测数据库，各测量保留相关记录；每次测量的位置应固定，在管线上标出测量位置；测量结果由各单位初步分析后，时时根据测量结果进行安全评估，每年建议进行全面的安全评价，根据评价结果，如果超过临界壁厚，确定具体整改方案后进行整改；各单位壁厚的测量尽可能保持一致，选择合适的测量点，以减少人为误差的影响，采用面壁厚测量和点壁厚测量进行对比测量，以保证测量精度。

水平管线水平度测量范围包括：站场所有外露水平管线；站场水平设备（或设备基础）；沙漠中管段；采空区沉降；黄土塬地段的管段；其他地段的管道。

测量结果由各单位初步分析后，时时根据测量结果进行安全评估，地区公司每年要进行全面的安全评价，根据评价结果，如果超过临界沉降应力，确定具体整改方案后进行整改。

报警管理是针对不能消除的隐患（其影响程度表现为缓慢增加，管道内部气质腐蚀长期存在），通过检测等方式确定出缺陷的大小，进一步预测其缺陷的发展趋势。应及时对管道运行提出报警，可包括以下几项：①粉尘磨损壁厚报警；②内外腐蚀壁厚报警；③与干线相连管道沉降、变形报警；④管道线路交叉、并行、重载报警。

报警报告应包括：目前的情况，依据何种标准，标准控制范围，事情发展的动态和经历，以及保守地提出继续安全使用的时间等。

各地区公司应制定详细的报警临界值，以便于广大管道管理者进一步实施。以输气设计压力为6.4MPa为例，管道壁厚弯头大面积冲蚀参考报警值和参考临界值见表6-4。

表6-4　管道壁厚参考报警值和参考临界值

管道弯头直径	管道弯头强度壁厚参考报警值 （与干线相连为以下值，不与干线相连的 管道弯头壁厚为：下列值+0.25mm）	管道弯头强度壁厚参考临界值 （与干线相连为以下值，不与干线相连的 管道弯头壁厚为：下列值+0.25mm）
$DN50mm$	2.0mm	1.5mm
$DN80mm$	2.5mm	2.0mm

续表

管道弯头直径	管道弯头强度壁厚参考报警值 （与干线相连为以下值，不与干线相连的 管道弯头壁厚为：下列值+0.25mm）	管道弯头强度壁厚参考临界值 （与干线相连为以下值，不与干线相连的 管道弯头壁厚为：下列值+0.25mm）
DN90mm	2.7mm	2.2mm
DN100mm	3.0mm	2.5mm
DN150mm	3.5mm	3.0mm
DN200mm	4.0mm	3.5mm
DN219mm	4.1mm	3.65mm
DN250mm	4.3mm	3.75mm
DN300mm	4.5mm	4.0mm
DN325mm	4.6mm	4.05mm
DN400mm	4.8mm	4.1mm
DN426mm	5.0mm	4.2mm
DN508mm	5.2mm	4.5mm
DN660mm	5.3mm	4.6mm

6.4.5　一般性监测与检验

一般性检验是在日常生产管理条件下，为检查管道的保护措施而进行的常规性检验。

在役管道一般性检验是在正常运行条件下对在役压力管道进行的检验。一般性检验每年应至少一次。

一般性检验由使用单位负责进行，使用单位也可将一般性检验工作委托给具有压力管道检验资格的单位。使用单位根据具体情况制定检验计划和方案，安排检验工作。

一般性检验一般以宏观检查和安全保护装置检验为主，必要时进行腐蚀防护系统检查。管道的重点检测部位包括：①穿跨越管段；②管道出土、入土点、管道分叉处、管道敷设时位置较低点；③经过四类地区的管道以及穿跨越管道；④曾经出现过影响管道安全运行问题的部位；⑤工作条件苛刻及承受交变载荷的管段。

以上所规定的一般性检验内容是一般性检验的基本要求，检验人员可根据实际情况确定实际检验项目和内容，并进行检验工作。

一般性检验的项目包括宏观检查、防腐保温层检测、电法测试、阴极保护系统测试、环境腐蚀性调查、壁厚检查、介质腐蚀性检测。

一般性检验开始前，使用单位应准备好与检验有关的管道平面/纵断面图、单线图、历次一般性检验和全面检验报告、运行参数等技术资料，检验人员应在了解这些资料的基础上对管道运行记录、开停车记录、管道隐患监护措施实施情况记录、管道与调压站改造施工记录、检修报告、管道故障处理记录进行检查，并根据实际情况制定检验方案。

宏观检查的主要项目和内容如下：

（1）泄漏检查　主要检查管道穿跨越段、阀门、阀井、法兰、套管、弯头等组成件的泄漏情况。

（2）位置与走向检测 ①管道位置和走向是否符合安全技术规范和现行国家标准的要求；②管道与其他管道、通信电缆、有轨交通、无轨交通之间距离是否符合有关规范要求。

（3）地面标志位移检查 管道标志位移桩、锚固墩、测试桩、围栅、拉索和标志位移牌等是否完好。

（4）管道沿线防护带调查 ①管道是否存在覆土塌陷、滑坡、下沉、人工取土、堆积垃圾或重物、管道裸露、管道下沉、管道上搭建（构）筑物等现象；②管道防护带和覆土深度是否满足标准要求，管线防护带内地面活跃程度情况（包括地面建设及管道周围铁路、公路情况等）与深根植物统计。

（5）管道埋深检查 检查管道埋深及覆土状况，管道埋深应符合 GB 50251 的规定。

（6）穿跨越管段检查 ①穿越段锚固墩、套管检查孔完好情况；②跨越段管道外覆盖层是否完好，伸缩器、补偿器是否完好，吊索、支架、管子墩架是否有变形、腐蚀损坏。

（7）法兰检查 ①法兰是否偏口，紧固件是否齐全，有无松动和腐蚀现象；②法兰面是否发生异常翘曲、变形。

（8）绝热层、外防腐层检查 ①检查跨越段、入土端与出土端、露管段、阀室前后的管道的绝热层与外防腐层是否完好；②检查外防腐层厚度与破损情况（包括露管段统计）。

（9）电法测试 ①测试绝缘法兰、绝缘接头、绝缘固定支墩和绝缘垫块的绝缘性能是否满足 SY/T 0023、SY/T 0087 标准要求；②测试采用法兰和螺纹连接的弯头、三通、阀门等非焊接件连接的管道附件的跨接电缆或其他电连接设施的电连续性，电阻值是否满足 SY/T 0023 标准要求；③测试辅助阳极和牺牲阳极接地电阻是否满足 SY/T 0023、SY/T 0087 标准要求。

6.4.6 线路监测

管道线路监测（巡线）人员职责：

（1）每日沿管道徒步巡线一次。

（2）检查水工保护是否完好，发现轻微损坏应就地取材进行维修，严重损坏应立即汇报地区公司。

（3）检查管道是否发生露管，一旦发现应立即回填，并向地区公司汇报。

（4）检查三桩是否完好，发现三桩倾倒，应将其恢复位置并回填固定，发现桩体严重损坏或丢失，应记录其桩号并于当天汇报地区公司。

（5）检查管道两侧 100m 范围内是否有机械施工行为。

（6）检查管道周围 50m 范围内是否有挤占管道的行为。

（7）检查管道沿线是否有可疑人员或车辆出现，管道上方、两侧是否有新近翻挖动土迹象。

（8）每天应将线路巡检、维护情况记录在巡线记录中，并按要求的内容向地区公司汇报。

（9）巡线中要穿戴公司配发的劳保用品及工具，遵守公司有关的 HSE 要求。

线路监测（巡检）要求：

（1）地区公司在管道沿线若干公里雇佣一名管道维护工，每日沿管道徒步巡线一次，对管道周边环境及其附属设施进行检查和维护，发现问题立即处理并汇报地区公司。

（2）各地区公司线路管理人员每月对管道巡检1次（重点地段徒步巡检），对管道周边环境及其附属设施进行检查和维护，考核管道维护工的工作。

（3）管道维护工应在巡线当天，将巡线情况，特别是发现的问题向地区公司（站）电话汇报，并将发现的线路问题记录在巡线记录中。

（4）各地区公司应在每日值班记录中记录管道维护工汇报的线路问题，并在48h到现场核实后，按照规定的程序和要求处理。

（5）各基层单位每月将前一个月线路完整性管理情况上报地区公司。

（6）各基层单位应及时收集和记录线路完整性管理信息，做好线路完整性资料的管理工作。

违章设施和违章行为监测：

（1）各基层单位（站）要建立所辖管线的违章档案，详细记录沿线现有违章设施情况。

（2）各基层单位（站）要将违章档案内容分解给每一位管道维护工，并对其进行《石油天然气管道保护条例》中有关内容的专题培训。地区公司及管道维护工应采取多种形式，长期向当地政府、属地企事业单位和居（村）民等宣传《石油天然气管道保护条例》等法规和管道的重要性。

（3）对于管道经过人口稠密、正在进行大规模修路、经济开发建设的地区，各地区公司要根据实际情况适当埋设加密桩和警示桩，标清管道走向和报警方式。加密桩、警示桩和标志位移内容，按《陕京管道地面标志位移设置管理规定》执行。加密桩和警示桩的设置间距应根据现场具体情况确定，原则上，加密桩间距不小于20m，警示桩间距不小于100m。

（4）管道维护工在巡线过程中发现违章行为时，如在管道两侧5m之内取土、建房、挖塘、排放腐蚀性物质等，要立即制止并汇报地区公司。

（5）地区公司接到汇报后应立即派人处理。在问题没有得到彻底解决之前，地区公司要安排管道维护工对该地点进行加密巡线。

（6）处理违章应主要依据《石油天然气管道保护条例》，在地方政府有关部门的领导下解决，必要时可通过司法程序解决。

（7）对于管道建设期遗留下来的问题应积极与当事人协商，寻求解决方案，经公司批准后列入更改大修理计划，有偿解决。

（8）各地区公司、站应在线路完整性管理报告中汇报当月违章处理情况。

此外还应包括相关工程监测管理、周边工程监测管理、埋深监测管理、地上标志位移物管理、重车载荷监测管理、人为破坏监测管理等。

6.4.7 地质位移监测

根据地质灾害对管线影响的严重度，地质灾害监测可以按以下顺序排序：斜坡失稳灾害；地表冲蚀灾害；地震灾害；地面沉降灾害；空心土和膨胀土灾害；浅层地下水灾害等。

地质位移监测的方法：

（1）利用井眼位移计来对小量滑坡位移进行监测。

（2）利用水位指标器对地下水位进行监测，以确定滑坡可能发生的部位。

（3）利用管体焊接装置来监测地表滑动。

（4）利用应变仪监测地层移动导致的管道应变等。

（5）用目测观察法来判断滑坡和塌方。

（6）用 GPS 监测管道位移。

选择地质位移监测方法应遵循的原则：

（1）地质位移监测装置的选择要遵循易于安装的原则。

（2）地质位移监测装置的选择要遵循数据传输可行的原则。

（3）地质位移监测装置的选择要优先考虑地震断裂带和黄土塬地区。

（4）地质位移监测装置的选择要考虑洪水冲击、水文情况复杂、有滑坡倾向的地区。

地质位移监测的数据传输方式：

（1）可采用数据先存储，然后统一在固定时间下载的方式，实现本地计算机与记录仪之间的数据传输存储方式。

（2）可采用微波传输、光缆传输及 RTU 卫星传输三种方式实现数据的远程传输。

地质位移监测的报警可采用自动报警和监测分析报警两种方式：

（1）自动报警 设定报警值后，当位移超过设定值后，自动在控制中心或信息传输地发出报警。

（2）监测分析报警 主要是在不具备时时传输条件下，经过离线分析后，得出目前的位移是否会影响管道的运行，是否出现地质位移的萌芽期。

应优先选择自动报警方式，但必须考虑监测项目的经济性和可行性。

GPS 位移测量的技术设计是进行 GPS 定位的最基本性工作，它是依据国家有关规范（规程）及 GPS 网的用途、用户的要求等对测量工作的网形、精度及基准等的具体设计。

GPS 位移测量内容：

（1）基础控制点的测量 选择管线沿线已有的约 10 个控制点进行测量，作为最后平差的已知点用。

（2）标志位移点的测量 用 GPS 静态测量方法测量出已经设置好标志位移点的坐标，经平差后提供三维坐标，并按甲方要求对所设点进行编号。

6.4.8 运行参数监测

运行参数监测的目的：通过对压力、流量、温度等运行参数的科学监测管理，控制影响天然气输送过程中的各个因素，进行上下游间的生产衔接、气量调配，监测控制影响天然气输送过程中的各个因素，保证向用户长期、平稳、足量供气。

运行监控范围：

（1）画面监控 每小时至少进行一次画面监控，浏览全线站场的运行状态和通讯状态，确定全线生产运行的安全。

（2）数据分析 每小时至少进行一次生产数据分析，通过数据分析确定全线运行状态是否正常和合理。

（3）报警处理 至少每 15min 进行一次报警处理，通过对报警的确认，确定全线设备运行是否正常。

（4）运行状态控制　根据实际生产实际的要求，可通过基层单位控制管线的运行状态，如压缩机的启停或生产流程的变化。

（5）气量调整　根据实际生产情况，调整上游气量和地库注、采气量。

（6）压力/流量/温度监控　根据运行情况，监控管线压力变化、流量变化、温度变化，调整和发现管道异常现象，及时发现泄漏、断管等事故的发生。

运行监控的技术支持：

（1）生产技术支持　①气量调配，对当天的气量进行调配，如调配气量很大，将改变全线的生产运行模式；②确定特定时期的全线运行状态，在取得调度长的同意后协助值班调度实施；③每日管存、输差的计算和监控；④水露点、烃露点的监测与跟踪。

（2）资料管理系统支持（由资料管理员负责组织、实施）　①资料管理软件，负责建立、维护资料管理软件；②数据资料，负责调控中心各类数据资料的审核、发布和归档，如数据库建立后负责数据库的维护与发布；③生产资料，包括技术书籍、技术资料、各类生产方案、内外联系资料、日常问题跟踪资料、各类生产总结及其他各类资料。

（3）优化运行的技术支持　①编制运行方案，制定备选运行方案，进行方案评选；②管道运行模式优化运行分析，包括管道系统在正常运行条件下的参数控制，特殊运行工况以及应急情况下的优化运行，压气站机组和地下储气库注气机组的优化运行，调峰方案优化；③模拟软件离线计算；④计算各种运行方式下管线输气能力的大小，关键点压力、流量的控制，核算运行模式的合理性；⑤根据用户需求、管线生产活动以及设备状况，计算关键点的匹配及控制方式；⑥在供气高峰期和低峰期，优化调整压气站的排量或地库采注气量，当干线压气站、地库注气压缩机组启、停或机组转速（排量）变化时，计算管线各关键点的压力、流量的变化情况；⑦计算管道在紧急情况下沿线压力、流量的变化情况以及如何调整气量和站场流程，将事故的影响降到最低程度；⑧在线模拟系统的应用、维护、实施及培训；⑨实时模块应用；⑩中期决策模型；⑪当管道工况需要改变时，提前对工艺参数的变化进行预测，例如短期预测可提供未来24h内某一时间点管线各点工艺参数的变化情况，管线进口或出口在未来24h内压力及流量的变化情况，未来24h内管存的变化情况，管线进口或出口在未来24h内的密度变化情况，生成未来24h进/销气量、温度变化及压力变化的报告。

6.5　完整性评价技术

本书所涉及的完整性评价技术，主要包含基线评估和试压评价两个方面。

6.5.1　基线评估

1. 基线评估时间要求

管道企业对所经营的管段实行基线评估时，必须遵守下面的要求。

1）采用内检测和试压方法的周期

管道企业采用内检测器或试压作为完整性评估方法时，评估时必须遵守的时间周期为：

（1）高风险区应采用压力测试或内检测工具作为基线评估方法，管道企业必须在10年内完成基线评估。操作运行公司必须从风险最高的管段开始，采用这些方法中的一种进行评估，在5年内至少评估完成被评估管道的50%。管道企业必须给出要评估管段的优先次序，给那些位于高风险区中的管段赋予较高的优先权。

（2）采用试压或内检测工具作为评估位于中等危险地区（地区等级为3级或4级，但不是高风险地区）管段的方法时，管道企业必须在13年内完成基线评估。

2）采用直接评估方法的周期

采用直接评估作为完整性评估方法的管道企业，在进行评估时必须遵守的时间周期为：

（1）评估位于高风险区域的管段时，管道企业必须在7年内完成基线评估。从具有最大风险的管段开始，4年内管道企业必须至少评估完成所评估的管段的50%。

（2）评估位于中等危险地区（地区等级为3级或4级，但不在高风险区中）的管段时，管道企业必须在10年内完成所评估管线的全部基线评估。

2. 评估方法

地区公司必须评估每一管段的完整性，可以采用以下一种或多种方法，这取决于管段所受的威胁因素。地区公司应选择最适合、合理的方法处理管段识别的风险和威胁。

（1）使用腐蚀检测的内检测工具，应选择合适的内部检测工具，执行ASME/ANSI B31.8S《输气管道系统完整性管理》规定。

（2）进行压力测试。

（3）采用直接评估方法处理外部腐蚀、内部腐蚀和应力腐蚀开裂等威胁。管道企业须按照ASME/ANSI B31.8S进行直接评估。

（4）经过管道企业证明的能够提供对管线情况等价了解的其他方法。管道企业如果选择这种方法，在实施评估前180天必须经过专家组的审查，并上报专业管理公司。

3. 管段的优先次序

根据考虑每条管段潜在威胁的风险分析结果，管道企业必须为进行基线评估的管段确定优先次序。

4. 特殊威胁因素的评估

在为基线评估选择评估方法时，管道企业必须采用以下步骤来处理所发现的特殊威胁因素。

（1）第三方破坏　管道企业必须通过下列方法处理第三方破坏的威胁：

① 预防措施　管道企业必须实施综合保护措施来处理这种威胁，并且监控预防措施的有效性。

② 检测评估工具　管道企业必须采用内部检测工具，例如几何检测器来评估易于受到第三方破坏事故影响的管段。如果没有其他的可行方法，管道企业可以利用直接检测作为主要的评估方法，通过数据的收集和整理确定管段对第三方破坏的敏感性。没有使用内检测或直接评估方法的管道企业，必须通过其他直接检测方法查出可能由于第三方破坏导致的所有危害迹象。

（2）疲劳影响　管道企业必须分析是否有循环疲劳或其他的加载条件（包括地基稳定性、地质运动、管桥疲劳等情况），定期检测管道和构件凹坑和凹痕，假设存在凹痕的深度，并确定加载条件是否能导致凹痕发生事故。管道企业必须利用评估结果和标准来评估危害性。

（3）制造和建设期缺陷　为了处理制造和建设期缺陷（包括焊缝缺陷），管道企业必须在管段寿命期内进行至少一次的压力测试，除非管道企业能证明压力测试对处理该威胁是没有必要的。如果管道企业不进行压力测试，那么在任何历史操作压力或其他应力条件改变时，包括周期疲劳问题，管道企业必须采用本节中允许的评估方法评估管线。

（4）ERW管　当评估易于受到焊缝事故影响的低频率电阻焊接管或搭焊管时，管道企业选择的方法必须能够评估焊缝的完整性和焊缝腐蚀的异常情况。

（5）腐蚀　如果管道企业在所包含管段上发现了腐蚀，这会对整条管线产生不利的影响，操作者必须进行完整性评估，并且通过类似的材料涂层和环境特征补救所有的管段。管道企业必须为评估和补救类似管段作一个进度计划，它与运行管理者的检验和维修操作程序是一致的。

5. 预评估

如果开始使用的完整性评估方法满足管道要求，那么管道企业可以在5年后采用该完整性评估作为基线评估。但如果管道使用优先排序的风险评估方法进行基线评估，那么管道企业还必须对管子进行再评估。

6. 最新识别的风险区域

当管道企业了解到某管段周围的区域符合高风险区中某一定义的要求时，该管道企业务必从即日起一年内将该区域列为基线评估计划的高后果区域。操作人员必须在从识别出新的区域当日起10年内（如果正在施行直接评估，则要求7年内）完成最新识别的高后果区域内的所有管子的基线评估。

7. 基线评估的注意事项

（1）每个管段应识别潜在的威胁。

（2）注意评估管道完整性的方法，包括为什么选择这种评估方法处理管段威胁因素。管道企业采用的完整性检测、评估方法必须以识别管段威胁为基础。明确削减管段的威胁不只一种方法。

（3）完成所有管段完整性评估的计划，包括在制定评估进度表时的风险因素。

（4）如果可行，采用直接评估计划。

（5）以对环境影响和安全风险最小化的方式描述管道怎样确保基线评估。

6.5.2　试压评价

试压是长期以来得到行业认可的一种管道完整性验证方法。这种完整性评价方法可包括强度试验和严密性试验两种。这种方法的选择应适合于要评价的危险。

ASME B31.8对新建管道和在役管道的试压作了详细的规定，规定了为暴露某些危险应达到的试验压力和试压持续时间，还规定了许用的试验介质和采用不同试验介质的具体条件。

运营公司应考虑风险评估的结果及预计的缺陷类型，以确定何时进行试压检测。

1. 适用范围

（1）与时间风险因素　试压适用于检查时效性危险。时效性危险有外腐蚀、内腐蚀、应力腐蚀开裂以及其他与环境有关的腐蚀。

（2）制管及相关缺陷的风险因素　试压适用于检查制管焊缝危险。压力试验应符合 ASME B31.8 的要求。它将确定是采用空气作试压介质还是采用水作试压介质。焊缝系数小于 1.0 的管子（如搭接焊管、锻焊管和对接焊管），或者由低频电阻焊管（ERW）或闪光焊管组成的管道，均存在焊缝问题。当提高管道最大允许操作压力或将操作压力提高到历史操作压力（即过去 5 年中记录的最大压力）以上时，必须进行压力试验，以检测是否存在焊缝问题。对于钢管焊缝，当提高管道最大允许操作压力或将操作压力提高到历史操作压力以上时，必须进行压力试验，以检测是否存在焊缝问题。压力试验应符合 ASME B31.8 的规定，试验压力应至少达到最大允许操作压力的 1.25 倍。ASME B31.8 规定了对新建管道和在役管道进行试压的方法。

（3）其他风险因素　对其他类型的危险因素，一般来说，不适合采用试压方法进行完整性评价。

（4）检查和评价　对试压开裂的任何管道，都应进行检查，目的是要评价开裂是由试验中确定的哪种危险造成的。如果失败是由其他的危险造成的，则必须把试验失败的数据与和该危险有关的其他数据结合起来，再对该管段进行风险评估。

2. 试压要求

1）一般要求

任何人不得运行管道的新建管段，或使已经重新设置或更换管段的管道重新投入运行。测试介质必须是液体、空气、天然气或惰性气体。用于连接试压管段的接头不要求按这部分试压。但每个非焊接头必须进行检漏，检漏压力不应低于其运行压力。

2）试压介质选择

（1）位于 1 级 1 类地区的管线，如最大操作压力下的环向应力大于 $72\%SMYS$，应进行静水压试验，试验压力应达到设计压力的 1.25 倍。

（2）位于 1 级 2 类地区的管线，如果最大操作压力下的环向应力等于或小于 $72\%SMYS$，应用空气或气体试压，试验压力为最大操作压力的 1.1 倍，或进行静水压试验，试验压力至少为最大操作压力的 1.1 倍。

（3）位于 2 级地区内的干线或总管，应采用空气试压至最大操作压力的 1.25 倍，或使用静水压试验，试验压力至少为最大操作压力的 1.25 倍。

（4）位于 3 级或 4 级地区内的干线和总管，进行静水压试验时，试验压力最低应不低于最大操作压力的 1.4 倍。当管线或总管是首次试压时，存在下列一种或同时存在下列两种情况，可用空气试压至最大操作压力的 1.1 倍：管子埋深处的地温为 32℉ 或更低，或完成静水压试验前降至此温度，质量合格的试压用水不足。

（5）上一款对空气试压进行了限制，但只要具备全部下列各项条件，则在 3 级或 4 级地区仍可使用空气试压：对于 3 级地区试压的最高环向应力小于 $50\%SMYS$，对于 4 级地区试压的最高环向应力小于 $40\%SMYS$；干线或总管所要操作的最大压力不超过现场最大试验压力的 80%；所试的管子是新管子，纵向焊缝系数为 1.0。

3）运行压力在 $30\%SYMS$ 以上环向应力下的钢制管道的强度试验要求

（1）除在役输气管道外，运行应力产生的环向应力为 $30\%SYMS$ 以上的钢制管道的每个管段，都必须按本部分之规定进行强度试验，以确定最大允许运行压力。此外，在 1 级或 2 级地区，如果在有人居住的建筑物的 300in（91m）以内有管道，则必须对该管道进行静水压试验，对位于 300in 以内的管段，试验压力至少为最大试验压力的 125%，但在任何情况下，试压管段的长度均不得少于 600in（183m），不到 600in（183m）的新建或重新设置的管道除外。如果环向应力超过 50%SYMS 的管段建筑物里的居民撤离后，可以采用空气或惰性气作为试压介质。

（2）位于 1 级或 2 级地区的每座压缩机站、调压站和计量站，都必须至少要按 3 级地区试验要求进行压力试验。

（3）除前节所述外，强度试压必须在等于或高于试压压力下至少保持 8h。

（4）如果不是更换管子，而仅仅是更换管道部件或在管道上添加部件，如果部件制造厂商符合压力资质条件，则不要求在安装后进行强度试验测试，部件的试验压力至少等于其要连接管道所要求的压力；或者部件的制造符合质量控制系统要求，该系统可以保证制造的每个部件至少在强度方面与主机相等，而样机的试验压力至少与其要连接管道所要求的压力相等。

（5）对于组装后的管件和管子短节来说，对这些管件进行后安装试验是不切实际的，必须在安装前进行试压，试压压力在等于或高于试验压力下，至少保压 4h。

4）管道运行压力在环向应力小于 30%SYMS，并且在 100psi（689kPa）或以上压力（表压）的试压要求

除在役管道和塑料管道外，环向应力小于或等于 30%SYMS，且大于 100psi（689kPa）（表压）的每节管段都必须按以下要求进行压力试验：

（1）管道运营商必须采用可以确保能发现所试验管段上存在所有潜在危险泄漏点的试验程序。

（2）如果管段在试压期间的应力为 20%SYMS 或以上，并且采用天然气、惰性气或空气作为测试介质，则必须进行泄漏试验，试验压力在 100psi（689kPa）（表压）压力和产生 20%SYMS 的环向应力所需的压力之间，或者当环向应力大约是 20%SYMS 时，必须采取徒步巡线的方式来检查泄漏情况。

（3）必须在试验压力下或高于试验压力下，至少保压 1h。

5）100psi（689kPa）（表压）以下压力运行管道的试压要求

除在役管道和塑料管道外，运行压力在 100psi（689kPa）（表压）的每段管段都必须按下列标准进行泄漏试验：

（1）采用的试压程序确保能够找到测试段所有潜在危险泄漏点。

（2）运营压力低于 1psi（6.9kPa）（表压）的每条干线都必须在至少 10psi（69kPa）（表压）的压力下进行试压，且运行在 1psi（6.9kPa）（表压）或高于此值的每条干线都必须在至少 90psi（621kPa）（表压）的压力下进行试压。

6）在役输气管道的试压要求

（1）在投产前，在役管道（除塑料管道外）的每个管段都必须按该部分要求进行试压。如果可行，与干线连接的每条在役管道都必须一起进行试压；如果不可行，则必须在运行服役过程中按运行压力进行压力试验。

（2）在役管道（除塑料管道外）的每个管段，如果操作压力小于1psi（6.9kPa）（表压），则试压压力要在10psi（69kPa）（表压）下进行。试压应使用3in量程表（最大量程30psi），也可使用10in（254mm）汞柱的表试压。

（3）计划在1~40psi（6.9~276kPa）（表压）以上压力下运行的在役管道（除塑料管道外）的每个管段，都必须在不少于50psi（345kPa）（表压）的压力下进行压力试验，使用100psi量程表。

（4）每一管段在超过40psi的操作压力下运行管段，必须不少于90psi的试压压力，使用100psi量程表，如果在役管道在20%SYMS应力下运行，按上述"4)"的规定试压。

7）环保和安全要求

（1）按本部分要求试压时，每个运营商都应制定合理的预防措施，以便保护员工和公众在试压期间的绝对安全。当试压管段的环向应力超过50%SMYS时，运营商应采取所有可行的措施，不参加试压操作的人员均应位于测试区以外，直到压力下降或低于预测的最大允许操作压力。

（2）运营商应确保采用对环境危害最小的方式，来排放试压介质。

8）记录

每个运营商都应在管道的有效寿命期间，作出并保存按上述"2)"和"4)"的规定所进行每次试压的记录。记录必须至少要包含下列数据：①运营商名称，运营商负责进行试压的雇员的姓名，以及雇用的任何试压公司的名称；②使用的试压介质；③试验压力；④试压周期；⑤压力记录图，或其他压力读数记录；⑥高程变化，对特殊试验至关重要；⑦记录泄漏和次数、事故处理方法。

6.6　管道修复技术

6.6.1　缺陷的修复响应时间要求

管道企业应按照管道内外检测、试压、直接评估中发现的危险缺陷的严重程度，确定缺陷点维修的先后顺序时间表，维修计划应从发现缺陷时开始。

制定时间表时，可将维修响应分为3类：①立即响应——危险迹象表明缺陷处于失效点；②计划响应——危险迹象表明缺陷很严重，但不处于失效点；③进行监测——危险迹象表明在下次检测之前，缺陷不会造成事故

根据内检测的检测结果显示的危险缺陷的特征，管道企业应迅速检查，立即对危险缺陷的检测结果进行响应。对其他危险迹象的检测结果，应在6个月内进行检查，并制定相应的响应计划。响应计划（检查和评价）应包括实施方法和响应时间。维修响应时间如图6-8所示，图中纵坐标为预测失效压力（P_f）/最大允许操作压力（$MAOP$）；横坐标为响应时间；从下到上三条线所代表的是：在大于规定的最低屈服强度50%条件下操作的管道，在等于或大于规定的最低屈服强度30%但小于50%条件下操作的管道，在小于规定的最低屈服强度30%条件下操作的管道。

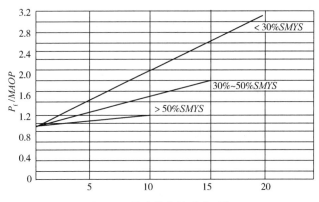

图 6-8　缺陷维修的响应时间

对于计划响应或进行监测的缺陷，只要在规定的时间内进行再检测并得出结果，管道企业可进行再检测，而不需要检查和评价检测结果。

对于计划响应的危险点，只要在按计划响应之前，如果缺陷不会发展到临界尺寸，管道可以继续运行，而不需立即作出响应。

对于进行监测的危险点，在进行下一次内检测或试压或直接评估之前，不需要进行检查和评价，在计划内检测之前，不会扩展到临界尺寸。

当缺陷的预测失效压力等于最大允许操作压力 1.10 倍时，需要立即修复；当预测失效压力大于最大允许操作压力 1.10 倍时，应按图 6-8 规定的时间进行检查和评价；当发现需要立即维修或清除的任何缺陷时，应立即维修或清除，否则要降低操作压力。

所有检测出的裂纹，均需立即响应。一旦发现有裂纹存在，运营公司应在 5 天之内，对这些裂纹进行检查和评价。对需维修或清除的任何缺陷进行检查和评价之后，应立即进行维修或清除，或者降低操作压力以减轻危险。

对于意识到对管道强度有影响、可能立即或近期内造成管道泄漏或破裂的损伤缺陷，需立即响应。这类缺陷包括带划痕的凹坑。一旦发现这种情况，管道企业应在 5 天之内，对这类缺陷进行确认。

需要按计划响应的迹象，应包括在等于或大于规定最低屈服强度 30% 条件下运行的管道上的下述任何迹象：超过公称管径 6% 的扁平凹坑；有或没有可见刻痕并存的机械损伤；带裂纹的凹坑；深度超过公称管径 2% 且影响韧性环焊缝或直焊缝的凹坑；影响非韧性焊缝的任何深度的凹坑。有关其他信息，见 ASME B31.8 的 851.4 条款。

管道企业应在确定这种情况后的 1 年之内，尽快对这些缺陷损伤进行检查。在检查和评价后，对需要维修或清除的任何缺陷，应立即维修或清除，否则应降低操作压力，以减缓维修或清除这种缺陷的必要。

6.6.2　缺陷维修管理程序和方案

针对内检测、直接评估、试压检测中发现的缺陷，在 6 个月内进行缺陷检查和制作修复计划表。按图 6-9 所示程序实施维护修复管理；修复工作必须由资质单位或管道修复业绩的单位实施。

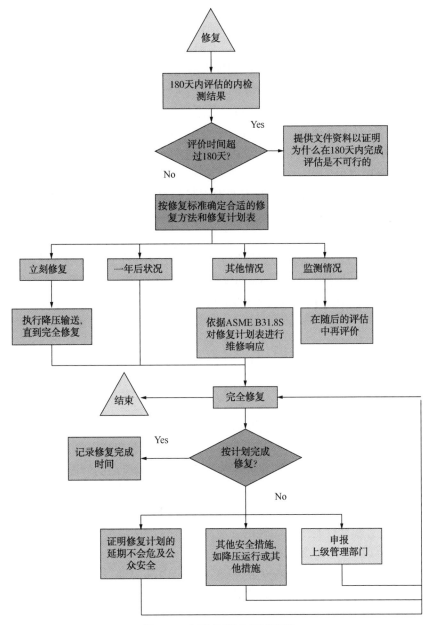

图6-9　完整性管理修复程序

维修方法包括：①换管；②打磨；③钢制修补套筒A型套筒；④钢制保压修补B型套筒；⑤玻璃纤维修补套筒(复合材料纤维缠带)；⑥焊接维修、堆焊、打补丁；⑦环氧钢壳修复技术；⑧临时抢修——夹具。

修复方法的应用范围：

(1) 永久修复-陆上-无泄漏缺陷或破坏　①切除管道；②通过打磨去除缺陷(只有非刻痕缺陷)；③通过堆焊金属修复外在腐蚀引起的金属减薄；④A型套筒或环氧钢壳技术；⑤clock spring(只用于外部腐蚀引起的金属减薄)；⑥开孔封堵。

（2）永久修复-陆上-泄漏　①切除管道；②B 型套筒；③开孔封堵。

（3）永久修复-海上　①切除管道；②特殊设备修复。

（4）临时修复-陆上　①带螺栓的夹具；②泄漏夹具；③对内部腐蚀用 A 型套筒；④对内部腐蚀用 clock spring；⑤对于电阻焊或闪焊焊缝熔合线上的缺陷用 B 型套筒。

本书考虑三种主要维修方案：管道外部金属损失（由腐蚀或机械损伤造成的）、内部金属损失（由腐蚀、侵蚀或侵蚀/腐蚀造成的）、管道泄漏。其他情况的维修方案，在选择维修方法和维修组件时，还要考虑缺陷恶化和破坏的程度（是局部损失还是大规模的金属损失）。下面将讨论这几种维修方案。

1. 管道外部金属损失

（1）外部腐蚀呈现的方式很多，但不考虑实际材料退化，管线最终都以金属损失，即壁厚减薄的形式破坏。金属损失可能是局部腐蚀（由管道支撑下方的腐蚀造成），也可能是大面积腐蚀。

（2）管线的破坏可能不会伴随金属损失。例如，在没有管壁凿痕或管壁减薄的情况下，凹痕会导致管道变形。小于管道直径6%的单纯凹痕无需维修。若更深的凹痕会引起管道的工作问题（如阻碍清管器运行），考虑到凹痕可能引起的破坏，应将其归为局部机械损伤破坏。

（3）管道裂纹缺陷的维修包括阻止裂纹扩展和排除/修复裂纹。

（4）不论是否是由外部金属损失造成的管道破坏，为防止管道的进一步腐蚀，都要重视破坏/损伤的发生原因，采取措施避免事故再次发生

2. 管道内部金属损失

（1）用管线输送腐蚀性物质，尤其是输送石油、天然气，都会造成管道内部的磨蚀、腐蚀或二者的双重破坏。视管道内部破坏/腐蚀的严重情况和程度，管线可能已泄漏或即将泄漏。相对应的维修方案只考虑内部金属损失尚未造成管道泄漏的情况。

（2）与外部腐蚀不同，由于无法完全掌握内部金属损失机理，破坏/腐蚀会随时间变化。只有掌握内部金属损失机理，才能选择可阻止管道进一步腐蚀的维修方法。由于这些原因，管道完整性的恢复只能是临时性的，设计的维修方法需专门针对每种腐蚀形式，至少要确保能延长管线的使用寿命。

（3）与外部腐蚀不同，从金属损失的程度来讲，内部侵蚀、腐蚀更难以量化。可应用超声导波探伤技术检测，尽可能多地获取破坏/腐蚀资料，以选择正确的维修方法。尤为重要的是获得持续破坏对轴向应力的影响资料。

3. 管道泄漏

（1）内部或外部金属损失（或者二者的结合，这种情况很少）都可导致管道泄漏。焊缝、管接头或母材裂纹也会导致泄漏。

（2）按照发生泄漏破坏的程度，在维修中需要安装维修管卡（在局部维修时）或更换部分管道接头或接箍。

（3）在任何情况下，只要管道泄漏，就要考虑管道附件的适用性。不仅要考虑压力容器的要求，也要考虑液体的腐蚀性及其他影响。例如，应用特定维修管卡/接头的弹力密封条易受挥发性碳氢化合物等的腐蚀，长时间下密封条可能出现老化/松弛的情况，因此，需

要考虑堵住/封住泄漏处所遇到的问题。

（4）法兰泄漏。法兰表面/垫片区域的腐蚀或松弛最有可能导致泄漏。而且，管道法兰焊缝（平焊法兰时角焊，对焊法兰时圆周角焊）也可能会出现泄漏。

4. 外部腐蚀的修复

（1）涉及电阻焊或焊缝的腐蚀区域、高轴向应力管道接头部位扩展到周向的腐蚀由于比较复杂，非本书考虑内容。

（2）建议在修复过程中降压，压力降低到可以防止导致缺陷失效的水平。

（3）定义两个压力水平，在检查和修复外部腐蚀区之前，建议把压力降到 $0.8P_d$ 或 $0.8P_h$ 的水平，P_d 为发现缺陷时的压力值，P_h 为出现的历史高压值。

（4）如果管道内检测（在过去 1 年之内）表明失效压力是当前工作压力的至少 1.25 倍，这种情况可能不需要降压。

（5）在检查腐蚀之前应使用喷砂设备或者电动钢丝刷清洁管道。在修复外部腐蚀之前，操作人员应该使用超声波检测管道正常处的（无腐蚀）壁厚和管线直径。另外，还应获得外部腐蚀扩展到轴向和周向的长度，以及腐蚀的最大深度等数据。如使用 RSTRENG 进行计算的话，还需要获得点蚀深度方面更多的细节。

（6）外部腐蚀修复标准应从腐蚀最大深度考虑。如果腐蚀深度大于名义壁厚的 0.8 倍，并且不泄漏，那么最合适的修复方法是 B 型套筒、机械夹具、环氧套筒、打孔封堵（消除整个缺陷点）以及打补丁（停气下操作）。后者可以按照标准条例进行。如果缺陷处已经开始泄漏，那么可以选择 B 型套筒、机械管筒、打孔封堵（消除整个缺陷点）、泄漏夹具（如果泄漏区是一个孤立的孔）和打补丁（停气下操作）。对带有小于 80% 壁厚的最深孔的外部腐蚀区，可以使用 RSTRENG 或者 ASME B31G 进行评估。对腐蚀还没有影响到导致管道失效程度的管道，除了采用重新修复防腐层外，都不需要采用修复件。对失效方式是壁厚持续减薄导致的管道来说，可以使用 A 型套筒（建议使用填料保证套筒和管道的密切接触）、B 型套筒、复合材料套筒（带环氧填料）、机械套筒、沉积焊接金属（如果最小剩余厚度至少为 0.125in，且停气实施）、打孔封堵（消除整个缺陷）和打补丁。使用堆焊接、补丁进行修复应该按照规范进行。

（7）在修复完成之后，管道必须再次进行涂敷和装填，在适合的情况下，可以恢复正常工作压力。

（8）内部腐蚀：如果内部腐蚀和外部腐蚀采用相同的处理方法，看起来好像是合理的，但由于缺乏直接阻止内部壁厚减薄的手段，所以在内部腐蚀的修复时应增加一些附加条件。在内部腐蚀情况下，除非管线内部检查表明当前工作压力不会引起管线失效，否则必须要求降压。

（9）如果缺陷部位经过评价后还有足够大的剩余强度而不需要修复，当壁厚减薄达到或接近定义的临界值时，应该对这个区域进行再次评估。

（10）如果选择一种不包含泄漏的修复方法，这种修复方法只能临时使用。

5. 普通凹陷或者带有擦痕的凹陷

（1）深度低于 6% 管道直径的普通凹陷，如果它们不含有擦痕、裂纹或者挤压，那么就不会或基本不会对管道的完整性产生影响。除非凹陷影响干线内检测，否则普通的凹陷不需要修复。

（2）但是这种凹陷内的任何数量的损伤（擦痕、划痕、磨痕以及由于挤压、磨损等导致的壁厚减薄）都应该把凹陷看作带擦痕的凹陷，并且应该按照有潜在危险的缺陷处理。另外，任何涉及电阻焊焊缝或者环缝焊接的凹陷都应该看作修复缺陷。

（3）允许使用下述方法的任何一种修复带擦痕的凹陷：带填料的 A 型套筒；B 型套筒；机械套筒。

6. 轴向裂纹和弧形焊伤

（1）除了腐蚀和外部损伤之外，大部分剩余修复方法可以归入这一类，这类中任何一种缺陷或者是泄漏，或者是位于电阻焊焊缝或者闪光焊焊缝上，必须使用 B 型套筒或机械套筒进行修复。一个特例是位于缺陷特征处的泄漏，如果不位于电阻焊焊缝或者闪焊焊缝上，就可以采用打孔封堵的方法消除。

（2）对其他轴向裂纹和弧形焊伤来说，允许采用打磨的方法消除裂纹或材料冶金缺陷。打磨的深度一定不能超过正常壁厚的 40%，并且打磨区的长度不能超过 ASME B31G 标准规定的相同腐蚀深度缺陷区的长度。

7. 焊缝焊接缺陷

（1）焊缝焊接缺陷和某种其他轴向缺陷，如果缺陷不是泄漏，可以对该缺陷进行评估以判断它能否影响管线完整性。评估要求已知缺陷的尺寸，材料的性质（如果缺陷是除腐蚀壁厚减薄之外的其他缺陷时，还包括对材料韧性的估计），以及轴向外力。

（2）管线操作人员必须分析或者或进行工程危险性评估，以表明缺陷是不需要修复，还是需要采用打磨或打磨后堆焊金属的方法进行修复。如果操作人员不想进行评估，那么必须采用 B 型套筒两端焊接在输送管上的方法对管线轴向进行加强。

6.7　完整性管理平台技术

本书所述完整性管理平台技术的建立主要包括完整性管理信息平台系统、管道完整性管理信息系统建设、完整性管理（PIM）信息系统设计原则、企业资产管理（EAM）系统、完整性管理专业评价软件功能等，如图 6-10 所示。

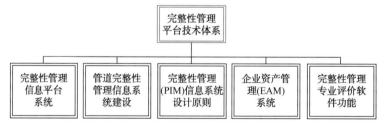

图 6-10　完整性管理平台技术体系

6.7.1　完整性管理信息平台系统

建立管道完整性管理信息共享平台，有利于提高管道完整性管理的实施效率，有利于管道运输系统完整性信息资源的共享和重大事件的决策。具体包括：建立一个统一的管道完整性数据服务平台；建立一套统一的管道完整性管理流程在平台上实施管道完整性管理；建立完整性管理的评价标准体系。完整性管理信息平台需要由完整性管理软件系统（见图6-11）来提供技术支持。

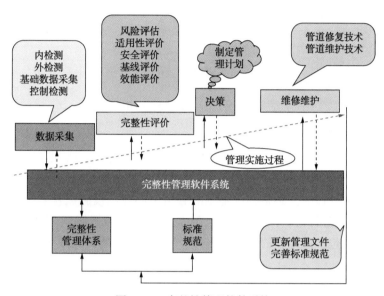

图 6-11 完整性管理软件系统

完整性管理软件系统的组成：数据收集和分类模块，包含内检测数据、外检测数据、监测数据；完整性评价系统模块，包含风险评价、适用性评价及寿命评估、安全评价、地质灾害评价；完整性管理决策模块；完整性维修维护决策模块。

完整性管理信息平台系统的功能：

（1）数据管理系统功能　要能够完成管道设计、施工、运行管理数据的管理，所有数据储存在同一数据结构的数据库中，实现数据共享。

（2）数据系统接口要求　在完整性管理平台建设过程中要考虑与各地区公司在建管道的接口预留，能与地区公司、地区公司各管道现有的监控与数据采集系统（SCADA）、企业资产管理系统（EAM）、企业信息门户（EIP）、办公自动化系统（OA）、科研管理系统（STM）以及其他系统进行接口。

（3）管道数据分析功能　要实现的功能包括：缺陷评价和寿命评估分析；管道安全评价分析；定量、定性风险分析；内腐蚀（ICDA）评估；外腐蚀（ECDA）评估；其他评价。

6.7.2　管道完整性管理信息系统建设

远程计算机通过当地服务器与本地系统服务器相连，本地用户直接与本地服务器相连，实现 WEB 功能下的管道完整性管理（PIM）信息平台系统应用以及完整性信息及完整性评价共享，如图6-12所示。

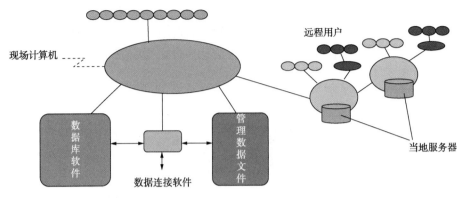

现场计算机

远程用户

当地服务器

数据库软件

数据连接软件

管理数据文件

图6-12 系统运行操作应用

1. 管道设施数据维护

管道完整性管理(PIM)信息系统需要用于管理中心线、设施数据(阀门、旋阀、三通等)以及其他参照特征(线路穿越、建筑物、工作压力等)的线性参照信息的工具。在整个复杂管道改线或竣工过程中,必须持续地维护管道中心线和设施属性数据。管理软件中应包含一个功能全面的编辑器,可以根据规则在 ArcGIS 管道数据模型(APDM)中设置和编辑管道特征。该应用还包含可定制的工作流程,可用于复杂的管道改线工作。

2. 定线图生成

现场管道维护与运行人员在日常工作中要使用包含工作所需信息的各种管道定线图。传输管道完整性管理(PIM)信息系统的一项基本要求就是这些定线图(包括硬拷贝形式和可通过 Web 访问的数字文件)的生成。定线图生成应用必须通过允许用户灵活地设置定线图参数和数据显示选项来帮助用户生成定线图。该应用必须能够生成从施工图到完整性图的各种定线图。定线图生成后,用户必须能够在源数据发生变化时重新生成定线图。定线图生成必须既能够单张地也能够成组地(批模式)生成定线图。

3. 现场数据访问

手持数据采集设备的发展及 GPS(全球定位系统)的使用使现场数据采集成为管道完整性数据维护的一种可行工具。人们能够准确地现场采集管道数据并将其自动上传到企业完整性管理(PIM)信息系统。另外,人们还能够现场浏览和查看原有管道数据。软件能够显示背景矢量图像和光栅图像来帮助操作人员定位特征。该软件还可以在管道开挖过程中采集和管理检测与维修信息。该软件已运行在启用了 GPS 的行业标准手持设备上。

4. Web 应用

Web 应用必须提供用于快速、方便地通过网络 Web 提供的定制功能。选择相关软件用于根据特定的管道用户需求定制功能。该软件具有强大的协调工具,能够帮助工程设计、施工及运行部门之间进行沟通,可以通过一个基于浏览器的简单界面快速地提供项目或位置相关的各种信息。Web 客户端可以访问任何位置或设施的相关表格数据、工程图纸、图像或文件。使用户能够通过站位、里程桩、阀门或其他设施信息进行搜索并放大搜索到的位置。然后,用户可以使用 Pipe View Access 准备现场工作。

可以从全球任意位置安全地访问数据站点。在得到或识别所需的数据后,可以扩展到包括更多报表和特征。

可通过企业内部网或 Web 安全地远程访问管道信息；帮助创建定制报表的报表向导；提供可用于"挖掘"到用户指定的管道特征的地图和图像的完整性管理(PIM)信息系统环境；查看和绘制最新地图、定线图、开挖图及其他报表；查看和管理链接的文件。

5. 风险评估与完整性管理

风险评估与完整性管理是风险评估部门的一项关键应用。该应用是决定建设完整性管理(PIM)信息系统的一个重要原因。风险评估与完整性管理需要使用一系列软件应用来帮助管道运行人员有效地管理和评估完整性数据，以便为决策提供更充分的信息、确保法规要求符合性、降低维护成本、延长资产寿命。这是一套全面的完整性管理规划与风险评估解决方案。

在单一环境中为完整性相关数据的装入提出基准，为内检测数据的使用及未来完整性分析、详细风险评估、使用受控的数据自动生成完整性计划等提供工具。该系统软件内的模块是分开提供的，包括：数据基准管理器；特征评估；风险评估；完整性计划；效能监测；安全评价；维修决策；维修记录和方法。

6. 后果严重区(HCA)

HCA 是完整性管理(PIM)信息系统的一个扩展，它利用位置数据库内的管道和建筑物数据确定可能对低机动性区(医院、监狱等)和人口密集区产生影响的管段。该应用符合美国采用的 US DOT 规范 49 CFR 192"后果严重区内的管道完整性管理"。

1) HCA 过程

(1) 动态分段 使用工作压力、直径、等级(如果有)等参数把管道划分为管段。

(2) 确定缓冲区 使用 CFER 方程和 OPS(美国管道安全局)规范计算各管段的可能影响半径(PIR)。

(3) 识别建筑物 识别 PIR 缓冲区内的所有建筑物，并把低机动性或人口密集区内的建筑物标为 HCA 建筑物。

(4) 找出受影响管段 使用 PIR 设定所识别出的 HCA 建筑物的缓冲区，然后使用得到的缓冲区多边形与管道中心线相切割。HCA 管段就是处于 HCA 建筑物 PIR 缓冲区内的管道。

(5) 简化重叠管段 按上述方法确定的受影响管段可能会重叠，因此重叠区域将被进一步简化为单一、连续的管段。

2) HCA 数据

得到的 HCA 数据将作为单独、无重叠的管段保存，并链接到影响它们的相关 HCA 建筑物。APDM 数据模型将为 HCA 管段及相关数据的存储提供适宜的数据结构。

7. 其他主要完整性管理(PIM)信息系统应用

需求分析报告中介绍了需开发的其他主要的完整性管理(PIM)信息系统的应用。系统建设过程中，将在开发应用之前确定数据访问要求、外观、接口要求等详细信息。这些应用包括：应急应用；把光栅图像及其他文件链接到完整性管理(PIM)信息系统特征中；管廊维护；实时及历史运行数据访问；管道路线选择；管道设计等。

6.7.3 完整性管理(PIM)信息系统设计原则

建议完整性管理(PIM)信息系统设计所用技术和产品时采用以下指导原则。

1. 符合 IT 大趋势

所选的完整性管理(PIM)信息系统平台和辅助技术应符合 IT 业的最新、最佳做法。一般而言,应采用符合 IT 业大趋势和主要标准的应用、编程语言、通信和数据库技术。这种方法能够最大程度地降低风险,能够防止地区公司采用不能得到支持的技术。

2. 尽可能避免专有技术

应防止地区公司采用无法得到支持因而生命周期短、成本高的技术。尽管所有许可软件都可能在一定程度上是"专有的",但是仍然可以通过选用被广泛采用、已经成为默认标准的技术来最大程度地降低风险。被广泛采用的技术拥有较多的用户,能够较容易地找到具备像完整性管理(PIM)信息系统这样的复杂系统的运行和维护所需技能的人员。地区公司应尽量不使用专有技术。ESRI 的 ArcGIS 软件符合开放式地理空间协会(OGC)的规范和标准,可以了解关于 ESRI OGC 标准符合性的更多信息。OGC 是一个非营利性的国际自愿使用标准组织,主持地理空间与定位服务标准的制定工作。地区公司采用了 APDM 传输管道数据模型,也就是使用了一种开放模型,可以与全球的其他用户共享新的开发成果。

3. 延长数据和系统的生命周期

生命周期管理是 IT 部门面临的最大难题之一。技术变革的快速步伐是系统持久可能面临落后的威胁。数据的获取和维护一般是完整性管理(PIM)信息系统建设中成本最高的部分,因此必须通过遵守行业标准来保护这部分投资。关系数据库管理标准的出现使人们可以在旧技术被新技术取代时更容易地迁移数据。最终用户开发费用常常被忽视。地区公司必须采用遵守应用开发开放标准的技术,以增强应用的可移植性从而延长其生命周期。

4. 互连接性和互操作性

对于管道企业来讲,系统的互连接、互操作越来越重要。互操作性可以最大程度地减少数据冗余和保证数据完整性。完整性管理(PIM)信息系统作为企业集成计划的一部分,建成后将是空间地索引和查看企业数据系统内各种数据的一种强大工具。地区公司已经认识到这一点并计划同步安装企业应用集成(又称为面向服务的体系结构)软件来帮助和管理系统之间的连接。

5. 增大应用范围

管道运行公司应认识到基于 Web 的应用扩大完整性管理(PIM)信息系统应用范围的能力,并计划在全企业内部署基于浏览器的空间应用。基于 Web 的应用部署速度快、成本低,可以满足当前及未来的空间应用需求。

6. 降低复杂性

完整性管理(PIM)信息系统横跨许多技术领域,因此历史上曾经被看作是一种难以掌握的复杂技术。像所有信息技术一样,应成立一个经过培训的核心专家小组来负责数据和应用的维护和开发,这一点对于确保长期成功至关重要。风险评估部门等用户将需要充分使用完整性管理(PIM)信息系统的分析能力来进行复杂的分析并从中获得新的数据集。这种分析需要能够熟练地使用完整性管理(PIM)信息系统的核心功能。对于较大的用户群体,基于 Web 的应用可以为日常空间查询、分析和报告提供简单、易学、易用的工具。

7. 灵活性

完整性管理（PIM）信息系统必须提供一个能够为各种应用程序（有些是无法预见的）所用的空间数据源。保持数据独立性是确保灵活性的关键。

8. 可扩展性

完整性管理（PIM）信息系统平台必须能够扩展，以满足将来数据库规模和用户规模的要求。应该能够很容易地从初始系统规模扩大到全企业范围。数据库必须能够支持大量的并发网络用户。当然，这还需要具有同等扩展能力的宽带通信体系结构来处理较大的数据量。

9. 利用行业经验

作为完整性管理（PIM）信息系统和风险/完整性管理工具的新用户，地区公司应选用在管道业具有长期成功经验的厂商和服务提供商。另外，应通过参加行业协会来跟随技术发展的步伐。

10. 利用用户群体

完整性管理（PIM）信息系统平台的一个重要选择考虑因素是是否能够很容易地接触到其他系统用户。地区公司应找到并积极加入管道用户及非管道用户群体。用户群体是一个丰富的经验库，从中可以得到无偏见的建议和帮助。另外，用户群体还是一个有经验的人才库。

6.7.4 企业资产管理系统（EAM）

企业资产管理（EAM）系统通常具备以下一些基本功能：①对设备基础信息的收集与管理；②大修理和更新改造工作的实施；③周期预防性维护；④具体落实安全管理方案；⑤配合设备维护有效实施采购、库存管理；⑥综合基础管理。

EAM 系统必须按照系统管理需要的多种分类办法对设备建立编码体系。主要编码原则如下：具备科学性、系统性、可扩展性、兼容性和综合性；符合集团公司的统一编码原则，充分考虑与地区公司上级部门的数据兼容问题；遵照整个地区公司发展规划，结合生产、计划、财务和供应等业务的特点，综合考虑以满足各级管理的需要；每一个编码源和编码唯一；可以按照地点、故障种类、设备种类和应用功能等进行编码分类；考虑今后的发展，各类编码应预留足够的位数，便于扩充；便于记忆，易于使用；对于备件供应商、存货以及客户的分类必须合理设计，因为关系到以后管理当中的统计分析。

企业资产管理（EAM）系统将以企业级/PC 服务器为硬件平台，以 Windows 2000 Server 为操作系统，数据库软件原则上选择适合于大中型企业的大型数据库，如 Oracle，整套系统将运行于地区公司内部的企业网络中。基于其数据的重要性考虑，硬件的选型和软件的配置必须充分地考虑数据的实时备份。

软件技术架构中，系统在数据服务层、应用服务层及表示层相对独立，可以分开安装，运行于不同的多个硬件服务器平台上。

软件业务模块及功能包含：①业务流程管理模块；②设备维护管理模块；③预防性维护模块；④计划管理模块；⑤员工信息管理模块；⑥物资采购管理模块；⑦库存管理模块；

⑧决策支持模块；⑨项目管理模块；⑩文档管理模块；⑪安全管理模块；⑫调度优化运行管理模块；⑬财务核算控制功能；⑭报表的定制功能。

6.7.5　完整性管理系统专业评价软件功能

完整性评价是实现完整性管理的核心内容，完整性评价最终提出管道的维修和维护决策，对管道安全发挥着至关重要的作用。为了规范完整性评价软件的配置，现将评价系统软件的功能规定如下：

（1）定量风险评价软件系统　管道系统分段；管道风险识别；管道风险等级排序；管道系统风险削减措施；提出管道维护决策；管道优化维护方案；管道年度维护费用优化。

（2）半定量风险评价系统　找出风险最高最低区域，从而安排管道维护排序；预测环境变化，如人口密度对环境及对管道风险的影响；预测管道压力、管内流体及其他变化对管道风险的影响；预测正在作业之间任务的相关性；产生最佳维修资源配比及成本分析；判断管道系统是否满足行业标准和规范；其他。

（3）站场风险评价系统　量化每台设备/管线的风险并确定出具有高失效风险的项目；通过修改、实施检验计划，对风险进行最为有效的管理，提高装置安全性；使用本软件，可以将检验重点放在高风险设备上，减少安全、设备损坏、环境破坏及生产中断等方面造成的潜在损失，降低成本。

（4）ICDA评估软件　PredictPipe软件可实施苛刻腐蚀环境下的评估并提供腐蚀速率评价，识别出输送干气情况下多山地形，描述管道高程棒图，提出可视化的计算结果计算关键位置，预测最恶劣情况的腐蚀率；通过多向流模型，可评价含水量的合理值，并预测露点；使用精确的腐蚀模型解释关键参数的有效性，计算含水量的临界点；确定油气水三项流动环境下系统的pH值；基于腐蚀模型，解释不同关键参数的相互作用，提供腐蚀环境的决策；可精确模拟动量传输影响(流体特征、空隙组分、压降和剪应力)的路径来提高腐蚀预测的能力；界面友好直观，操作简单。

（5）管道外防腐层检测直接评估（ECDA）软件（该系统参照ASME B31.8S、NACE RP0502国际标准）　阴极保护系统评价：提出阴极保护参数的状况，确定阴极保护参数的设置合理性；管道金属损失评价：该软件将所有的检测开挖数据自动存储，分析评价管道金属损失的适用性，评价后确定修复的缺陷点，并进一步分析比较其他金属损失的腐蚀数据的关系；防腐层修复计划制定：ECDA软件提出合理花费和开挖的优化可行的修复方案，提出必须实施修复的防腐层缺陷点，对未修复遗留的点提出有效的阴极保护措施，以表格方式给出每一类问题的修复方案，具有开放式修复工作包，适合于开挖管理，直接面向修复承包商发布消息；阴极保护有效性评价：通过使用ECDA软件，可解决将有效的资金用于全面改进、量化阴极保护系统实施腐蚀控制的需求，模拟各种工况，包括局限性的涂层修复及阴极保护技术方式变化的工况等，例如使用牺牲阳极和脉冲交直流等，该软件可以评估阴极保护的经济可行性；费用评价：ECDA软件的特点是能计算出修复和维护计划需要的费用，并且对所需要的人力、机械、材料进行全方位的确定和评价。

（6）DNV评价软件系统　功能强大的数据预处理，可以提供多种方法迅速将实测的数据处理成腐蚀评价所必需的数据资料；综合、实用的评价方法，可对国内主要集输管材进行合理的评价；高速数据处理；简洁的操作流程，可以使用户方便地操作软件；直观化的评价过程，可为用户提供即迅速又准确的评价结果；方便的报告输出，可为用户提供方便且规范化的编辑报告工具；具有科学的数据库结构及其管理系统；中文 Windows 风格的操作界面，为用户迅速应用软件提供一个良好的环境。

6.8　公众警示技术

管道完整性管理公众警示技术主要包括管道公众警示、告知对象、信息内容、信息传递方式和传递媒体等，如图 6-13 所示。

图 6-13　完整性管理公众警示技术的建立

6.8.1　管道公众警示

管道运营公司建立公众警示的总体目标是通过公共意识和知识的增强来实现公共环境和财产的安全保护。公众警示程序应提高受影响公众和相关责任人对于管道现状、知情度的理解，了解管道在运输能源中的作用。沿管线公众对管道的更详细了解是管道运营公司安全措施的补充，可以减少管道紧急情况及泄漏发生的可能性和潜在危害。公众警示程序也会帮助公众更详细地理解他们在防止第三方破坏、管道占压方面起着重要作用。

推荐管道运营公司编制书面的公众警示程序。建立公众警示程序的流程为：①定义程序的目标；②获得管理机构的认可和支持；③明确程序管理机构；④确定程序涉及的管线资产；⑤确定告知机制；⑥确认信息形式和内容；⑦确定每类信息的发布周期；⑧确定每类信息发布方法；⑨评估补充程序；⑩程序执行和跟踪；⑪执行程序评估；⑫实施持续改进。

图 6-14 是公众警示程序流程指南，重点强调了编制、实施的评价过程中持续改进的本质。

6.8.2　告知对象

制定一个公众警示程序的首要任务就是确认告知对象。公众警示程序潜在的告知对象包括：受影响的公众；政府应急部门；当地政府官员；挖掘者。

运营公司应该考虑调整信息覆盖区域以适应特殊管段的位置和泄漏后果。运营公司应该参照国家或标准规定考虑高后果区域。对某一管段，如果特殊情况要求更广泛的覆盖面积，则运营公司应该适当地扩大它的通讯覆盖区域。

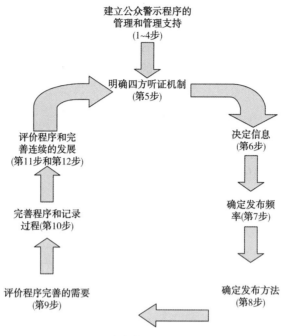

图 6-14　公众警示程序流程指南

6.8.3　信息内容

运营公司应该选择合适的信息、宣传方式和频次来满足潜在公众告知对象的需求。信息材料也可包括关于管道运营公司、管道操作、管道安全记录和其他信息等为宣传对象准备的补充信息。

公众告知对象宣传的基本信息应满足运营公司程序目标需求。信息交流应包含足够的信息以满足管道应急状况，公众告知对象应知道如何辨识潜在危害、自我保护、通知应急人员并通知管道运营公司。这些信息的组成部分如下。

1. 管道的用途和可靠性

为满足当地的能源供应，运营公司应说明建设管道及其设施的目的和管道的可靠性情况，尽管这不是管道公众警示的首要目标。运营公司应该提供需考虑的安全保证。

2. 危害警示和预防措施

运营公司应该提供一个具有深度和广度的潜在危险和风险的综述，以及运营公司为了预防或者避免管道风险(包括运营公司的判断、工业安全记录的综述)采取的措施。另外管道运营公司应该提供一个确保安全和防止事故的措施的综述。给应急响应人员危险警示和预防信息的内容应比其他公众告知对象更详细，且应当包含如何从运营公司处要求获得特定信息的方法。

3. 泄漏识别及响应

管道运营公司应该给受影响公众和挖掘公司提供以下关键信息：

(1) 输送产品的潜在危险　包含由危险液体或气体带来的泄漏特性和潜在的危害信息。

(2) 识别管道泄漏的方法　应该告知如何通过视觉、听觉和嗅觉识别泄漏并根据产品类型描述所有相关危险。

（3）管道泄漏的响应 包括如果怀疑管道泄漏所要采取的措施。

（4）与应急响应人员的沟通 为做好应急准备，应告知当前的运营公司与应急官员的关系以防止事故发生。

4. 应急准备沟通

定期与当地应急部门的沟通是所有公众警示程序的一个重要方面。运营公司需要将应急情况的相关信息提供给当地政府官员。以下信息应该提供给应急事务官员：

（1）生命安全优先 运营公司与应急响应官员沟通时，应强调公众生命和环保在任何管道应急状况措施中都是最优先考虑的。

（2）应急状况下的联络 运营公司的当地办公室的联络信息和24h应急热线应该与当地政府的应急状态办公室共享。运营公司拥有即时的准确的联络信息和呼叫顺序。

（3）应急预案 要求运营公司有自己的应急预案。这些计划是为内部或外部使用制定的。应急预案要表明其他附加信息的联系人。运营公司的信息还应该包括应急响应官员如何得到运营公司的应急预案。

（4）应急预案-训练和演习 作为应急计划双向交流的补充方式，包括建立一个应急反应官员与运营公司联合训练、演习或者调配的系统。关于联合演练的统一命令、操作规程等各种应急状态的信息，可通过不断的交流和演练逐步完善。

5. 第三方破坏

即使是相对很小的挖掘活动也可引起能管道第三方破坏，包括对管道、管道保护涂层或其他埋地设施管线造成伤害，因此有必要报告所有可疑的第三方破坏信息以提高警示。运营公司应该使其第三方破坏预防告知内容与当地政府部门的信息相一致。

应急联系方式的使用应该解释给公众告知对象。挖掘相关伤害（也称为"第三方破坏"）的预防信息，也要提供给公众告知对象。公众告知对象在开展任何挖掘活动前应通知管道企业或县乡地区应急事务办公室。如果该县市和地区已经建立了第三方破坏的处罚制度，应将惩罚内容告知公众告知对象。

另外，第三方承包商要受职业安全健康管理机构的监督，职业安全健康管理机构的一般职责是按照HSE规程监管生产活动，如果挖掘承包商置员工于危险地区操作而不采取正确的保护措施，则应受到职业安全健康管理机构的处罚。

6. 管道位置信息

（1）管道标识 公众告知对象应了解通过管道标识来识别管道路权的方法，特别是在公路交叉口、警戒线和街道交叉口。运营公司的警示信息应该包括管道标识外观、电话号码。信息联络应明确指出管道标记上可能不代表管道的确切信息，应打电话确认。

（2）管道的走向图 由管道运营公司委托绘制的管道地图是运营公司的公众警示程序的一个重要组成部分。地图应该至少包括管线类型、输送产品类型和管道的近似位置和其他运营公司所需的信息。公众可以通过连接管道企业准备的管道地图系统获得关于当地运行管道的信息。管道上级主管部门将提供给公众告知对象关于管道运营公司的列表并附有运营公司的联系方式。运营公司的公众警示材料中必要时应该包括管道地图。

7. 管道运营公司关于高后果区域和完整性管理程序的概述

（1）高后果区域内受影响公众的信息内容 公众警示材料应包括一个总体的解释，根据国家法律法规，输送管道沿线应标出高后果区域，补充的风险评价相损防程序(完整性管理程序)应更新后提供给受影响公众，信息应说明获得或者浏览运营公司完整性管理程序的方式、地点。

（2）高后果区域的应急处理官员信息　对于公众告知对象——应急官员，在高后果区域的管理规程中，运营公司应该提供其管道完整性管理程序。这个程序包含了应急处理官员的联系方式等信息，以及应急处理官员在运营公司的完整性管理程序中的反馈信息。

（3）高后果区域的政府官员信息　对于公众告知对象——政府官员，在高后果区域的管理规程中，运营公司应该说明需要时从哪里可以获得或者看到运营公司的完整性管理程序。

8. 运营公司网站信息

管道运营公司管道维护管理的相关网站提供下列信息：公司信息；管道的运营信息；总体的或者系统的管线走向图；受影响公众的信息；应急效果和安全信息；第三方破坏破坏预防警示和应急状态通知方式。

9. 管道占压的预防

管道运营公司应该与公众沟通管道路权的侵占，会阻碍运营公司在管道应急状况下的应急反应、第三方破坏的消除、实施路权监控、进行管线维护并完成国家规定的检测等工作。

10. 管道维护施工

管道维护施工前应该及时通过特定的方式告知受影响的公众该施工的性质和范围。

11. 安全(治安)

适当时候，在符合当地公安部门规定的前提下，管道运营公司应就管道和相关设施的安全计划与公安部门进行交流。

12. 设施的用途

在临近主要设施(如储油库、压气站)区域，应与该区域受影响的公众、应急机构、政府官员进行交流，应提供相关信息以确保他们能简明地了解设施的生产运行状况、设施储存或输送的产品基本信息，并提供特殊设施的紧急联络信息。

第7章　管道完整性管理培训大纲

7.1　能 力 分 级

从事管道完整性管理的相关人员应掌握相应技能，并通过培训取得能力认证。培训与能力认证分为三级：一级(初级)；二级(中级)；三级(高级)。

管道完整性管理培训与能力认证为分级管理。取得资质的人员在参加高一级能力评定或培训的过程中，取得原级别的认证仍有效，可不重复参加相应课程的培训，除非在高一级培训中有相应的培训课程。取得较高能力资质的人员可从事该级别以下资质规定的管理活动，较低能力资质的人员不得从事较高资质规定的管理活动。应编制并贯彻执行对完整性管理人员进行培训和资质考核的书面计划大纲，定期审查培训计划，并根据需要进行修订。当新标准、法规发布以及新设备、新工艺程序或新管理理念应用时，应对培训计划进行审查，并根据需要予以修订，依据工作范围，参训个人必须符合管道完整性管理资质相应的要求，以从事相对应的业务工作。取得一级资质及以上的人员方可进行高后果区识别和数据采集工作，取得二级资质的人员方可进行管道基础风险评价等工作，取得三级资质及以上的人员方可进行完整性评价、综合风险评价和效能评价等工作。可依据本标准的资质认定内容开展内部或委托第三方培训和取证，或采用第三方培训方式提供培训和取证。

7.2　培训教师要求

7.2.1　一般培训师要求(满足其中之一者)

(1) 在管道完整性领域具备 5 年以上工作经验，具备工程师及以上资质；

(2) 编制过完整性技术与管理相关的行业标准或参与过国家标准编写；

(3) 培训机构中在管道完整性管理方向具有 3 年以上培训经验；

(4) 获得三级资质培训证书的可培训一级、二级课程。

7.2.2　高级培训师(满足其中之一者)

(1) 在管道完整性领域具备 10 年以上工作经验，具有高级工程师及以上资质，研究成果在工程上得到过应用；

(2) 编制过完整性技术与管理相关的国家标准或参与过国际标准，出版过完整性类的中英文专著；

(3) 培训机构中在管道完整性管理方向具有 5 年以上培训经验；

（4）取得一般培训师资格 5 年以上，并经高级培训师 3 人以上推荐。

7.3 培 训

7.3.1 培训目标

培训的目标是通过一项连续性的培训，帮助完整性管理人员取得相应的知识、能力和资质证明，指导其执行与岗位规定任务有关的各项工作及操作程序。

7.3.2 培训方法

可根据需要采用教师集中授课、计算机和电视远程授课以及其他方法来辅助岗位培训。

7.3.3 培训大纲

完整性管理人员需掌握以下管道管理方面的基本专业技能：①数据管理；②风险评价与高后果区识别管理；③管道检测与适应性评价；④管体缺陷修复管理；⑤管道日常管理；⑥效能评价与管理；⑦管道完整性管理方法。

不同的管理资质等级对应的培训大纲可参照 GB 32167—2015《油气输送管道完整性管理规范》的附录 M 制定实施。

7.4 考核和能力认证

当学员熟练掌握理论知识，具备实际作业能力时，需对其能力进行考核和资格认证。测试过程包括理论知识、工程实践考核，可通过书面、计算机或答辩等方式实施。三级的学员需提供已出版的在相关领域至少有两个独立或负责的专著或研究论文并需通过相关的专业技术专家组织的技术答辩。

7.5 考核管理

应保存完整性管理人员培训和能力资质考核记录。记录应包括培训记录、考核纪录以及能力资质级别更改记录。

7.6 继续培训

当与完整性管理相关的新法规、新设备、新工艺程序或新管理理念及管理大纲变更时，应对相关人员进行继续培训并重新评定其资质。管道完整性管理能力鉴定合格后，因岗位调整，需要从事同一级别能力要求的不同业务时，持证人员需参加相关业务培训，经鉴定合格后，取得相对应业务的管道完整性管理能力资质。取得资质后，完整性管理人员应至少每 3 年再接受一次知识更新培训，以更新其岗位知识和技能。

7.7　培 训 大 纲

7.7.1　一级

一级管道完整性管理能力培训应达到以下要求：

（1）掌握管道完整性管理的基本理念及基础知识，能够依照标准或体系文件实施完整性管理的各项要求。

（2）熟悉管道数据的类型，能够编制数据采集方案，并能够配合数据采集项目的开展；正确使用高后果区识别的相关规程。

（3）了解检测作业的风险及控制措施，能够配合检测作业的开展；了解管体缺陷常见修复方法的具体工序及要求，能够对管体缺陷修复施工进行监管与配合；能够依照标准或体系要求进行巡线和阴极保护系统测试；能够对巡线或测试过程中发现的问题依照流程进行处理。

7.7.2　二级

二级管道完整性管理资质能力培训应达到以下要求：

（1）掌握完整性管理的基本理念，能够依照标准或体系文件实施完整性的各项要求；能够依据评价结果制定合理的完整性管理决策，能够编制完整性管理方案。

（2）熟悉管道数据的类型；能够依据完整性管理的要求对数据采集项目提出具体要求，并能够编制和审核数据采集方案；了解完整性管理数据流程；能够正确使用高后果区识别的相关规程；了解多种风险评价方法优缺点，能从事基础风险评价，并能正确解读评价结果；了解内检测作业的流程、风险及控制措施，能够配合检测作业的开展，熟练掌握检测报告的应用；掌握管体缺陷常见修复方法的具体工序及要求，能够对管体缺陷修复施工进行监管；能够依照标准或体系要求进行巡线和阴极保护系统测试；能够对巡线或测试过程中发现的问题依照流程进行处理；能够对问题进行原因分析，通过类比发现其他管道的潜在问题。

7.7.3　三级

1. 培训要求

三级管道完整性管理资质能力应按照符合培训条件的、通过二级能力认证的高级管理人员的不同专业方向进行专业、系统的培训。

2. 完整性综合管理、体系管理方向

培训所达要求：掌握完整性管理的基本理念和知识，能够依照标准或体系文件实施完整性管理的各项要求；能够依据评价结果制定合理的完整性管理决策，能够编制完整性管理方案；能够独立开展或者指导团队开展管道完整性管理工作。

3. 数据管理方向

培训所达要求：能够准确读取、分析数据；熟悉管道数据的类型；能够依据完整性管理的要求对数据采集项目提出具体要求，并能够编制和审核数据采集方案；依据完整性管理数据现状优化数据流程。

4. 风险评价与高后果区识别管理方向

培训所达要求：正确使用高后果区识别的相关规程；能够依据管道不同特点选择评价方法；熟悉不同的评价方法并根据管道特点选择适合的评价方法；能够开展管道综合风险评价，编制和审核风险评价报告。

5. 管道检测与评价管理方向

培训所达要求：掌握检测技术的基本原理与缺陷评价方法；掌握现场检测作业的风险识别及控制措施；能够合理选择内检测器种类并配合内检测作业的开展；熟知内检测信号特征，能够进行内检测器数据性能评价；能够选择缺陷评价方法开展完整性评价并掌握检测报告的应用；熟悉目前通用的缺陷评价方法；能够组织内外检测作业；能够组织并编写管道完整性评价报告。

6. 管体缺陷修复管理方向

培训所达要求：了解管体缺陷修复相关标准具体条款的制定原则；管体缺陷修复程序和标准制定的原则；提供推荐性的缺陷修复计划，其中包括能够参考管体缺陷施工管理的经验和修复方法；在实际情况无法满足标准规定时需要以管体缺陷修复相关标准为准则，对施工方案提出建议，以满足管体缺陷修复相关标准具体条款的制定原则及原因；能够根据管体缺陷的程度及标准规定选择适用的修复方法；能够进行现场开挖及编写修复报告。

7. 管道日常管理方向

培训所达要求：能够掌握管道腐蚀以及防腐措施所涉及的相关标准；能够依照标准或体系要求进行巡线和阴极保护系统测试；能够对巡线或测试过程中发现的问题依照流程进行处理；能够对问题进行原因分析，通过类比发现管道其他的潜在问题；能够对存在的问题提出治理措施，对潜在问题提出预防措施。

7.7.4　培训和认证要求

各级认证的能力要求和培训大纲明细见表7-1。

表7-1　管道完整性管理资质培训技能大纲明细例表

	参加认证资格要求	专业能力	培训大纲	认证要求
一级	从事管道完整性相关工作1年以上或具有2年以上相关工作经验	风险评价与高后果区识别管理	风险识别与评价基础 高后果区识别 地质灾害风险管理概述及调查识别	相关岗位工作满2年的人员直接通过认证；不足2年的人员参加完相关培训后通过考试认证
		管道检测与评价管理	内检测基础知识 外检测基础知识 清管技术基础，特别是内检测前的清管技术基础	相关岗位工作满2年的人员直接通过认证；不足2年的人员参加完相关培训后通过考试认证

续表

	参加认证资格要求	专业能力	培训大纲	认证要求
二级	具有相关知识背景，从事完整性管理工作 2 年以上或从事管道管理工作 5 年以上	风险评价与高后果区识别管理	管道风险评价 管道风险评价相关法规及标准规范 风险评价方法应用 地质灾害调查与识别	参加完相关培训后通过考试认证
		管道检测与评价管理	管道内检测基本原理及应用 缺陷评价技术基础	参加完相关培训后通过考试认证
三级	具有相关技术背景的高级管理人员，从事管道完整性管理工作 3 年以上	风险评价与高后果区识别管理	管道风险评价 地质灾害调查与识别 风险识别与评价 高后果区识别标准	参加完相关培训后通过面谈进行相关认证
		管道检测与评价管理	管道内检测管理 管道工程适用性评价 管道外检测管理	参加完相关培训后通过面谈进行相关认证

第8章 站场完整性管理体系

油气管道运输是我国五大运输方式之一，对我国国民经济起着非常重要的作用，被誉为国民经济的动脉。随着国民经济的发展，国家对长输管道的依赖性逐渐提高，而管道对经济、环境和社会稳定的敏感度也越来越高，油气管道的安全问题已经是社会公众、政府和企业关注的焦点，政府对管道的监管力度也逐渐加大，因此对管道的运营者来说，管道运行管理的核心是"安全和经济"。

由于当前我国的油气管道多为 20 世纪 70 年代所建设和近年来新建管道，对于老旧管道，随着运行时间延长，管道事故时有发生，如何解决油气管道运行安全问题是当前解决老旧油气管道设施安全运行的首要问题。对于新建管道，由于输送压力高，事故后果影响严重，如何保证管道在投入运行前期的事故多发期的运行安全，同时降低成本，也是当前新建管道所面临的主要问题。

当前世界各国管道公司都采用管道完整性管理的模式，并且主要集中在线路的完整性管理，内检测技术的发展为完整性管理的推进起到了决定性作用。但近年来，场站发生的事故逐渐增加，国外大型管道公司逐渐重视场站完整性管理工作，PRCI（管道研究学会）设立了科研项目对场站完整性进行专题研究，取得了许多重要成果。场站完整性管理的推进需要建立场站完整性管理体系，开发场站完整性技术，由于场站设备种类繁多，技术要求复杂，各国在推广应用方面都比较慎重，都在考虑与传统管理的结合，使之适应现场的管理和技术需求。

管道运营公司开展站场完整性管理，与线路完整性管理的出发点相同，即针对不断变化的场站设备设施风险因素，对站场运营中面临的风险因素不断进行识别和技术评价，制定相应的风险控制对策，不断改善识别到的不利影响因素，从而将站场运营的风险水平控制在合理的、可接受的范围内。

站场完整性管理的目的还在于建立和提出一套专门适用于管道运营公司需求的技术文件，这些体系文件和系统将保证站场安全运行，并为管道运营公司建立最有效的安全经济发展服务，有利于管道管理者发现和识别管道危险区域，对各种事故做到事前预控。

本章为油气站场完整性管理提供一套系统、综合的方法，以陕京管线为例，重点阐述了站场完整性管理技术，建立了场站管线、设备的多种评估技术，包括数据库管理技术、后果评估技术、站场内外腐蚀控制技术、站场压缩机故障诊断评估技术，以及站场管线超声导波检测技术、储气库井的完整性评价方法等，完善了场站完整性技术支撑体系，同时以典型场站为例，开展了场站完整性保障技术的应用，取得了较好的效果，对于保障场站的安全运行意义重大。

8.1 站场完整性管理体系建设

站场设备设施包括压缩机、泵、加热炉、阀门、工艺管道、储罐和仪表等，场站完整性管理的总体目标就是保证管道系统安全、可靠、受控，避免重大安全、环境责任事故。

8.1.1 站场设备完整性管理方针

通过站场设备完整性管理，努力达到设备设施 100% 完好率，有效识别场站运行风险，采取合理控制措施，提前预控场站风险，控制泄漏产生，使生产经营活动建立在技术先进、经济合理的技术基础上，为管道安全生产运行提供有力的保障。

8.1.2 站场完整性管理原则

在设计、建设和运行新管道系统时，应融入完整性管理的理念和做法；
（1）进行场站动态的完整性管理；
（2）建立负责的完整性管理机构、管理流程及配备必要的手段；
（3）对所有与资产完整性管理相关的信息进行分析整合；
（4）不断在场站完整性管理过程中采用各种新技术。

8.1.3 站场完整性管理目标

（1）建立职责清晰的完整性管理体系，并持续改进；
（2）有效识别站场设施中存在的风险，使站场的风险得到有效控制；
（3）保证运行设施完好率，力争在线运行设备达到零故障运行；
（4）设备备品、备件安全库存制定合理，各类设备备品、备件的储备能够保证设备维修要求；
（5）数据实现信息化集中管理，设备数据收集达到各类统计、分析的要求；
（6）追求设备全寿命周期费用经济和实现生产综合效率最高；
（7）通过科学维护延长设备设施的寿命；
（8）防止出现由于操作和管理不当引起的泄漏或断裂；
（9）持续提升安全关键性资产的可靠性和可用率。

8.1.4 站场完整性管理流程

站场完整性管理首先要分析站场管理的特点，建立一套场站完整性管理文件，文件覆盖场站的主要设备设施，然后从风险的识别开始，按照设备设施、人员误操作、工艺管线的风险进行识别，再通过场站风险管理的技术方法，如基于风险的检测（RBI）、基于可靠性的维护（RCM）及安全仪表系统分级（SIL）等技术进行风险分级和排序，确定设备设施、管线的检维护周期和时间。通过维护周期和时间的确定，进行风险预防和控制，通过实施场站设备设施的检测、完整性评估，开展场站设施的维护维修，整个过程中，建立场站基础数据库，使数据与管理的各个环节紧密结合。最后，通过效能评价，持续改进站场完整性管理。陕京线所实施的站场完整性管理流程如图8-1所示。

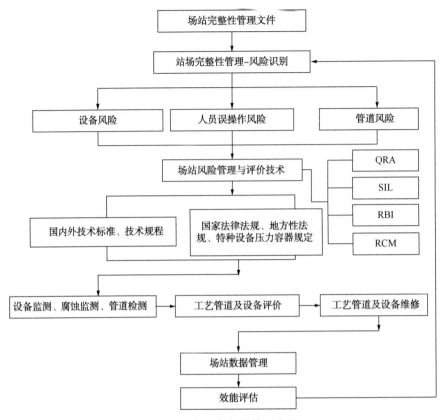

图 8-1　场站完整性管理流程

8.2　站场风险管理与定量风险评估

8.2.1　站场风险管理技术的选择

站场完整性管理是一个持续循环和不断改进的过程。应根据不同的资产类型和状态，采用系统的、基于风险的方法，制定站场完整性管理计划，通过各种风险管理技术的应用，可对站场资产进行风险排序，了解和掌握关键性资产，明确造成风险的原因和薄弱环节，及时制定和采取预防和减缓风险的措施。推荐采用的方法如下：

HAZOP 分析，通过对整个站场的因果分析来确定新的或者已有的工程方案、设备操作和功能实现的危险，主要用于新建站场和工艺变更较大的场站；站内管线与所有承压静设备，采用基于风险的检验（RBI）技术，制定检验计划，预防风险的发生；储罐主要采用储罐的基于风险的检验（AST RBI）技术，建立检验计划，预防风险的发生；压缩机、泵、电机等转动设备以及静设备维护，采用以可靠性为中心的维护（RCM）技术，建立预防性的主动维护策略，防止风险的发生；保护装置、安全控制系统，采用安全完整性等级评估（SIL）技术，制定测试计划，减缓风险发生的程度；定量风险评价（QRA）的方法不是简单地设置防护带，而是采用系统的风险分析来识别危害性站场设施潜在的危害，定量描述事故发生的可能性和后果(如损失、伤亡等),计算总的风险水平,评价风险的可接受性,对站场设施的设计和运行操作进行修改或完善,从而更科学有效地减少重大危害产生的影响。

8.2.2　站场定量风险评估及软件技术

近年来场站的风险管理成为管道企业寻求风险最小、效益最大的关键。风险管理就是利用管道运行的现场及历史统计资料,经过风险分析最终找到减少风险所需要投入的资金和改进运行管理的方法,将管道的风险限定在一个可接受的水平上。而在这个风险管理过程中,对管线和设备准确的安全评估是个基础性工作。其中针对长输管线和设备的安全评估方法包括定性分析、定量分析和半定量分析,主要有制定安全检查表、故障树分析、预先风险分析法(PHA)、危险和可操作性研究(HAZOP)、道化学火灾爆炸法和用来评价输气管线和站场的API 581(基于风险的检测的基本源文件)。API 581是美国石油学会提出的一个相对于API 580更加具体和严格的风险分析文件,其中包括了失效后果、失效概率、经济损失和环境影响等方面的问题,它利用风险作为区分检验程序的优先秩序和对设备进行管理的基础。

针对站场的风险管理,开发了站场风险评价软件,功能分为四部分:"具体设备风险评估""站场评估数据""个体设备风险评估"以及"基本数据来源",开发软件计算过程如图8-2所示。图8-2(f)中,依次沿左下角向右下角方向,绿色框表示几乎无风险,继续使用;浅绿色区域表示低风险,需加强监测,安排中、长期的维护计划;黄色区表示中等风险,采取措施使得向低风险方向变化;橙色区域表示高风险,需尽快安排短期维修计划,避免发展为事故;红色区域表示极高风险,需要立即维修、更换管道或采取补救措施。

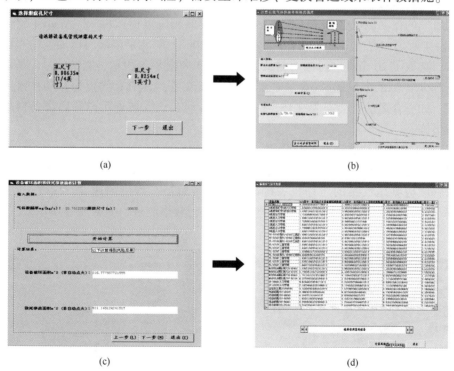

(a)　　(b)

(c)　　(d)

图8-2　场站风险评估软件系统

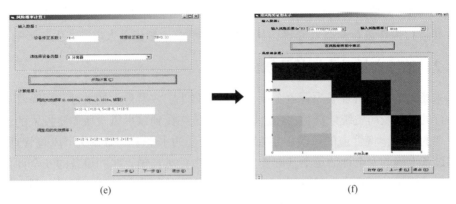

(e)　　　　　　　　　　　　　　　(f)

图 8-2　场站风险评估软件系统(续)

8.3　场站完整性保障关键技术与应用

8.3.1　大型压缩机系统的关键部位监测技术

压缩机系统的各个部件和管道大多是通过焊接和螺栓连接。在这些连接处,特别是配管及管道附件,存在较高的由振动引起的疲劳失效潜在风险,应采取相应的监测技术对压缩机的关键部位进行检测,确保压缩机及其附属设施的完整性。

1. IOTECH 离线振动监测

采用研发的振动测试 IOTECH 设备,以及开发的相应分析软件 eZ-Analyst 软件,如图 8-3 和图 8-4 所示,遵循国家标准 GB/T 6075.6—2002,对北京市衙门口加气站 4 台机组进行了测试。选取了 20 个点进行振动测试,如图 8-5 和图 8-6 所示,测试信号分析如图 8-7 和图 8-8 所示。测试中发现了 16 个 C 类和 D 类风险点,其中 C 类点为振动在该区域不能长期发生,如有合适的机会需要维修,D 类点为振动在该区域处足以导致设备损坏,需要立即采取措施。

2. 压缩机在线振动监测与诊断分析

通过在压缩机组安装固定式振动测量传感器,采集数据不断分析振动疲劳的影响。例如在陕京一线应县压气站的压缩机关键部位安装传感器,测量加速度、应变、动态压力、固有频率等参数,采用应变仪在压缩机排污管处进行频谱测量,如图 8-9 所示。

图 8-3　测试主机 ZONICBOOK618E　　　　　图 8-4　3D 加速传感器

图 8-5　测点布置图

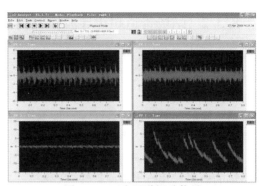

图 8-6　四个通道振动信号

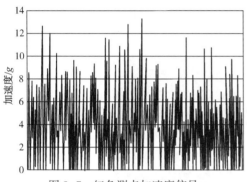

图 8-7　红色测点加速度信号

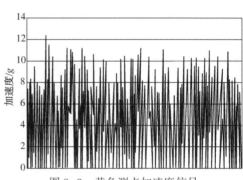

图 8-8　黄色测点加速度信号

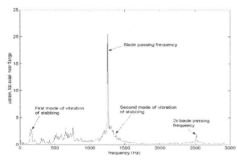

(a) 应变频谱

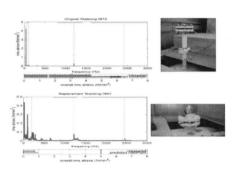

(b) 压力频谱

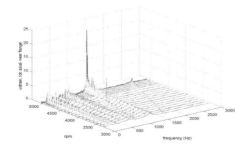

(c) 应变频谱三维图

图 8-9　低速运行时压缩机配管的应变和压力频谱图

8.3.2　站场管道超声导波检测技术

超声导波可在一个测试点对一个大的长距离的管道内部材料进行100%的检测。可检测直径为2~48in的管道，常用于下列情形：穿路套管、穿越围墙、直管段的100%检测、各种支架下的管道检测、架空工程管道、防腐层下腐蚀检测(只需清除很小绝缘层)、低温工程管道、球形支架、护坡管线等。根据检测信号，分析出管道的焊缝、法兰、支撑等特征和管道上的各种缺陷，并对缺陷的严重程度作出大致的评估。

陕京管道自2005年引进超声导波技术以来，已完成了陕京一线、二线、储气库等28个站场的检测，共检测各种管线(天然气、凝析油、排污)包括站内和长输、集输管线100余公里，进行数据采集5900余次，统计发现缺陷150余处，保证了站场工艺管道的安全，并发挥了重要作用。典型缺陷检测信号如图8-10所示，图中为采育站自用气管线，管径为50mm，壁厚为5mm，测量后腐蚀深度为2.5mm。

(a)开挖后缺陷

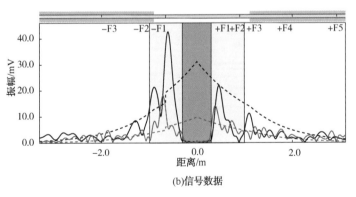

(b)信号数据

图8-10　超声导波检测信号

8.3.3　储气库井的完整性评价技术

储气库井采用多层管柱电磁探伤成像测井技术，实施油套管检测，并建立储气库检测和评价标准。目前国内进行井下油套管腐蚀状况检测的技术主要有井下超声波电视、40臂井壁仪等，但井下超声波电视需要在液体状态下工作，40臂井壁仪的仪器直径较大，精度较差，不适合注采井生产管柱的检测。国内现有的仪器设备无法实现在生产状态下对注采井生产管柱和套管同时进行检测的需要，而要对油管测试则需要对气井进行压井作业，这将对储层造成新的伤害；对套管测试则必须起出生产管柱，作业费用昂贵，也存在较大的作业风险。

多层管柱电磁探伤成像测井技术可同时对两层管柱进行探伤和厚度测量，测定两层管壁的厚度变化值，探明套管横向和纵向的损伤。该仪器外径为42mm(带扶正器45mm)，实现了不压井对油套管的腐蚀情况和伤害的检测。经过论证，应用该仪器可以同时实现储气库7in、$2\frac{7}{8}$in、$3\frac{1}{2}$in、$4\frac{1}{2}$in油管的检测，其中油管的检测精度可达壁厚变化0.5mm，套管的检测精度可达壁厚变化1mm。

大港储气库群采用多层管柱电磁探伤成像测井评估技术对65口生产井进行了检测，发现了注采井的生产管柱存在部分渗漏现象，确定了井下油套管的井下技术状况，为制定注采井修井方案提供了依据，定量化地开展了注采井安全性评价工作，建立了注采井安全评价的标准。检测信号如图8-11所示。

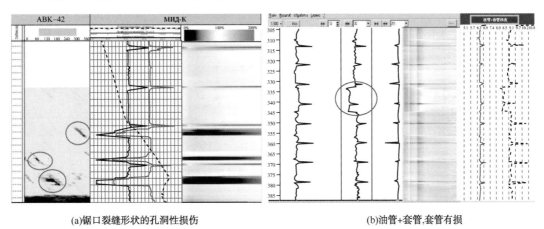

(a)锯口裂缝形状的孔洞性损伤　　　　　　　　　　(b)油管+套管,套管有损

图8-11　大张坨储气库井场油套管检测信号

8.3.4　大港储气库群地下管线综合检测技术

1. 大港储气库群介绍

大港储气库群处于天津大港区，土壤地质环境较差，腐蚀高发，目前大港储气库群由6座储气库组成，地面系统纵横交错，地面管道设施建设时间前后跨度已达10年，风险极大，需要对该地区地面设施开展场站完整性管理。

2. 场站检测技术应用于内外腐蚀的发现

2012年该公司管理者决定对大港储气库群进行系统的风险识别和检测评估，使用以色列Isonic 2006便携式声定位多功能超声成像检测系统、相控阵检测技术以及英国GUL超声导波检测系统，对该地区管段进行100%短程导波检测，可疑信号进行导波成像，重点区域进行超声波C扫描检测，在500多个检测部位发现了大面积的氧浓差腐蚀，均在入地端500mm内发生，并且伴有高温氧化特征的电化学腐蚀发生。

按照GB 50251《输气管道工程规范》规定，使用ANSYS软件和DNV RP-F101标准进行缺陷评估,确定了24个不可接受的腐蚀缺陷点,并进行了缺陷补强修复和换管,确定了174处防腐层破损点,使用了抗高温涂层材料在高温湿热环境下进行防腐层补伤,在含水、腐蚀环境复杂的部位使用了黏弹体进行防腐层修复。

通过场站完整性管理的防腐有效性专项管理,保障了站场工艺管线的安全,消除了隐患,效果明显。

8.3.5 站场完整性管理的数据管理技术

1. 场站数据库数据

场站数据库由基础数据库、失效数据库、失效数据库、维修数据库、检测数据库等组成,构建了站场完整性管理的数据管理平台,如图8-12所示。

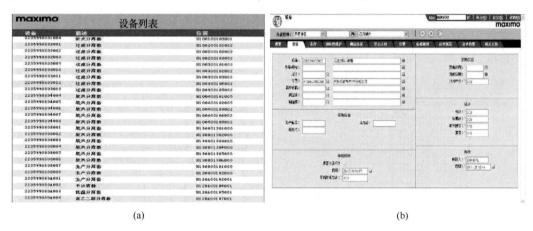

(a)   (b)

图8-12　站场完整性管理基础数据库

1) 基础数据库

基础数据包括:

(1) 设备识别数据(位置、分类、安装及设备单元数据);

(2) 设计数据(制造厂数据、设计参数);

(3) 应用数据(工作状态模式、监视周期、工作参数等);

(4) 其他信息。

2) 失效数据库

失效数据包括:

(1) 识别数据(失效记录、设备及位置);

(2) 失效数据(日期、失效模式、失效对工作的影响、严重度等级、描述、原因、失效子单元及维修组件、观测方法);

(3) 其他信息。

3) 维修数据库

维修数据包括:

(1) 识别数据(维修记录、设备及位置、失效记录);

(2) 维修数据(日期、种类、作业描述、物料);

（3）维修时间（实际维修时间、停机时间）。

4）检测数据库

检测数据包括：

（1）测试数据（接地电阻测试、壁厚检测等）；

（2）功能测试数据；

（3）监测数据（压力、温度、振动等）。

2. 数据管理平台

通过站场三图（平面、三维、工艺流程图）实现站场的全方位管理，利用三维方式实现设备的动态浏览，同时利用三维、工艺流程图方式监控设备状态，实现检测数据、设备属性与三维模型、工艺流程图的衔接，实现设备图形查询。

8.4　某压缩机站场的定量风险评价

某输气干线压气站于 1999 年投产，共设输气站场和阀室 38 座，其中有 3 座计量站，7 座中间清管站。在中间四处设有天然气压气站，该压气站的功能是将两路来的天然气汇合增压后进行输送。以该压气站为例，应用 API 581 对其进行安全评估。

某压气站气源基本参数：

天然气组分：见表 8-1；

表 8-1　气源天然气组分表

组　分	%（摩尔分数）	组　分	%（摩尔分数）
CH_4	88.35	iC_5H_{12}	0.0438
C_2H_6	5.555	nC_5H_{12}	0.061
C_3H_8	1.133	CO_2	3.276
iC_4H_{10}	0.152	N_2+Ne	1.131
nC_4H_{10}	0.219	H_2S	≤20mg/m³
H_2O	0.0622	H_2	0.0165

进压气站天然气压力：4.5MPa；

进压气站天然气温度：5~22℃；

天然气水露点：-10℃；

天然气烃露点：-15℃。

8.4.1　失效后果分析（Consequence）

1. 确定代表性流体及其特性

代表性流体为 C_1~C_2，密度为 90.2kg/m³，标准沸点为 89.4℃，自动点火温度为-17.2℃。

2. 确定代表性流体的最后相态（即液体或气体）

流体泄放后的扩散特性主要取决于环境中流体的相态（即液体或气体）。如果当流体从稳态工况转换到稳态环境条件时没有相变，则流体的最终相和初始相相同。这里最后相态为气体。

3. 选择一组孔尺寸

API 581 提供了四种泄漏孔尺寸，即 0.25in、1in、4in 和破裂。

表 8-2   定量风险评估所使用的孔尺寸

孔 尺 寸	范 围	代 表 值
小	0~0.25in	0.25in
中	0.25~2in	1in
大	2~6in	4in
破裂	>6in	部件整个直径

4. 计算气体泄漏量

对于天然气泄漏量的计算，国外已有方法对其进行计算。换算成国际单位制的公式后，得到如下计算过程：

管道中气体泄漏质量流量与其流动状态有关，当 $\frac{p_0}{p} \leq \left(\frac{2}{k+1}\right)^{\frac{k}{k-1}}$ 时，气体流动属于音速流动；当 $\frac{p_0}{p} > \left(\frac{2}{k+1}\right)^{\frac{k}{k-1}}$ 时，气体流动属于亚音速流动（其中 k 为气体绝热指数）。

音速流动的气体泄漏质量流量为：

$$q_{mG} = C_{dg}A\rho\sqrt{\frac{kM}{RT}\left(\frac{2}{k+1}\right)^{\frac{k+1}{k-1}}} \tag{8-1}$$

亚音速流动的气体泄漏质量流量为：

$$q_{mG} = C_{dg}A\rho\sqrt{\frac{M}{RT}\left(\frac{k}{k-1}\right)\left(\frac{p}{p_0}\right)^{\frac{2}{k}}\left[1-\left(\frac{p}{p_0}\right)^{\frac{k-1}{k}}\right]} \tag{8-2}$$

式中 C_{dg}——气体泄漏系数，与裂口有关，裂口形状圆形时取 1.00，三角形时取 0.95，长方形时取 0.90；

A——裂口面积，m^2；

ρ——气体密度，kg/m^3；

M——气体相对分子质量；

q_{mG}——气体泄漏质量流量，kg/s；

R——气体常数，$8.3144J/(mol \cdot K)$；

T——气体温度，℃。

安全评价中，裂口的大小和形状一般都是按照工程实际情况进行预先假设，再通过假设，计算出评价所需的泄漏量。如果情况较为复杂，也可根据已有工程的数据或者经验知识直接假设泄漏总量，进行相应的定量评价。

5. 确定泄放类型

以下过程用来确定相应的泄放类型：

（1）所有"小孔"（0.25in）模拟为持续泄放。

（2）当泄放4540kg花了不到3min时，通过给定孔尺寸的泄放为瞬时泄放。所有较低泄放率模拟为持续型泄放。

（3）对相应的管线和设备评估时，大于0.25in时泄放质量都大于4540kg，即孔尺寸大于0.25in的都看作是瞬时泄放。

6. 确定泄放潜在影响区（即后果区）

根据API 581，后果的公式表示如下：

$$A = ax^b \tag{8-3}$$

式中　A——后果区；

　　a，b——与物质和后果相关的常数；

　　x——泄放质量。

结合具体泄放类型得出具体的计算公式如下（具体方法见API 581）：

1）持续泄放后果等式—自动点火不可能

（1）设备破坏面积：$A = 43x^{0.98}$

（2）致死事故面积：$A = 110x^{0.96}$

2）瞬时泄放后果等式—自动点火不可能

（1）设备破坏面积：$A = 41x^{0.67}$

（2）致死事故面积：$A = 79x^{0.67}$

3）持续泄放后果等式—自动点火可能

（1）设备破坏面积：$A = 280x^{0.95}$

（2）致死事故面积：$A = 745x^{0.92}$

4）瞬时泄放后果等式—自动点火可能

（1）设备破坏面积：$A = 1079x^{0.62}$

（2）致死事故面积：$A = 3100x^{0.61}$

由于设备和管线泄放后一般不会自动点火，所以只计算自动点火不可能的两个部分。

最后得出的评价结果见表8-3。

表8-3　某压气站主要设备和管线的失效影响后果区域　　　　　m²

设备和管线 ＼ 孔尺寸	0.25in	1in	4in
重力分离器（6个）	49.1/119.4	134.4/259.0	861.5/1660.0
旋风式分离器（6个）	49.1/119.4	134.4/259.0	861.5/1660.0
高级孔板阀	43.0/104.7	122.6/236.3	786.0/1514.5
MOKVELD调压阀	49.5/123.1	138.9/267.6	890.0/1715.0
MOKVELD止回阀	46.2/112.4	128.9/248.4	826.0/1592.0
CAMERON电动球阀	47.9/116.5	132.2/254.7	847.0/1632.1
往复式压缩机组（5个）	55.9/135.4	146.8/282.8	940.7/1812.5
电动球阀	48.5/117.3	134.0/255.2	848.1/1633.2

续表

孔尺寸 / 设备和管线	0.25in	1in	4in
止回阀	46.2/112.4	128.9/248.4	826.0/1592.0
内径 487.4mm 的管线(阀门 XV-80001 的入口管线)	43.0/104.7	122.6/236.3	786.0/1514.5
内径 487.4mm 的管线(汇管 1 经 XV-80004 到压气站出站的管线)	50.0/121.3	136.0/261.9	871.0/1678.2
内径 487.4mm 的管线(汇管 1 经 XV-80003 到汇管 2 的管线)	42.4/103.4	121.6/234.3	779.2/1501.5
内径 255mm 的管线	43.0/104.7	122.6/236.3	786.0/1514.5
内径 103mm 的管线	42.4/103.4	121.6/234.3	779.2/1501.5
内径 309.7mm 的管线	42.4/103.4	121.6/234.3	779.2/1501.5

注：①"/"左边为设备破坏面积，右边为致死事故面积。

②由于设备和管线的完全破裂的可能性很小，所以不计算它们的失效后果。

③管线标号具体见站场工艺流程图。

④数据的计算工作，使用了研制开发的风险评估软件。

8.4.2　失效概率分析(Likelihood)

可能性分析从特定设备类型的同类失效概率数据库开始，然后通过设备修正系数(F_E)和管理系统修正系数(F_M)这两项来修改这些同类概率，最后通过同类失效概率乘以这两个修正系数计算出一个经过调整的失效概率。

$$概率_{调整} = 概率_{同类} \times F_E \times F_M$$

同类失效概率数据库来源于多个工业设备失效历史数据的汇编。根据这些数据，已经为每类设备和每一直径的管道编制了同类失效概率。

设备修正系数根据每台设备在其中运行的特定环境，然后编制一个对该设备项独特的修正系数。

管理系统修正系数是根据具体的安全管理系统来判断其对同类失效概率的影响。该系数区分了具有不同管理系统的装置之间的失效可能性。

1. 同类失效概率

根据 API 581 建议，得到榆林压气站管线和设备的同类失效概率(见表 8-4)。

表 8-4　失效概率值　　　　次/年

孔尺寸 / 设备和管线	0.25in	1in	4in	破裂
重力分离器(6 个)	9×10^{-4}	1×10^{-4}	5×10^{-5}	1×10^{-5}
旋风式分离器(6 个)	9×10^{-4}	1×10^{-4}	5×10^{-5}	1×10^{-5}
高级孔板阀	4×10^{-5}	1×10^{-4}	1×10^{-5}	6×10^{-6}
MOKVELD 调压阀	4×10^{-5}	1×10^{-4}	1×10^{-5}	6×10^{-6}
MOKVELD 止回阀	4×10^{-5}	1×10^{-4}	1×10^{-5}	6×10^{-6}
CAMERON 电动球阀	4×10^{-5}	1×10^{-4}	1×10^{-5}	6×10^{-6}

续表

孔尺寸 设备和管线	0.25in	1in	4in	破裂
往复式压缩机组(5个)	0	6×10^{-3}	6×10^{-4}	0
电动球阀	4×10^{-5}	1×10^{-4}	1×10^{-5}	6×10^{-6}
止回阀	4×10^{-5}	1×10^{-4}	1×10^{-5}	6×10^{-6}
内径 487.4mm 的管线	6×10^{-8}	2×10^{-7}	2×10^{-8}	1×10^{-8}
内径 255mm 的管线	2×10^{-7}	3×10^{-7}	8×10^{-8}	2×10^{-8}
内径 103mm 的管线	9×10^{-7}	6×10^{-7}	0	7×10^{-8}
内径 309.7mm 的管线	1×10^{-7}	3×10^{-7}	3×10^{-8}	2×10^{-8}
内径 155mm 的管线	4×10^{-7}	4×10^{-7}	0	7×10^{-8}
内径 50mm 的管线	3×10^{-6}	0	0	6×10^{-7}
内径 100mm 的管线	9×10^{-7}	6×10^{-7}	0	7×10^{-8}
内径 25mm 的管线	5×10^{-6}	0	0	5×10^{-7}
内径 40mm 的管线	4×10^{-6}	0	0	6×10^{-7}

2. 设备修正系数(F_E)

设备修正系数被进一步分为通用次因子、机械次因子和工艺次因子，在分析了这些次因子之后，将所有分项确定值相加，得到该设备项的最终数值。这个总和可正可负，需要经过进一步换算才能得到需要的设备修正系数 F_E。

针对站场的计划停车周期大于 6 年、地处 1 级地震区、压缩机进行定期振动监测、泄压阀没有大量结垢等情况，取其设备修正系数为 6。

3. 管理修正系数(F_M)

按照 API 581 的要求，得到管理修正系数值为 0.33。

4. 同类失效概率和修正失效概率

调整后的失效概率为上述的同类失效概率乘以 2。

最后得到榆林压气站场主要设备和管线的修正失效概率见表 8-5。

表 8-5　修正失效概率值　　　　　　　　　　　　　　　　次/年

孔尺寸 设备和管线	0.25in	1in	4in	破裂
重力分离器(6个)	18×10^{-4}	2×10^{-4}	10×10^{-5}	2×10^{-5}
旋风式分离器(6个)	18×10^{-4}	2×10^{-4}	10×10^{-5}	2×10^{-5}
高级孔板阀	8×10^{-5}	2×10^{-4}	2×10^{-5}	12×10^{-6}
MOKVELD 调压阀	8×10^{-5}	2×10^{-4}	2×10^{-5}	12×10^{-6}
MOKVELD 止回阀	8×10^{-5}	2×10^{-4}	2×10^{-5}	12×10^{-6}
CAMERON 电动球阀	8×10^{-5}	2×10^{-4}	2×10^{-5}	12×10^{-6}

续表

设备和管线 \\ 孔尺寸	0.25in	1in	4in	破裂
往复式压缩机组(5个)	0	12×10^{-3}	12×10^{-4}	0
电动球阀	8×10^{-5}	2×10^{-4}	2×10^{-5}	12×10^{-6}
止回阀	8×10^{-5}	2×10^{-4}	2×10^{-5}	12×10^{-6}
内径487.4mm的管线	12×10^{-8}	4×10^{-7}	4×10^{-8}	2×10^{-8}
内径255mm的管线	4×10^{-7}	6×10^{-7}	16×10^{-8}	4×10^{-8}
内径103mm的管线	18×10^{-7}	12×10^{-7}	0	14×10^{-8}
内径309.7mm的管线	2×10^{-7}	6×10^{-7}	6×10^{-8}	4×10^{-8}
内径155mm的管线	8×10^{-7}	8×10^{-7}	0	14×10^{-8}
内径50mm的管线	6×10^{-6}	0	0	12×10^{-7}
内径100mm的管线	18×10^{-7}	12×10^{-7}	0	14×10^{-8}
内径25mm的管线	10×10^{-6}	0	0	10×10^{-7}
内径40mm的管线	8×10^{-6}	0	0	12×10^{-7}

8.4.3　风险计算(Risk)

设备或管线的风险值按下式计算:

$$设备或管线的风险值=风险后果(con)\times风险概率(pof)$$

最终得到设备或管线的风险值见表8-6。

表8-6　风　险　值

设备和管线 \\ 孔尺寸	0.25in	1in	4in
重力分离器(6个)	$8.84\times10^{-2}/21.5\times10^{-2}$	$2.69\times10^{-2}/5.18\times10^{-2}$	$8.62\times10^{-2}/16.60\times10^{-2}$
旋风式分离器(6个)	$8.84\times10^{-2}/21.5\times10^{-2}$	$2.69\times10^{-2}/5.18\times10^{-2}$	$8.62\times10^{-2}/16.60\times10^{-2}$
高级孔板阀	$0.34\times10^{-2}/0.84\times10^{-2}$	$2.45\times10^{-2}/4.72\times10^{-2}$	$1.57\times10^{-2}/3.03\times10^{-2}$
MOKVELD调压阀	$0.40\times10^{-2}/0.98\times10^{-2}$	$2.78\times10^{-2}/5.35\times10^{-2}$	$1.78\times10^{-2}/3.43\times10^{-2}$
MOKVELD止回阀	$0.37\times10^{-2}/0.90\times10^{-2}$	$2.58\times10^{-2}/4.97\times10^{-2}$	$1.65\times10^{-2}/3.18\times10^{-2}$
CAMERON电动球阀	$0.38\times10^{-2}/0.93\times10^{-2}$	$2.64\times10^{-2}/5.09\times10^{-2}$	$1.70\times10^{-2}/3.26\times10^{-2}$
往复式压缩机组(5个)	0	$176.16\times10^{-2}/339.36\times10^{-2}$	$112.88\times10^{-2}/217.5\times10^{-2}$
电动球阀	$0.39\times10^{-2}/0.94\times10^{-2}$	$2.68\times10^{-2}/5.10\times10^{-2}$	$1.70\times10^{-2}/3.27\times10^{-2}$
止回阀	$0.37\times10^{-2}/0.90\times10^{-2}$	$2.58\times10^{-2}/4.97\times10^{-2}$	$1.65\times10^{-2}/3.18\times10^{-2}$
内径487.4mm的管线(阀门 XV-80001的入口管线)	$0.52\times10^{-5}/1.26\times10^{-5}$	$4.9\times10^{-5}/9.45\times10^{-5}$	$3.14\times10^{-5}/6.06\times10^{-5}$
内径487.4mm的管线(汇管1经 XV-80004到压气站出站的管线)	$0.6\times10^{-5}/1.46\times10^{-5}$	$5.44\times10^{-5}/10.48\times10^{-5}$	$3.48\times10^{-5}/6.71\times10^{-5}$

续表

设备和管线＼孔尺寸	0.25in	1in	4in
内径 487.4mm 的管线（汇管 1 经 XV-80003 到汇管 2 的管线）	$0.508×10^{-5}/1.24×10^{-5}$	$4.86×10^{-5}/9.37×10^{-5}$	$3.12×10^{-5}/6.01×10^{-5}$
内径 255mm 的管线	$1.72×10^{-5}/4.19×10^{-5}$	$7.36×10^{-5}/14.18×10^{-5}$	$12.58×10^{-5}/24.23×10^{-5}$
内径 103mm 的管线	$7.63×10^{-5}/18.61×10^{-5}$	$14.59×10^{-5}/28.12×10^{-5}$	0
内径 309.7mm 的管线	$0.85×10^{-5}/2.07×10^{-5}$	$7.30×10^{-5}/14.06×10^{-5}$	$4.68×10^{-5}/9.01×10^{-5}$

注：为了便于比较，把设备部分数量级视为 10^{-2}，管线部分视为 10^{-5}。

由表 8-6 的计算结果看到，设备要比管线风险大得多，而其中 4 个压缩机组不论是风险后果还是风险概率都是最大的，其次是重力分离器和旋风式分离器。而管线部分内径为 103mm 的管线风险值比较大，内径为 487.4mm 的管线（汇管 1 经 XV-80004 到压气站出站的管线）的风险后果最大，这是由于这条管线的操作压力较大所致。风险概率方面，内径 103mm 的管线最大。

还可以得出孔尺寸与失效后果和失效概率的关系：随着裂口尺寸的增大，设备和管线的失效后果区域逐渐增大；而失效概率则呈现出不同的规律，对于设备来说，一般失效概率大多集中在小的泄漏孔尺寸上，对于管线，1in(0.0254m)左右的泄漏尺寸比较常见。而这里温度对失效后果面积也是有影响的，温度越低，失效后果越大，这是由于不论气体处于音速流动还是亚音速流动，其泄放率与温度的平方根成线形反比关系。

对于失效概率的管理修正系数和设备修正系数来说，管理修正系数与承包商所实施的管理程序有关，因为整个厂区都遵守同样的管理规则，所以管理系统修正系数不会改变设备项之间的基于风险值的顺序排列。但是，管理系统修正系数可能对每一设备项和整个工业设施的总风险水平有显著影响。当对整个装置的风险水平进行比较或者对不同装置或装置现场之间的类似设备项的风险值进行比较时，其作用就显得尤为重要。设备修正系数与设备所处的工艺条件有关，它可根据每台设备在其中运行的特定环境得出。

8.5　基于风险的检验(RBI)

8.5.1　概述

RBI(基于风险的检验)是一种针对石油天然气工业装置的评价技术，由 API(美国石油学会)在总结石油天然气工业多年的经验和好的做法的基础上研发，以 API Publ 581：2000 公开出版物的形式首先提出。它以风险分析为基础，结合失效概率分析和后果分析，进行设备风险排序，管理设备检验计划。通过 RBI 的输出结果，使用者可以设计合理的检验计划对设备失效的风险进行管理和维护。

RBI 技术是在设备检验技术、材料失效机理研究、失效分析技术、风险管理技术和计算机等技术的基础上发展产生的。通过长期对这些技术的研究和应用，人们发现：

(1) 绝大部分的承压设备都存在缺陷；

(2) 大部分的缺陷是无害的，不会导致设备的失效；

（3）极少数的缺陷会导致灾难性的失效；

（4）对于高风险设备必须通过检验来发现其关键缺陷。

目前的解决方法是在检验工作中加入风险评价技术，这就是基于风险的检验方法（RBI）：它建立了一套规范的程序和做法，对企业的各种检验资源进行组织和运用，帮助企业充分应用上述这些技术的最新成果和全体的经验——而不是仅限于本厂和本装置上积累的经验，使企业在安全方面的投入能够最大地转化为企业的效益——更多考虑产生的间接效益。正如其"基于风险"的名称，风险管理是 RBI 的核心内容，其重点放在承压设备由于材质劣化导致的物料泄漏方面。

20 世纪 90 年代初，RBI 开始在美国石化企业应用。在英国、法国和德国等国家，也相继开始在石油天然气工业装置上实施 RBI 技术。在亚洲，韩国和日本也采用了与其相似的一些技术。目前，RBI 技术在世界上已经得到了广泛的应用。

国内在 90 年代就已经开始了 RBI 的研究与试点，并一直跟踪国际上最先进的 RBI 研究结果。如中国石化天津石化分公司与中国石化上海失效分析与预防研究中心合作引进了挪威船级社(DNV)的 RBI 技术并在大芳烃加氢装置上进行了试点；茂名乙烯引进了法国船级社(BV)的 RBI 技术在合肥通用机械研究所的配合下进行了试点；青岛安全工程研究院引进了英国 TISCHUK 公司的 RBI 技术在齐鲁炼厂进行试点等。这些工作为推行 RBI 技术积累了宝贵的经验。基于这些经验，国内炼化企业开始了推广应用。2006 年 4 月，国家质检总局下文在国内主要炼化企业推广使用 RBI，并对 RBI 的分析结果表示认可，这极大地促进了RBI 技术的推广使用。

出于油气管道站场完整性管理工作的需要，对站场重要设备的评价需要采用科学的程序和方法，RBI 就是目前通用的一种评价方法。目前中石油管道企业中，陕京线最先做了有益的尝试，随后兰成渝管道兰州首站、西气东输靖边首站、大港储气库也相继开展了RBI。油气站场实施基于风险的检验可以：①增进工艺管道、储罐等装置的安全性；②合理分配检验和维护资源，从而对高风险部件和较低风险的设备有区别地提供合适的检验计划；③基于风险的决策，提高企业的经济效益和整体管理水平。

通常所说的 RBI 指 API 研发的 RBI 体系，与之相关的标准有：

（1）SY/T 6230　石油天然气加工 工艺危害管理(API RP 750)

（2）SY/T 6507　压力容器检验规范 在役检验、定级、修理和改造(API RP 510)

（3）SY/T 6553　管道检验规范 在用管道系统检验、修理、改造和再定级(API 570)

（4）SY/T 6620　油罐的检验、修理、改建和翻建(API 653)

（5）SY/T 6653　基于风险的检查推荐作法(API RP 580)

（6）API 579　适用性评价

（7）API 571　炼化企业静设备损伤机理

上述标准与 API RP 581 一起，构成了 API 研发的 RBI 标准体系。API RP 581 给出了RBI 体系的核心技术，解决了实施 RBI 的技术问题，SY/T 6653(API RP 580)则是 RBI 实施导则性的标准，可为企业提供总体框架指导，解决了企业实施 RBI 管理方面的问题，这两个标准可以配套使用，完全相容；其他标准为 RBI 体系提供辅助技术支持。

API RP 581《基于风险的检验》与相关标准之间的关系可以用图 8-13 表示。

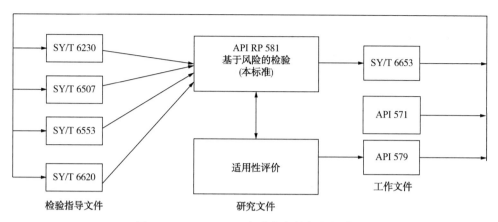

图 8-13　API RP 581 标准与相关标准的关系

8.5.2　RBI 的实施流程

RBI 技术在工厂的应用有一套标准的方法或体系，实施过程应遵循一定的步骤。图 8-14 给出了 RBI 实施的流程。

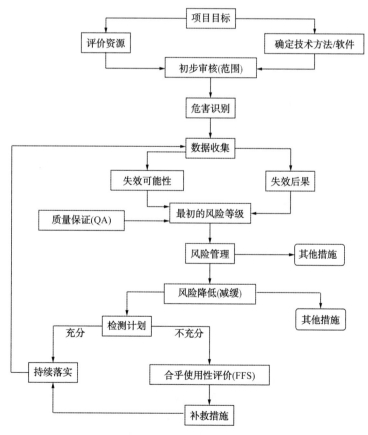

图 8-14　RBI 实施流程图

主要步骤如下:

(1) RBI 实施的准备　确定评价的目标和范围、采用的方法和所需要的资源。实施 RBI 应有明确的目标,这个目标应被 RBI 小组和管理人员理解。评价应建立在一定的物理边界和运行边界上,通过装置、工艺单元和系统的筛选建立物理边界,为了识别那些影响装置退化的关键工艺参数需要考虑正常运行和异常情况,以及开工和停车。

(2) 识别设备的失效机理和失效模式　识别设备在所处的环境中会产生的退化机理、敏感性和失效模式,这对 RBI 评价很有帮助。

(3) 评价数据的采集　采集风险评价设备的数据,包括设计数据、工艺数据、检验数据、维护和改造数据、设备失效数据等。

(4) 评估失效概率　评估设备在工艺环境下每一种失效机理的失效概率,失效概率评价的最小单位是按失效机理不同划分出的设备部件。失效概率评估包括确定材料退化的敏感性、速率和失效模式,量化过去检验程序的有效性,计算出失效的概率。

(5) 评估失效后果　评估设备发生失效后对经济、生产、安全和环境造成的影响。

(6) 风险评价　根据上面评估的失效概率和后果,计算出设备失效的风险,并进行排序。根据指定的风险接受准则(如 ALARP 原则),将风险划分为可接受、不可接受和合理施加控制三个部分。

(7) 风险管理　制定有效的检验计划,控制失效发生的概率,将风险降低到可接受的程度,促进检验资源的合理分配,降低检验的时间和费用。对通过检验无法降低的风险,采取其他的风险减缓措施。

(8) 风险再评价和 RBI 评价的更新　RBI 是个动态的工具,可以对设备现在和将来的风险进行评估。然而,这些评估是基于当时的数据和认识,随着时间的推移,不可避免地会有改变,例如有些失效机理随时间发生变化,适当检验活动可以增加设备的可信度,工艺条件和设备的改变通常可带来设备风险的变化,RBI 评价的前提也可能发生变化,减缓策略的应用也可能改变风险,所以必须进行 RBI 再评价,对这些变化进行有效的管理。

8.5.3　RBI 需要的资料

进行 RBI 项目需要成立专门的工作组。RBI 需要从很多方面收集数据,专门分析和作出风险管理的决定。一般来说,一个人不会有单独完成整个研究的背景知识和技术,因此通常是由一个工作小组来有效实施 RBI 评价。RBI 是一个团队工作组,由企业和负责 RBI 项目的技术服务商共同组成,其成员应该包括设备专家、检验工程师、工艺操作员、工艺工程师、化学工程师、防腐工程师、材料工程师、无损检测专家、安全环境工程师和技术员等。

资料的准备包括两方面:一是准备用于控制 RBI 项目实施的项目管理资料,包括项目工作计划,RBI 项目的目标和策略,项目管理实施细则,RBI 小组工作职责表,RBI 项目配置、规则和规范,RBI 项目实施程序,培训材料、会议记录管理、材料管理等;二是需要企业提供的技术资料,包括工艺仪表流程图(P&ID),工艺流程图(PFD),平面布置图,管道单线图,装置设备设计、制造、采购、安装、竣工验收资料,工艺介质数据表,设备数据表,管道数据表,安全附件资料,装置操作与维护手册,历次检验维修记录。

8.5.4　RBI 软件

RBI 的自身特点决定了 RBI 软件是实施 RBI 的重要工具：

（1）实施 RBI 需要管理大量数据。一个 RBI 项目通常包括上千条管道、几百台静设备、上百个安全阀和控制阀，甚至还包括上百台动设备的承压部件。实施 RBI 需要采集的数据包括材料数据、设备数据、装置腐蚀数据和检验数据等多方面数据。RBI 需要计算工厂生产过程中物流（主要是腐蚀性介质）对设备退化的影响，而工厂的物流中所包含成分成百上千，各种成分对设备退化的影响各不相同，这么多的数据由人工来处理几乎是不可能的，只有借助计算机软件才能处理这些海量的数据。目前世界上主要的 RBI 软件都采用了具有 SQL 技术的数据库来管理这些数据。

（2）RBI 项目是一个持续改进的过程，这个过程包括装置的整个寿命期，利用计算机的强大存储能力可方便地对设备的历史信息进行有效的记录。

（3）RBI 的风险评价尤其是定量风险评价采用了相对比较复杂的失效概率计算模型和失效后果计算模型，这些计算如果由人来完成是非常困难的，利用计算机的高运算速度，可以在较短的时间内完成这些计算。

随着 RBI 理论的发展，尤其是在 API 的两个标准出版以来，RBI 技术更是迅猛地发展。最为显著的是开发了各种软件包，作为应用 RBI 技术的工具。世界上主要的 RBI 软件有 DNV（挪威船级社）的 ORBIT，BV（法国船级社）的 RB. eye，TWI（英国焊接协会）的 RiskWise 和 LifeWise，TISCHUK 公司的 T-OCA，Hyprotech 公司的 Axsys. Integrity，Credosoft 公司的 Credopro，APTECH 公司的 RDMIP。世界著名化工公司 Akzo Nobel 也开发了自己的 RBI 技术，LMP Technical Service Limited 的 PRIME 软件中也包含有 RBI 的模块。目前 RBI 技术仍处于一个不断完善和发展的过程，不同的 RBI 软件系统的技术特点有所不同，可适应不同的用户。但从总体上说，这些软件都满足了 API RP 580 的技术要求，包含了 RBI 的基本要素，没有本质差别，用户可以根据具体的需要选择不同的软件。目前国内主要是以引进软件的方式实施 RBI。

8.6　以可靠性为中心的维护（RCM）

8.6.1　RCM 概述

"以可靠性为中心的维修"译自英文"Reliability Centered Maintenance"，缩写为 RCM。1991 年英国 Aladon 维修咨询有限公司的创始人 John Moubray 出版了一本系统阐述 RCM 的专著《以可靠性为中心的维修》。书中给出了 RCM 的定义：一种用于确保任一设施在现行使用环境下保持实现其设计功能的状态所必需的活动的方法。

按国家军用标准 GJB 1378，RCM 可以定义为：按照以最少的资源消耗保持设备固有可靠性和安全性的原则，应用逻辑决断的方法确定设备预防性维修要求的过程或方法。

以可靠性为中心的维修是对工程系统进行系统分析的过程，以了解：

（1）系统的功能；

（2）完成这些功能的设备的失效模式；

（3）如何选择最佳的方式来阻止失效模式的发生或在失效发生前探测到失效模式；

（4）如何确定对备件的要求；

（5）周期性地不断改进现有的维修方式；

（6）RCM 的目标就是要保证系统所有工作状态的可靠性。

一次合理的 RCM 分析过程，需要回答以下 7 个问题：

（1）在现行的情况下，设施的功能及相关的性能标准是什么？

（2）什么情况下设施无法实现其功能？

（3）引起各功能故障的原因是什么？

（4）各故障发生时，会出现什么情况？

（5）故障部件的重要度是多少？

（6）做什么工作才能预防各故障？

（7）找不到适当的预防性工作该怎么办？

通常会采用下列工具和技术来进行 RCM 分析：

（1）故障模式、影响及危害性分析（FMECA）或故障模式及影响分析（FMEA），用来回答上述问题 1~5；

（2）RCM 决断分析图，用来回答问题 6 和问题 7；

（3）系统的设计、制造和操作知识；

（4）状态监测技术；

（5）基于风险的决策（例如某个失效发生的概率和根据对安全、环境和商业运营方面的影响产生的后果）。

记录和执行下列正式程序：

（1）分析，作出决策；

（2）基于运行和维修经验做出累进的改进；

（3）清除维修行为的查账索引，做出改进。

当上述所有步骤都记录和执行后，这个程序就是一个高效的系统，可以保证工程系统的可靠性和安全运行。这样的维修管理系统就是一个 RCM 系统。

8.6.2 RCM 相关标准

RCM 自 20 世纪 60 年代出现以来，相继出现了不少相关标准与专著，现列于表 8-7 中。

表 8-7 RCM 相关标准与专著一览表

序号	标准编号	标准英文名	标准中文名	标准发布国家与协会	发布时间
1	MIL-HDBK-2173（AS）	Department of Defense Handbook for Reliability-Centered Maintenance Requirements for navalaircraft, weapons systems and support equipment	国防部手册：海军飞机、武器系统和支持装备的 RCM 要求	美国国防部	1998 年 1 月

续表

序号	标准编号	标准英文名	标准中文名	标准发布国家与协会	发布时间
2	SAE JA1011	Evaluation Criteria for Reliability Centered Maintenance（RCM）Processes	RCM 过程评价标准	美国汽车工程师协会	1999 年 8 月
3	SAE JA1012	A Guide to the Reliability-Centered Maintenance（RCM）Standard	RCM 标准指南	美国汽车工程师协会	2002 年 1 月
4	ABS 121	GUIDE FOR SURVEY BASED ON RELIABILITY - CENTERED MAINTENANCE	基于 RCM 的调查指南	美国海运局	2003 年
5	ABS 132	GUIDANCE NOTES ON RELIABILITY-CENTERED MAINTENANCE	对 RCM 的指导性注释	美国海运局	2004 年
6	GJB 1378		装备预防性维修大纲的制订要求与方法	中国-国防科工委军用标准化中心	1992 年
7	GJB 1391		故障模式、影响及危害性分析程序	中国-国防科工委军用标准化中心	1992 年
8	SAE J1739	POTENTIAL FAILURE MODE AND EFFECTS ANALYSIS(FMEA)	潜在失效模式及后果分析（FMEA）	美国汽车工程师协会	2001 年

RCM 新观念与传统维修观念对比见表8-8。

表8-8 RCM 新观念与传统维修观念对比一览表

序号	传统维修观念	RCM 的新观念	备注
1	设备故障的发生和发展与使用时间有直接关系，定时计划拆修普遍采用	设备故障与使用时间一般没有直接关系，定时计划维修不一定好	复杂与简单设备有很大的选择性
2	没有潜在故障的概念	许多故障具有一定潜伏期，可通过现代各种手段检测到，从而安全、经济地决策维修	潜在故障概念适用于部分机件
3	无隐蔽故障和多重故障的概念	从可靠性原理及实践寻找或消除隐蔽故障，可以预防多重故障的严重后果	可靠性理论是这一新观念的基础
4	预防性维修提高固有可靠度	预防性维修不能提高固有可靠度	可靠度是设计所赋予的
5	预防性维修能避免故障的发生，能改变故障的后果	预防性维修难以避免故障的发生，不能改变故障的后果	设计与故障后果有关
6	能做预防性维修的都尽量做预防性维修	采用不同的维修策略和方式，可以大大减少维修费用	根据故障的分布规律
7	完善的预防性维修计划由维修部门的维修人员制定	完善的预防性维修计划由使用人员与维修人员共同加以完善	重视使用人员的作用
8	通过更新改造来提高设备的性能	通过改进使用和维修方式，也能得到良好的效果	多从经济性后果考虑

序号	传统维修观念	RCM 的新观念	备 注
9	维修是维持有形资产	维修是维持有形资产的功能(质量、售后服务、运行效益、操作控制、安全性等)	资产能做什么比财产保护更重要
10	希望找到一个快速、有效的解决所有维修效率问题的方法	首先改变人们的思维方式,以新观念不断渗透,其次再解决技术和方法问题	没有一药是治百病的"神丹妙药"
11	维修的目标是以最低费用优化设备可靠度	维修不仅影响可靠度和费用,还有环境保护、能源效率、质量和售后服务等风险	现代维修功能有了更广泛的目标

8.6.3　RCM 的实施

RCM 的实施也是围绕下列 7 个问题开展的:

(1) 在现行的情况下,设施的功能及相关的性能标准是什么?

(2) 什么情况下设备无法实现其功能?

(3) 引起各功能故障的原因是什么?

(4) 各故障发生时,会出现什么情况?

(5) 故障部件的重要度是多少?

(6) 做什么工作才能预防各故障?

(7) 找不到适当的预防性工作该怎么办?

在 1999 年国际(美国)汽车工程师协会(SAE)颁布的 RCM 标准《以可靠性为中心的维修过程评价标准》(SAE JA1011)中规定,只有保证按顺序回答了上述 7 个问题的过程,才能称之为 RCM 过程。

如果需要更加详细的步骤,可参考美国石油公司 Amoco 在气体处理装置的旋转设备上采用的 RCM 方法,具体实现可分为 9 个步骤:

(1) 定义要分析的系统;

(2) 定义要分析的系统的功能;

(3) 定义系统的组成部件;

(4) 定义每个部件的失效模式;

(5) 定义每种失效模式的后果;

(6) 定义每个部件失效是否关键,是否需要采取措施去预防和阻止;

(7) 定义每种失效模式的失效原因;

(8) 识别需要做的任务,来阻止或减小基于识别出来的原因的每种失效模式下关键部件的失效;

(9) 定义旋转设备部件备件的要求。

需要说明的是,RCM 是一个循环改进的过程,一个阶段的工作完成后,根据制定的维修方案实施维修工作,但这也是另一个阶段工作的开始,通过不断地循环改进,使企业的维修工作越来越完善。

从上述比较可以看出,各 RCM 过程虽有不同,但大体过程相似,RCM 的一般步骤如下:

（1）筛选出重要功能产品（FSI，Functionally Significant Item）；

（2）进行故障模式及影响分析（FMEA）；

（3）应用逻辑决断图确定预防性维修工作类型；

（4）系统综合，形成维修计划。

8.7　安全完整性等级（SIL）

8.7.1　概述

工业过程成套设备以及其他设备在不正常工作情况下有可能会产生诸如火灾、爆炸、辐射超剂量、机械漏油等危险事件，对人和环境造成一定的风险。为从源头上控制风险，这就要求在设计过程中，除了基本过程控制系统（BPCS）应满足生产的基本需要外，还应该增加一套安全保护装置，对 BPCS 进行监控，对 BPCS 的意外故障进行风险消除或减轻，这些安全保护装置就是 SIS（Safety Instrumented System），是美国仪表协会 ISA 在 ISA S84.01《工业生产过程中安全仪表系统的应用》中提出的概念，翻译为安全仪表系统，又可翻译为仪表型安全系统、安全仪表连锁系统或仪表安全保护系统。后来国际电工协会的标准 IEC 61511-1-3《过程工业安全仪表系统的功能安全》也采用了 SIS 这种叫法。而其他类似的装置和叫法有紧急停车系统（ESD）、安全联锁系统（SIS）和故障安全控制系统（FSC）等。

安全仪表系统（SIS）是由现场传感器/变送器（如温度变送器、压力变送器等）、控制器（如 PLC 可编程逻辑解算器、现场总线等）、输入/输出模块和现场执行机构（如电磁阀、电动调节阀等）组成，并与相应输入/输出接口（如隔离式安全栅）及相关软件一起构成的，现已在电力、化工、航天航空、核能、医药等领域有着广泛的应用。随着应用范围不断扩大，应用场合大多数是系统结构复杂、容易爆炸、操作自动化程度较高、生产产品质量要求很高的场合。同时，用户对使用要求不断提高，尤其是在受控设备功能安全性上提出了更高的要求。根据用户的这种要求和实际需要以及科学技术的发展，近几年来，SIS 也得到了飞速发展，从第一代模拟式仪表系统（基于电子机械技术），经过第二代智能仪表系统（基于电子/固态技术），发展到现在的第三代数字智能式仪表系统（基于可编程电子技术）。

安全仪表系统对提升装置的可靠性和安全运行有很大帮助，因此企业在其关键装置上大都安装了 SIS。但是由于安全联锁过度、组合不合理、工艺不稳定等诸多原因，经常造成安全仪表系统误动作，给生产及安全带来了不应有的损失。良好的安全仪表系统应可靠性高，在平时不误动作，在必须停车保护时应能确保正确动作。

对英国的 34 起"失控"事故进行统计，资料表明，在不同的阶段，安全仪表系统对生产造成的影响也不同，如图 8-15 所示。

由图 8-15 可以看出，设计阶段的失误所造成的安全仪表系统事故比例最大，因此在设计阶段对安全仪表系统进行安全评价十分重要，而安全评价的重要内容之一就是安全完整性等级的确定。

安全完整性等级即 SIL（Safety Integrity Level），国内又翻译为安全完善度等级、安全度等级等，是衡量安全仪表系统的定量指标，表示在规定的时间周期内的所有规定条件下，

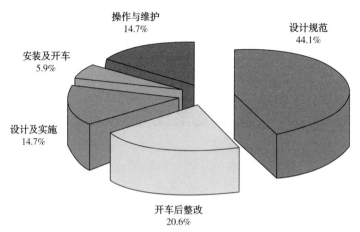

图 8-15　与控制系统相关的事故统计资料

安全仪表系统成功地完成所需安全功能的概率。作为 SIS 的主要性能指标之一，SIL 是 SIS 的使用者和操作者对 SIS 的制造商提出的定量要求，最后的 SIS 必须达到规定的 SIL。

8.7.2　国内外相关标准与规范

为了对受控设备及其安全系统的功能安全进行研究，国外首先在电气/电子/可编程电子相关系统(即 E/E/PES)开展了功能安全的研究，特别是欧共体国家已制定了许多功能安全领域的标准(如 EU 61508 等)，1998 年国际电工委员会(IEC)颁发了国际标准 IEC 61508-1-7《电气/电子/可编程电子安全相关系统的功能安全》，日本已经率先将此标准转化为 JIS C 0508 日本国家标准，我国于 2005 年开始翻译该标准，已经等同采用该标准。2003 年国际电工委员会(IEC)针对过程工业领域测控仪表及其系统又颁发了国际标准 IEC 61511-1-3《过程工业部门仪表型安全系统的功能安全》。我国石油天然气行业也采集美国仪表协会标准 ISA S84.01，转化为行业标准 SY/T 10045。目前国内尚无国家标准，石化行业有相关的设计导则，即《石油化工紧急停车及安全联锁系统设计导则》(SHB-Z06)。这些标准的建立，为过程工业领域 SIS 在各种应用场合的可靠、安全使用打下了良好基础。目前，欧共体的主要发达国家不但对自身产品提出了功能安全要求，而且对进入欧共体国家的产品也已提出了功能安全性方面的要求。

SIS 相关标准见表 8-9。

表 8-9　SIS 相关标准一览表

序号	标准编号	标准英文名	标准中文名	标准发布国家与组织	发布时间
1	DIN 19250	MEASUREMENT AND CONTROL, FUNDAMENTAL SAFETY ASPECTS TO BE CONSIDERED FOR MEASUREMENT AND CONTROL EQUIPMENT	测量与控制：测量与控制设备需要考虑的基本安全问题	德国	1994 年 5 月

续表

序号	标准编号	标准英文名	标准中文名	标准发布国家与组织	发布时间
2	ISA S84.01	Application of safety instrumented system for the process industries	工业生产过程中安全仪表系统的应用(已经转化为SY/T 10045)	美国	1996年
3	IEC 61508-1-7	Function safety of electrical/electronic/programmable electronic safety-related systems	电气/电子/可编程电子安全相关系统的功能安全	国际标准	1998年
4	IEC 61511-1-3	Functional safety-Safety instrumented systems for the process industry sector	过程工业部门安全仪表系统的功能安全	国际标准	2003年1月
5	DIN V VDE 0801	PRINCIPLES FOR COMPUTERS IN SAFETY-RELATED SYSTEMS	安全相关系统中计算机的规范	德国	1990年1月
6	SHB-Z06		石油化工紧急停车及安全联锁系统设计导则	中国	1999年
7	SY/T 10045		工业生产过程中安全仪表系统的应用(采标自ISA-S84.01)	中国	2003年

8.7.3 安全生命周期

安全生命周期包括安全仪表系统(SIS)从概念设计到停运全过程的活动。整个安全生命周期的活动流程如图8-16所示。具体流程如下:

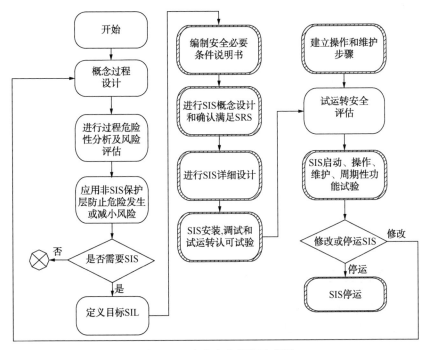

图 8-16 安全生命周期流程图

（1）进行过程概念设计。

（2）确定过程的危险事件及评估风险级别。

（3）一旦确定了危险及风险，应采用适当的技术（包括修改过程或设备）来减小危险、减轻危害结果或减小危险发生的可能性。本步骤包括将非 SIS 保护层应用到过程系统。

（4）下一步评估是确定是否提供了足够数量的非 SIS 保护层。如果提供了足够数量的非 SIS 保护层，则可以不用 SIS 保护层。因而，在考虑加上 SIS 保护层以前，宜先考虑应用非 SIS 保护技术改变过程和（或）设备。

（5）如果确定用 SIS，先定义目标安全完整性等级（SIL），建立 SIS 要求。SIL 定义为达到用户的过程安全目标所需的性能级别。SIL 级别越高，SIL 的安全可靠性越高。增加冗余、增加试验次数、采用诊断故障检测、采用不同传感器及终端控制元件可以改进 SIS 性能。通过更好地控制设计、操作及维护程序也可以改进 SIS 性能。SIL 与平均故障率有关。SIL 的概念将一直出现在安全生命周期的几个步骤中。

（6）编制安全要求规格书。安全要求规格书列出了 SIS 功能和完整性要求。

（7）进行 SIS 概念设计。满足安全要求规格书的要求（SRS）。

（8）完成 SIS 概念设计后，进行详细设计。

（9）安装 SIS。

（10）安装完毕后，应进行 SIS 调试和预启动认可试验（PSAT）。

（11）在安全生命周期的任意一步都可以编制操作程序和维修程序，但应在启动前完成。

（12）在启动 SIS 前，应进行预启功安全检查（PSSR）。PSSR 应包括下列 SIS 的活动：

① 确认 SIS 的建造、安装、试验符合安全要求规格书的要求；

② 与 SIS 有关的安全、操作、维修、变更管理（MOC）、应急步骤在适当的位置且足够；

③ 用于 SIS 的 PHA 的建议已被采纳和处理；

④ 包括 SIS 内容在内的员工培训已完成。

（13）完成 PSSR 后，SIS 可以运转。此步骤包括启功、正常操作、维修、周期性的功能试验。

（14）如果提出修改，应按照变更管理（MOC）程序进行。安全生命周期中的有关步骤应重复，以反映变更对安全的影响。

（15）有些时候，需要停运 SIS。例如，由于工厂关闭、拆迁或变更生产流程而停止 SIS。应有计划停运 SIS，宜采取适当的步骤保证以不降低安全性的方式实现停运。

说明：本安全生命周期是参考 SY/T 10045—2003 制定的，IEC 61508 和 IEC 61511 的安全生命周期与之略有不同，但大体相似，如有需要，具体请参考 IEC 61508-2 和 IEC 61511-1。

8.7.4　安全仪表系统的操作与维护

1. 编制操作和维护计划

应该执行为安全仪表系统编制的操作和维护计划，以保证在操作和维护期间保持每个安全仪表功能所要求的 SIL 和安全仪表系统的设计功能。它规定了以下项目：

（1）常规和非常规操作活动；

（2）校验测试，预防性维修活动和故障后维修活动；

（3）操作和维护活动中的流程、测量活动和采用的技术；

（4）坚持操作和维护流程的验证；

（5）进行这些活动的时间；

（6）负责这些活动的人员、部门和组织。

2. 编制操作和维护程序

根据相关的安全计划，制定操作和维护程序，并规定了以下项目：

（1）需要进行的日常活动，以保持 SIS 预先设计好的功能安全，例如坚持由 SIL 要求所定义的校验-测试时间间隔。

（2）在维护或操作期间，为防止一个不安全的状态发生和/或降低危害事件的后果而必须采取的限制活动（例如测试或维护时需要为系统设置旁路，需要执行附加的缓解步骤）。

（3）系统故障的信息和 SIS 的需求率。

（4）SIS 的评估结果和测试的信息。

（5）当在 SIS 发生故障或失效时，接着就会启动维修程序，包括：故障诊断和修复程序；重新确认程序；维护报告要求；跟踪维护执行程序。

需要考虑的事项包括故障报告程序和系统失效分析程序，确保在正常维修活动期间所使用的测试设备被正确地校验和维护。

3. 培训

应该培训操作者在他们负责的领域内的 SIS 功能和操作。这个培训应该达到以下目的：

（1）确保操作者理解是如何执行 SIS 功能的；

（2）SIS 采取保护措施防止的危害；

（3）所有旁路开关的操作和在什么情况下使用这些旁路；

（4）任何手动停车开关和手动启动措施的操作，以及什么时候这些手动开关会启动（可以包括系统复位和系统重启）；

（5）对于任何诊断警报所采取的规定行为（例如当 SIS 警报启动表明 SIS 存在一个问题，那么将采取什么措施）。

维修人员应按要求接受培训，培训内容是维持 SIS 全部功能性能达到 SIS 的目标完整性。

4. SIS 的监控与审查

分析 SIS 期望动作和实际动作之间的差异，并且必要的话，可以采取修改措施，达到规定的安全要求。这将包括监控以下内容：

（1）依照系统的一个需求采取动作；

（2）在常规测试或实际需求时设备发生故障，使 SIS 一部分动作；

（3）产生 SIS 需求的原因；

（4）错误跳闸的原因。

对期望行为和实际行为之间所有的差异进行分析是非常重要的。这样不会误解在日常操作期间所遇到的监控问题。

如果有必要，应对操作和维护程序进行以下审查：

（1）审查功能性安全；

（2）SIS 测试。

5. 校验-测试程序

应该为每个安全仪表功能制定书面校验-测试程序，用来发现没有被诊断器探查到的危险失效。这些书面测试程序描述了执行的每一步，并且包括以下程序：

（1）每个传感器和终端设备的正确运行操作；

（2）正确的逻辑动作；

（3）正确的报警和指示。

可以使用以下方法来决定未被探测的故障是否需要测试：

（1）故障树检查；

（2）故障模式和影响分析；

（3）以可靠性为中心的维修。

使用书面程序实施定期的校验测试来发现未被探测的故障，这些故障会阻碍 SIS 按照安全要求规定运行。

8.8　某储气库集注站 RBI 案例分析

8.8.1　概述

某储气库位于天津市大港区独流减河泄洪区以北，距天津市约 45km，是华北输气管道系统的配套工程，其主要功能为平衡华北管线输气能力、进行冬季调峰和事故应急供气，从而使上游气田生产和用户供气调蓄合理，最大限度地发挥管输能力。该储气库共有 3 个井场、25 口注采井、3 套露点控制装置、7 台注气压缩机、3 台丙烷压缩机、3 套乙二醇循环再生装置及 1 套凝液应急处理装置。储气库设计最大日采气量为 $1500 \times 10^4 \mathrm{m}^3$，最大日注气量为 $525 \times 10^4 \mathrm{m}^3$。

8.8.2　建立 RBI 数据库

RBI 工作中要处理大量基础数据，因此数据的完整性和准确性非常重要。大量可靠的资料是建好 RBI 数据库的基础。这些资料包括设计资料、工艺流程图（PFD）、管道与仪表流程图（P&ID）、各区管道走向图、管道材料工程规定、设备一览表及设备工艺数据表、保温和涂漆状况记录、介质组成及化学分析数据表、工艺操作资料、流程物料平衡数据、装置面积及现场人员密度、停产损失费用、装置更换费用等。通过认真核对这些资料，改正其不正确部分，才能整合成供 RBI 分析的专用数据库。

首先依据工艺流程图（PFD），了解和掌握整个装置的工艺流程和关断设置。然后，按照 RBI 软件所提供的 Workspace 表中要求的数据项，从上述资料中收集分析所需的数据，所有需进行 RBI 分析的设备和管道是根据 PID 输入，并按工艺顺序输入到数据采集表中，数据录入前要审核数据的准确性及各项相关数据的一致性，整理成为进行 RBI 工作的专用数据库，在分析过程中对有些不完整的数据采用了假设。

8.8.3　确定损伤机理与腐蚀回路

设备和管线的损伤机理是根据其工艺介质、操作条件和所采用的材料分析确定的，要确定的是在一个使用期内会使受压部件逐渐受到损伤直到引起设备失效的主要损伤机理。尤其要注意介质中的腐蚀杂质所带来的不同损伤机理或损伤影响。

按照工艺，将具有相同损伤机理的连续的管线和设备划分到若干腐蚀回路中，即一个腐蚀回路中的设备和管线项是工艺上相互连接且具有相同损伤机理的组合。板中北、板中南储气库集注站(以下简称储气库)所确定的可能的腐蚀机理包括内部腐蚀减薄和外部损伤(保温层下腐蚀、大气腐蚀)。

1. 内部腐蚀减薄

内部腐蚀减薄是指流程中腐蚀介质所引起的壁厚均匀减薄或局部减薄。储气库的天然气成分影响管道及装置内部腐蚀，见表 8-10。

表 8-10　储气库的天然气组成(摩尔分数)　%

成　分　＼　储气库	陕京线	陕京二线	板中北-井流物	板中南-井流物
C_1	96.322	94.7	91.395	89.09
C_2	0.605	0.55	3.88	3.78
C_3	0.084	0.08	0.65	0.61
C_4	0.023	0.02	0.21	0.21
C_5	0.014		0.06	0.06
C_6	0		0.3	0.20
C_7+	0		0.23	0.23
H_2S	0.0002			
CO_2	2.185	2.71	2.33	2.27
N_2	0.767	1.92	0.95	0.93
He		0.02		0.02
H_2O				2.58

净化天然气组成表明：CO_2 含量为 2.27%~2.71%，H_2S 含量为 0.0002%，H_2O 含量为 2.58%。因此，在水可能凝析的地方可能形成 $CO_2+H_2S+H_2O$ 的腐蚀。

碳钢的 CO_2 腐蚀是一种电化学腐蚀，其总的腐蚀反应为：

$$CO_2+H_2O+Fe =\!=\!= FeCO_3+H_2$$

影响 CO_2 腐蚀的因素主要包括含水量、温度、CO_2 分压、介质的 pH 值等。其中温度对碳钢的 CO_2 腐蚀的影响可分下列三种情况：

(1) 60℃以下，碳钢表面存在少量软面附着力小的 $FeCO_3$ 腐蚀产物膜，金属表面光滑，易发生均匀腐蚀。

（2）60～100℃，腐蚀产物层厚面松，易发生严重的均匀腐蚀和局部腐蚀。

（3）150℃以上，腐蚀产物为细致、紧密、附着力强、具有保护性的 $FeCO_3$ 和 Fe_3O_4 膜，降低了金属的腐蚀速度。另外，介质中若含有 H_2S，亦会对 CO_2 腐蚀造成影响，环境温度较低时（60℃左右），H_2S 通过加速腐蚀的阴极反应而加快腐蚀的进行。

2. 外部损伤

外部损伤是指设备外表面遭受大气腐蚀而导致的壁厚减薄或某些材料的应力腐蚀开裂。保温层下的腐蚀（CUI）是外部损伤中较为严重的一种破坏。对于保温层遭受水/湿气侵入并且操作温度在-12～150℃的设备和管道要考虑 CUI。

对于储气库，假定设备的外壁涂层和保温质量处于平均水平，外部损伤程度由软件计算确定。

3. 应力腐蚀开裂

碳钢与低合金钢材料在湿 H_2S 溶液中会产生硫化物引起的应力腐蚀开裂（SSCC）。

SSCC 是硫化物与金属表面腐蚀反应后生成的原子氢被金属吸收后引起的氢应力开裂。SSCC 常产生于高强度钢以及较低强度钢焊接接头的高硬度区。SSCC 的敏感性与钢的硬度和所受的应力水平有关。设备在焊制后其焊接接头中可能有高的硬度区并有高的残余应力，因此焊后热处理可降低设备对 SSCC 的敏感性。硫化氢在溶液中的浓度与 pH 值是产生 SSCC 的环境影响因素。SSCC 的敏感性系数主要与两个材料的参数——硬度和应力等级相关。一般地，焊缝集中处和 HAZ 可能包含焊接高硬度和高残余应力的区域。

采集后的天然气在进入生产或计量分离器进行脱烃、脱水之前，需考虑硫化物应力腐蚀开裂。

8.8.4 失效可能性的计算

设备或管道的失效可能性是其失效机理的性质和速率的函数，失效的可能性一般用极限状态分析与可靠性指数法求得。计算的步骤如下：

（1）识别损伤机理；

（2）预计退化的速率。

在评估失效可能性时，在 RBI 软件中除计算预计腐蚀率时的失效概率外，还要计算 2 倍与 4 倍的预计腐蚀率时的失效概率，将这三个失效概率加权后相加作为腐蚀减薄的失效概率。同时，它还要根据过去所采用检验方法检出各种不同形式损伤与损伤速率的有效性来确定置信度。

针对每种损伤机理的失效可能性，由软件综合上述因素得出可能性系数（Likelihood Factor）。可能性系数等于设备的失效概率除以通用失效频率，如果没有识别出损伤机理，可能性系数取 0.5，即其失效概率为通用失效频率的一半，表示该部件比其在行业中的平均的可能失效的值低 50%。如果发现了严重的损伤机理并且已经很久未对其进行彻底的检验，可能性系数可以达到几千，说明该部件比行业平均值更容易发生失效，并急需进行检验。

按可能性系数大小将失效可能性划分为五级。对可能性系数<10 的设备认为潜在的损伤不严重，对可能性系数>1000 又是高风险的设备，需要迅速进行针对损伤机理的高有效性的检验。

8.8.5　失效后果的计算

在失效后果计算时，将按照 P&ID 图与 PFD 图中工艺关断设置分成若干个流程物料回路——物流回路(Inventory Group)，划分物流回路的原则是当该段中任一设备或管道失效时，只有此回路中的物料会泄出，而其他隔离段中物料不可能泄出，因此该隔离段中设备与管道发生失效时其失效后果即按此隔离段内的泄出物料进行计算。

失效后果按照泄出流体物料的性质与量进行计算，物料泄出量与泄出速率的主要影响因素有失效孔的大小、流体黏度与密度以及操作压力。设备与管道常见的失效机理易导致在每一设备与管道中发生孔蚀泄漏、中等孔或大孔的失效以及发生破裂，要分别对每一种失效形式计算其失效后果，然后按这些不同失效形式所造成的后果的加权影响计算总的后果大小。

物料性质对后果的影响因素主要是毒性、易燃性与化学活性等因素，这些因素影响到后果危害的区域大小与损伤程度。失效后果由软件计算确定，RBI 软件的数据库中有大量供失效后果计算用的化学品物性数据，方便计算。

8.8.6　失效后果的计算

为了方便对设备的风险排序，采用了 5×5 矩阵图的方法，矩阵图中纵向失效可能性按失效可能性系数划分 1、2、3、4、5 五个等级，横向失效后果按失效后财产损失或影响面积划分为 A、B、C、D、E 五个等级，按此方法确定风险的矩阵图如图 8-17 所示。可能性和后果种类的具体分类如表8-11和表8-12 所示。

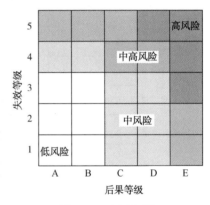

图 8-17　风险矩阵

表 8-11　可能性等级(种类)的划分

可能性种类	可能性系数	可能性种类	可能性系数
1	≤1	4	100~1000
2	1~10	5	>1000
3	10~100		

表 8-12　后果等级的划分

后果种类	影响面积/ft²	潜在生命损失	业务中断/ $ US	总风险/ $ US
A	0~10	0~0.01	≤100k	≤100k
B	10~100	0.01~0.10	100k~1M	100k~1M
C	100~1000	0.10~1.0	1M~10M	1M~10M
D	1000~10000	1.0~10.0	10M~100M	10M~100M
E	>10000	>10.0	>100M	>100M

8.8.7 RBI 风险评价

根据基本设计数据，将数据输入 RBI 软件后，计算了储气库所有数据齐全的设备与管道的风险。根据风险计算结果对设备/管道按失效可能性与失效后果分类后作出 5×5 矩阵图，由矩阵图可清楚地看出现在与未来不同风险级别设备所占的数目及比例。

本次对储气库的 411 个设备/管道、33 个安全阀，总计共 444 个设备项进行了评估。并考虑此装置连续运行四年后的风险，通过计算未来的风险，确定出在此期间内其风险超出可接受准则的设备及管道，以辅助未来四年间的装置的安全运行。分析结果汇总如下。

1. 总经济风险

目前，设计的总风险分布状态如矩阵图 8-18 所示：有 10 个中高风险的设备/管道项；378 项在中风险的类别中；余下的 56 项属于低风险项。

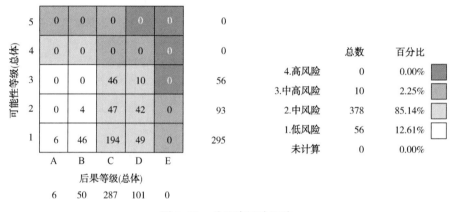

图 8-18　总经济风险矩阵

中高风险项共包括 6 条管线和 4 个设备项，其中 6 条管线全部为是板中北、板中南采气系统中生产分离器之前的管线，操作压力为 10MPa，操作温度为 60℃左右，从井场中采来的天然气中尚未进行脱水、脱烃，发生相对较重的 $CO_2+H_2S+H_2O$ 腐蚀和硫化物应力腐蚀开裂；其余 4 个设备项为 2 台丙烷蒸发器（E-J2203、E-N2301）的管箱和 2 台管壳式换热器（E-N2102A/B）的下管箱，此 4 台设备项失效的主要驱动因素是减薄腐蚀和外部损伤。

在中风险的 378 项中，可能性等级为 3 的设备项共有 46 项，可能性等级为 2 的设备项为 89 项；其余设备项的失效可能性均为 1，但其失效后果较大，经济后果等级为 C 和 D。

1）检验之前的总风险（四年后）

如果四年之后没有进行检验，则中高风险项由 10 项增加到 41 项，中风险项由原来的 378 项减少到 347 项，低风险项未有变化。84 项设备项的可能性有不同程度的升高，带来风险等级分布发生了变化，如图 8-19 所示。

在后果等级 A 列，失效可能性没有发生变化。

在后果等级 B 列，3 项可能性由 1 上升到 3，4 项可能性由 2 上升到 3，风险等级没有变化。

在后果等级 C 列，11 项可能性由 1 上升到 2，1 项可能性由 1 上升到 3，32 项可能性由 2 上升到 3，风险等级没有变化；5 项可能性由 1 上升到 4，6 项可能性由 2 上升到 4，7 项可能性由 3 上升到 4，风险等级由中风险升到中高风险。

在后果等级 D 列，2 项可能性由 1 上升到 2，风险等级没有变化；1 项可能性由 1 上升到 4，12 项可能性由 2 上升到 3，风险等级由中风险升到中高风险。

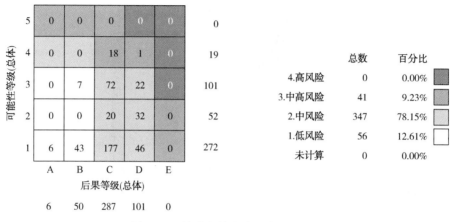

图 8-19　检验之前的总风险（四年后）

2）检验之后的总风险（四年后）

在四年之后，如果对达到检验目标的设备项进行了检验，则检验后的总经济风险矩阵如图 8-20 所示。

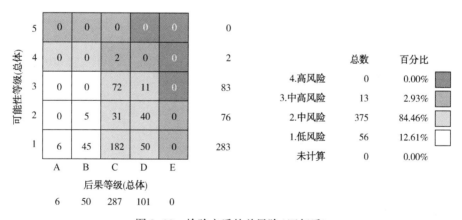

图 8-20　检验之后的总风险（四年后）

2. 安全风险

当前安全风险矩阵如图 8-21 所示：较高后果等级造成的中高风险有 37 项，中风险 360 项，剩余的 47 项为低风险。其中安全风险的指标是以安全区域来表示（也即安全影响面积）。

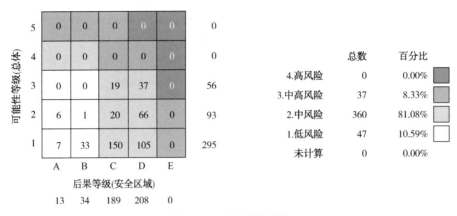

图 8-21   安全风险矩阵

1）检验之前的风险（四年后）

如果四年之后没有进行检验，则中高风险项由 37 上升到 69，中风险设备由 360 项降至 340 项，低风险设备由 47 项降至 35 项，如图 8-22 所示。

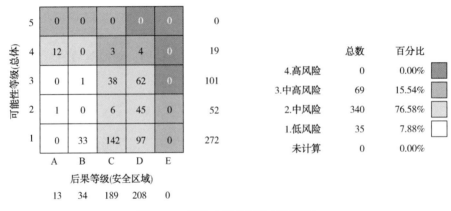

图 8-22   检验之前的风险（四年后）

2）检验之后的风险（四年后）

在四年之后，如果进行了检验，则风险矩阵如图 8-23 所示。

8.8.8   储气库 RBI 评价结论

使用 RBI 技术评估了储气库集注站的风险分布，基于评估结果，结论及建议如下：

（1）通过 RBI 对 444 个设备项分析后，有效地掌握了占较大风险比例的少部分设备与管线。以总经济风险为例，有 10 个中高风险的设备/管道项，352 个中风险的设备/管道项，余下的 49 项属于低风险项。

（2）56 项设备/管线的失效可能性已处于 3 类，即失效可能性高于行业平均值的 10 倍，包括 50 条管线和 6 台设备，管线失效可能性为 3 的原因是 CO_2+H_2S+H_2O 腐蚀和硫化物应力腐蚀开裂较严重；设备失效可能性为 3 的原因是减薄和保温层下腐蚀（CUI）。

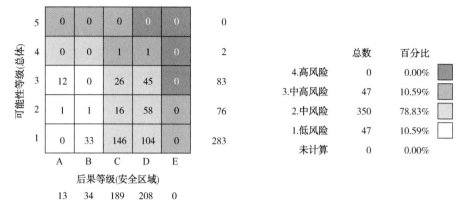

图8-23 检验之后的风险(四年后)

(3)中高风险的设备及管线主要是安全和经济后果较大造成的;保证未来操作的稳定度可避免相关风险的发生,如安全泄放设置的可靠性、紧急关断设施的完好性等。

(4)对四年后的风险评估结果表明:84项设备/管线的失效可能性上升,管线失效可能性上升的原因主要是减薄、外部损伤和硫化物应力腐蚀开裂,定点进行在线检测,并维护保养保温层、涂层质量,可以延长其安全运行周期。

8.9 站场完整性管理应注意的问题

考虑管道运输行业高风险的特点,特别是随着国内目前高压、大口径管道的投产运行,其数量大幅增加,管网的输送压力也不断增加,国内油气输送企业、城市燃气等企业有必要推进场站完整性管理,通过场站完整性评估技术和管理手段的实施,全面系统地指导油气管道企业资产的运行维护管理,提高企业整体技术与管理水平。但在场站完整性管理的推广过程中应注意避免盲动性,与现有体系的结合是关键,重点应考虑以下问题:

(1)场站完整性管理体系建设要有侧重点。要针对管道企业自身管理体制的需求,同时要结合国内的国情、企业生产运行与设施实际情况,重点考虑不同生产设施风险区域的分布等情况,切忌全面铺开,可以采取总体规划、分步实施的模式,有针对性地开展场站完整性管理,选择合适的风险评估技术,同时考虑人员的素质,加大场站完整性理念的培训。

(2)场站完整性管理要考虑与现有实施的管理方法的融合,并考虑与HSE体系的融合。目前传统场站管理模式已开展了40多年,有很多方法可以融合借鉴,场站完整性管理并不是"另起炉灶",而是强化风险的控制和管理,与HSE体系中的管理思想路线是一致的,完整性管理重在资产的本质安全管理,强调技术方法和手段的具体应用,HSE管理强调安全、环境、健康全面可持续发展,场站完整性管理是HSE体系中的重要组成部分,场站完整性管理细化了HSE体系中资产管理的若干要素,使HSE体系更具有操作性。

(3)坚持场站完整性管理技术的国际化。要不断学习国际管道管理的先进经验,结合我国的国情,消化吸收国外先进的技术与管理手段,特别是场站风险识别和完整性评价新技术的使用，选择合适的 RCM、RBI、SIL 等风险评估技术并推广使用，提高对隐性风险的准确判断。

（4）始终跟踪场站完整性管理发展的新趋势。未来完整性管理必然向四维（4D）管理的方向发展，就是在完整性管理成熟应用的基础上，将思想、组织、管理者、技术、方法等固化在一个系统平台上，将 IT 和 3S 技术与管道完整性管理、设备管理、安全管理、生产管理、应急管理、技术管理、培训管理、质量管理等有序集成，形成多个系统共享一个数据库，并将完整性评价和决策支持作为智能化管理的手段。

第9章 全生命周期的完整性管理体系发展与对策

9.1 建设期管道完整性管理

在役管道完整性管理的研究和实践使管道管理者深刻认识到在建设期开展完整性管理的重要性，明显地感觉到如果在建设期就进行数据管理、进行高后果区分析和风险评价等完整性管理与评价循环，不仅能够使运行期准确地使用管道数据，而且可以从设计阶段就避免一些可规避的风险因素，从本质上保证安全；特别是认识到开展新建管道完整性管理的核心是在管道设计、施工等过程中贯彻完整性的理念，充分识别出管道的高后果区和高风险因素，并根据高后果区分析结果和风险分析结果，更改设计、施工方法或增加风险减缓措施，从本质上规避风险或减缓风险。

9.2 建设期管道完整性管理的原则和内容

9.2.1 建设期管道完整性管理的原则

建设期管道完整性管理的原则如下：

（1）建设期管道完整性管理应贯穿于预可行性研究、可行性研究、初步设计、施工图设计、施工、投产试运、竣工验收的全过程；

（2）应把完整性管理的理念、要求作为管道建设各阶段技术方案优化、决策的依据之一；

（3）风险评价应是建设期管道完整性管理的重要环节；

（4）应保证建设期管道数据的真实、准确、完整。

9.2.2 建设期管道完整性管理的内容

1. 预可行性研究阶段和可行性研究阶段

（1）在预可行性研究和可行性研究阶段，应在水土保持方案报告、环境影响评价、地震安全性评估、安全性预评价、职业病危害评价、地质灾害危险性评价和矿产压覆七大报告的基础上，识别出管线路由地区安全等级、管道沿线的高后果区和可能发生的危害，特别是在大中型河流穿跨越、地质灾害多发区、特殊土壤等重点地段应结合现场勘测结果合理选择线路走向及纵断面、三穿位置、工艺站场位置及敷设方式。

（2）在预可行性研究和可行性研究阶段还应根据国家有关规定提出相关的审查文件，

列表如下：

① 国家发改委核准文件；

② 管道沿线建设规划管理部门对本管道工程建设规划选址的审查意见；

③ 管道沿线国土资源管理部门对本管线工程建设项目用地规划的预审查意见；

④ 环保管理部门对本管道工程环境影响评价报告审查意见；

⑤ 地震管理部门对本管线工程场地地震安全性评价报告审查意见；

⑥ 相关管理部门对本管道工程安全预评价报告审查意见；

⑦ 相关管理部门对本管道工程地质灾害评价报告审查意见；

⑧ 水行政部门与地方对本管道水土保持评价报告审查意见；

⑨ 相关管理部门对本管道职业病危害预评价的审查意见；

⑩ 管道沿线矿区管理部门对矿产压覆评价报告审查意见；

⑪ 自然保护区管理部门对管线通过各类保护区区域的处理意见；

⑫ 文物管理部门对管线通过文物保护区区域的处理意见；

⑬ 管道沿线军事管理部门对管道经过军事区域的处理意见；

⑭ 林业管理部门对管线通过林区的处理意见。

2. 初步设计阶段

（1）初步设计前应收集类似管道发生的事故以及存在的缺陷，分析类似管道在运行过程中可能发生的风险，作为管道工程可能发生的风险进行分析，依据分析结果，在设计过程中应采取技术措施尽量预防发生上述类似的风险。

（2）初步设计应采用管道成熟、适用、先进的标准。

（3）初步设计阶段应符合预可行性研究和可行性研究阶段的批复文件要求，应对线路工程进行高后果区识别，进一步识别出管道沿线的高后果区段，把高后果区分析结果作为线路走向优选的一项重要条件。

（4）初步设计阶段应对线路工程进行风险评价，并根据风险评价结果，设计单位应采取有效的措施，规避风险。

（5）初步设计阶段应尽量减少管道高后果区段，尽量规避风险，对于无法通过设计规避的高后果区管段应根据所处高后果区情况和存在的风险，除对所采取的安全技术措施提出设计外，还有必要对那些存在风险的重点管段增加监测、检测和后果控制等的设施提出设计，并提出运行维护建议、注意事项和应对措施等。

（6）初步设计阶段应比选管道平面走向、纵断面、大中型河流穿跨断面及方案，并根据线路阀室、工艺站场、特殊地段等的具体情况，分别进行埋地管道设计、穿跨越工程设计、防腐蚀工程设计及附属工程设计。

（7）初步设计阶段应识别出在运行过程中可能出现的风险源、可能发生事故的后果、发生事故的可能性和在这些威胁存在情况下可能采取的措施需要的安全投入成本，并通过分析，对可能发生的运行风险提出预防技术措施。

（8）初步设计阶段按可行性研究阶段要求，初步设计内容应考虑完整性管理要求，提出重点管段现场检测或在线检测方案，并考虑管道路由应保证管道维护及抢修。

（9）采用新技术、新方法进行的设计，应有详细的施工、质量、检测等要求。

（10）初步设计阶段应考虑施工阶段可能对周围环境和地形、地貌造成的扰动和破坏，从而使管道工程发生衍生灾害，并在初步设计中提出相应的预防措施。

（11）初步设计阶段应提出事故工况下的安全措施，包括应急措施、维抢修措施等。

（12）初步设计阶段应充分考虑管道预可研、初步设计、施工图设计、施工、投产试运各阶段的数据要求和规范，以及应该提交给运行管理者的数据，应为运行的管道完整性管理基础数据提出要求，以便在施工图设计中进一步落实。

3. 施工图设计阶段

（1）施工图设计应为管道运行中完整性管理所需检测、监测等风险减缓措施提供详细设计。

（2）施工图设计应按初步设计要求，对重点管段现场或在线检测设施提供设计。

（3）施工图设计应提出穿跨越、水工保护等特殊工序的施工要求，包括质量、尺寸、检测等。

（4）较大线路设计变更应考虑对高后果区的再分析和风险的再评价，并提出相应预案。

（5）在施工图设计阶段，设计部门应向建设单位提供 AutoCAD 的 DWG 格式的设计成果文件。

4. 施工阶段

（1）建设单位或监理单位应组织设计、施工人员等参加的施工图设计交底及图纸会审会议，相关的会议纪要、记录、设计变更单等应及时存入数据管理系统。

（2）在施工阶段应对施工过程进行风险识别，识别出由于施工缺陷对今后管道运行可能产生的危害，并提出消除缺陷和预防风险的措施。

（3）在施工阶段还应识别出在施工过程中所采用的方法、设备对今后管道运行可能产生的风险或威胁，并提出相应预案。

（4）施工阶段的工程变更应进行变更风险识别，识别出由于变更对今后管道运行可能产生的危害，并提出消除危害和预防风险的措施。

（5）施工阶段应加强施工工序质量控制，搞好施工现场管理。

（6）施工阶段应对施工过程中的环境保护提出要求。

（7）建设单位应对建成管道进行线路复测，以保证管道位置、焊接、补口、埋深、阴极保护、防腐绝缘层和三桩等资料准确。

（8）施工阶段应制定合理试压方案，避免试验压力不足或超压、稳压时间过短等情况发生，从而给运行带来隐患，试压记录应录入数据管理系统。

（9）施工阶段应保证单机调试和系统调试的合格，其记录应录入数据管理系统。

5. 试运行阶段

（1）认真编制试运投产方案，对试运投产过程可能出现的风险进行识别分析，并制定应急预案。

（2）试运投产前应按照要求做好试运投产前检查，消除给试运投产带来的安全隐患。

（3）试运行阶段应对处于高后果区的管段进行重点检查和调整，做好安全保护工作。

（4）试运行应在安全可靠的前提下进行，不能超过厂家提供的设备正常运行工况，应按设备使用说明书进行操作，防止长时间超负荷运行。

（5）试运投产过程中，应加强管线巡视，顸防事故对环境的污染和破坏。

（6）试运行应尽量减少对生态环境的影响，并提出相应的安全环境保护措施。

（7）试运行到竣工验收之前，建设单位应组织对管道进行内检测。

（8）加强对系统的管理和操作人员的培训，避免操作失误而发生事故。

6. 建设期常用的风险评价方法

设计阶段是控制管道风险、提高管道本质安全性的最佳阶段，针对不同的对象，有不同的风险评价方法来识别管道系统的危害，评价管道系统的风险，从而提出风险减缓建议措施，提高设计质量，保证管道的优生。

建设期管道线路的风险评价可参照运行期管道的风险评价方法，如 KENT 打分法、量化风险评价、故障树等。

设计期间有必要对管道沿线的高后果区进行识别（识别方法与运行期管道相同）。对识别出的高后果区，应合理选择避让，或采取额外的保护措施。

线路的设计审核非常关键，结合以下内容进行，才会取得良好的效果：

（1）专家经验；

（2）同类管道失效历史；

（3）同类管道运行维护历史；

（4）同类管道大修历史；

（5）国外一些先进做法。

建设期场站的总体风险评价，主要采用 HAZOP 和 QRA 两种方法，通过 HAZOP 进行危害识别，通过 QRA 进行风险可接受性分析。对场站的安全仪表系统，设计期间需要进行 SIL 评估。

9.3 管道地区等级升级与公共安全风险管控

9.3.1 管道安全管理存在新问题

2013 年 11 月 22 日 10 时 25 分，位于山东省青岛经济技术开发区的东黄输油管道泄漏原油进入市政排水暗渠，在形成密闭空间的暗渠内油气积聚遇火花发生爆炸，造成油气积聚区域暗渠周围人员的重大伤亡和财产损失。事故原因主要是由于与排水暗渠交叉段的输油管道所处区域土壤盐碱和地下水氯化物含量高，同时排水暗渠内随着潮汐变化海水倒灌，输油管道长期处于干湿交替的海水及盐雾腐蚀环境，加之管道受到道路承重和振动等因素影响，导致管道加速腐蚀减薄、破裂，造成原油泄漏。泄漏点位于秦皇岛路桥涵东侧墙体外 15cm，位于管道正下方位置。该事故是中国管道储运史上死伤人数最多的事故。

这次事故带给我们四个问题的思考：一是市政规划与公共安全管理问题，主要是应统筹考虑城市及市政规划与管道的公共安全问题，保证管道运行的合理、合规；二是高后果区管理问题，主要是处理人口与管道和谐发展的问题，一旦发生事故可能会造成群死群伤；三是密闭空间的管理问题，主要是市政设施与交叉、并行管道泄漏油气积聚带来的安全隐患问题；四是管道完整性管理推广应用问题，目前针对管道完整性管理的推广应用极不平衡，部分石化、石油企业仍然没有推广应用，存在管理盲区。

当前，我国正处于社会、经济高速发展阶段，城乡建设发展很快，这使得许多在役管道沿线在管道建设时期人口稀少的地区，已发展成为人口密集地区，甚至成为人口稠密的城市中心区域，即管道沿线的地区级别发生了变化，如建于 20 世纪 70 年代的东北八三管道，在管道建设时期人口稀少的地区，现在已变成人口稠密的市区中心地带，按照管道沿线地区分级，人口稀少的地区为一级地区，市区中心地带为四级地区，属于高风险区域。一些管道由于占压等情况也使管道地区级别发生变化，根据中国石油所属 22 个地区分公司的初步调查，截至 2004 年 4 月 30 日，油气管道共有 23045 处建筑物，其中直接在管道上方有近 1.2 万处，管道两侧 5m 以内的建筑物超过 1.1 万处。四川油气田管线，占压隐患多达 4000 多处，其中以厂房、住宅、道路占压最为突出。铁大线 252~256 号桩管道穿越盖州市区。以上情况说明，管道沿线地区等级升级的情况越来越多，对在役管道的安全管理提出了挑战，必须采取风险控制措施应对地区升级带来的一系列的问题。

"11·22"东黄输油管道爆炸事故虽然直接原因是由腐蚀引起的，但严重暴露了市政规划引发的管道公共安全问题，如何采取安全措施保障人口稠密区的管道安全，不危及公共安全，这个难题是国内储运行业乃至国外所面临的一个关键问题，解决起来非常棘手，它涉及历史问题和现实问题。因此，如何预防事故并采取措施保障人口稠密区的管道安全显得尤为重要。

我国油气管道已近 13.6 万公里，并已基本形成主干网络，管道安全问题越来越引起重视，特别是近年来经济发展、人居规划与管道安全的矛盾突出，管道建设初期大多数情况没有考虑经济发展的需求，但随着经济发展，经济开发地带区域人口稠密，原来管道通过的一级、二级地区变为三级、四级地区，普遍存在初期设计与当前状况不符的情况，如果全部采取降压、换管或改线措施，耗资巨大，同时也会带来新的风险，问题难以解决。

本节从管道风险出发，对管道地区等级升级问题进行系统研究，借鉴国外管道公司升级管理的标准和法规经验，得出我国管道升级的必要条件，提出了管道地区等级升级需要采取的措施，并且通过案例分析进一步对升级地区进行说明。

9.3.2　国内外管道地区升级管理的要求

1. CSA Z662—2007《加拿大管道输送系统》的规定

1）地区等级变化

由于人口密度的增加或地区发展而要改变管道地区等级时，这些地区的管道应当满足更高等级要求或进行工程评价来确定，应考虑以下方面：

（1）考虑工程的设计、建设和试压程序应与标准的相应要求进行比较；

（2）考虑采用现场检测、操作维护、检查或其他适合的技术方法检查管道状况；

（3）考虑管道地区等级变化的类型、邻近区域的发展扩大，重点考虑人口聚集，如管道附近的学校、医院、小型单位和娱乐场所。

工程评价表明，满足地区变等级化后的管道，应当要求不改变最大操作压力；不满足地区等级变化的管道，应当尽快更换管道或者根据最大操作压力对地区等级变化的要求计算修正操作压力。为了确定等级更改引起的变化，管道运营企业应当每年检查地区等级变化的管道，且应当保存这些检查和采取任何纠正措施的记录。

2）穿越区域管道

管道需穿越已有公路或铁路的地方时，该区域的管道应按照升级段设计，以满足相应要求：

（1）按标准的 2.1.1 对地区等级变化的相应要求规定进行工程评价；

（2）进行详细工程分析，分析穿越施工建设和操作时管道所遇到的各种载荷，以及管道承受的二次应力。

工程评价表明，管道满足条件时，应当考虑进行穿越设计校核（如套管、管道规格更改、防护层厚度或载荷分布结构变化），设计的管道二次应力符合挠性和应力分析要求。应选择适用方法进行详细的工程分析。

2. ASME B31.8—2010《输气管道系统》的规定

该标准对地区等级升级问题进行了详细的阐述，其中部分章节要求的管理规定如下所述。

1）跟踪监测措施（854.1）

如果地区等级发生变化，必须对泄漏监测和巡护方式迅速采取调整措施，根据新的地区等级降低最大允许操作压力（MAOP）不超过设计压力，同时满足 18 个月期限的要求，要考虑如下措施：

（1）地区等级升级地区的风险，不仅要从第三方活动损伤方面进行考虑，还要从巡线频率、阴极保护状态以及人口沿线居住增加的根源方面进行考虑；

（2）现行设计标准与当前设计标准进行比较；

（3）当人口密度增加时，首先考虑最大允许操作压力和环向应力，压力变化应考虑管道周边建筑物的影响范围；

（4）管道操作和维护的历史资料；

（5）与政府沟通，采取有关政策、物理隔断等措施限制人口密度的进一步扩张；

（6）对于超过 40%SYMS 的管道应重点监测管道周边人口变化情况。

2）最大允许运行压力的确定或修改（854.2）

如果按 854.1 制定的管道或总管道的最大允许操作压力与现行的 2 级、3 级、4 级地区等级要求不相符，若该段管道处于良好的物理条件下，则该管道的最大允许操作压力需在 18 个月内根据以下规定进行确定或修改：

（1）如果管道以前的试压时间不少于 2h，应当确定或减小最大允许操作压力使其不超过表 9-1 中所规定的最大允许操作压力。

表 9-1　地区等级

以前的（设计建造时）		现在的		最大允许操作压力（MAOP）
地区等级	建筑物数量	地区等级	建筑物数量	
1（1 类）	0~10	1	11~25	以前的 MAOP 但不大于 80%SYMS
1（2 类）	0~10	1	11~25	以前的 MAOP 但不大于 72%SYMS
1	0~10	2	26~45	0.800 倍测试压力但不大于 72%SYMS

续表

以前的（设计建造时）		现在的		最大允许操作压力（*MAOP*）
地区等级	建筑物数量	地区等级	建筑物数量	
1	0~10	2	46~65	0.667 倍测试压力但不大于 60%*SYMS*
1	0~10	3	66+	0.667 倍测试压力但不大于 60%*SYMS*
1	0~10	4	多层建筑	0.555 倍测试压力但不大于 50%*SYMS*
2	11~45	2	46~65	以前的 MAOP 但不大于 60%*SYMS*
2	11~45	3	66+	0.667 倍测试压力但不大于 60%*SYMS*
2	11~45	4	多层建筑	0.555 倍测试压力但不大于 50%*SYMS*
3	46+	4	多层建筑	0.555 倍测试压力但不大于 50%*SYMS*

（2）如果以前的测试压力不足以使管道保持与以上（1）中地区等级相应的最大允许操作压力或可接受的较低的最大允许操作压力，按照本标准的条款，如果使用不低于 2h 的高压力试压，管道既可保持当前的 *MAOP*，也可以使用可接受的较低 *MAOP* 运行。如果地区等级变化后的 18 个月内没有进行新的强度测试，或者 18 个月过期后才进行测试，则必须降低目前最大允许操作压力，按照相应地区等级的压力运行。如果在 18 个月内进行测试，则最大允许操作压力可能增加到可以达到的允许等级。

（3）根据（1）或（2）确定或修改的最大允许操作压力不应超过本标准或以前的适用的 B31.8 标准所作的规定。

（4）在运行工况要求维持现有的最大允许操作压力的区域，管道不按（1）、（2）或（3）的规定，应将地区等级改变区域中的管道进行更换，并符合相应等级地区的设计系数。

3. 美国联邦法规（49 CFR 192 部分）规定

1）许可证管理制度

美国采取许可证制度，由 PHMSA 负责，当收到天然气管道运营商完整的申请后，PHMSA 会审查该申请是否符合管道安全，若符合，则可在不满足 49 CFR 192.611 要求的情况下授予其可以升级使用的特别许可证。为了弥补未满足的相关要求，PHMSA 指定了运营商在特别许可证有效期内必须遵守的附加的要求。附加要求将根据每个申请相关的具体情况和条件来确定。

PHMSA 授出的特别许可证，从授出之日起，有效期不超过 5 年。如果管道企业需要对此特别许可证进行延期，则必须至少在 5 年期限结束前的 180 天，向 PHMSA 副行政官提交续期申请，并将副本上交给 PHMSA 地区主管、PHMSA 标准与规则制定主管以及 PHMSA 工程与研究部主管。PHMSA 将考虑是否批准该特别许可证超过 5 年的延期申请。特别许可证的延期申请须包括所要求的总结报告，并且必须证明该特别许可仍符合管道安全的要求。PHMSA 在批准该特别许可证的延期申请前可搜索企业的其他信息。

2）法规 192.611 规定

地区等级改变后，最大允许操作压力需要重新确定或修改。若管道最大允许操作压力相应的环向应力与当前地区等级不相符，且该段管道处于良好的物理条件下，则该段管道最大允许操作压力须依据以下（1）、（2）、（3）规定之一进行确定或修改。

（1）若该段管道先前已试压不少于8h，则最大允许操作压力确定或修改为：

① 2级地区的最大允许操作压力是试压的0.8倍，3级地区的最大允许操作压力是试压的0.667倍，4级地区的最大允许操作压力是试压的0.555倍；2级地区最大允许操作压力相应的环向应力不应超过最小屈服强度的72%，3级地区最大允许操作压力相应的环向应力不应超过最小屈服强度的60%，4级地区最大允许操作压力相应的环向应力不应超过最小屈服强度的50%。

② 2级地区选择的最大允许操作压力是试压的0.8倍，3级地区选择的最大允许操作压力是试压的0.667倍。根据192.620条款的规定，对于按照最大允许操作压力运行的管道，2级地区相应的环向应力不应超过最小屈服强度的80%，3级地区相应的环向应力不应超过最小屈服强度的67%。

（2）必要时须减小该段管道的最大允许操作压力，使相应的环向应力不超过本法规规定的对于当前地区等级下新管道的允许值。

（3）该管道应根据192（J）部分规定的技术要求进行试压，且须根据下列标准制定最大允许操作压力：

① 经重新试压，2级地区的最大允许操作压力为试压压力的0.8倍，3级地区的最大允许操作压力为试压压力的0.667倍，4级地区的最大允许操作压力为试压压力的0.555倍；2级地区相应的环向应力不得超过最小屈服强度的72%，3级地区相应的环向应力不得超过最小屈服强度的60%，4级地区相应的环向应力不得超过最小屈服强度的50%。

② 根据192.620条款的规定，对于选择最大允许操作压力运行的管道，所选择的最大允许操作压力重新试压，2级地区为0.8倍的试压压力，3级地区为0.667倍的试压压力；相应的环向应力，2级地区不应超过最小屈服强度的80%，3级地区不应超过最小屈服强度的67%。

依照规定，确定或修改后的最大允许操作压力不应超过确定或修改前制定的最大允许操作压力。管道最大允许操作压力的确定或修改不可与192.553条款和192.555条款的规定冲突。

依照192.609条款的规定，最大允许操作压力的确定或修改必须在地区等级变化后24个月内完成。符合上述（1）、（2）或（3）中规定的24个月内降压运行规定，不可与美国联邦法规（49 CFR 192部分）中规定的最大允许操作压力产生矛盾。

综上可见，以上2项标准和1项法规均对地区等级变化后的措施进行了详细的论述，同时美国法规中给出了地区等级升级后的最大允许操作压力，但对哪些情况下地区等级允许升级，哪些情况下地区等级不允许升级，均没有给出明确意见。

9.3.3　地区等级升级管理

1. 设计情况回顾

管道地区等级划分是管道设计系数、阀室间距等关键参数设计的重要依据，管道地区等级越高，管道壁厚越厚，阀室间距越短。但是国内外管道设计标准如《输气工程设计规范》(GB 50251)、《天然气管道系统》(ASME B31.8)、《石油与天然气工业-管道输送系统》(ISO 13632)、《油气管道系统》(CSA Z622)等对地区等级的划分主要根据设计时期的管道通过区域的人口密度，而没有考虑到管道运行过程中人口密度的增加。

2. 管道地区等级变化各薄弱环节对管道安全运行影响的分析

在调研的基础上，对比差异，对各种因素的重要程度采用适当的数学模型，仿真分析各个薄弱环节对管道安全平稳运行的影响权重，进而指导将要采取的技术措施。

3. 管道安全运行技术措施的制定与分析

根据管道通过地区级别的变化在设计及施工方面存在的差异，对需要补强的关键环节制定详细的技术措施及工艺。

4. 管道常规维护措施升级

管道所处地区级别升高后，因设计、管材和施工等已经固定，所以其常规维护措施不能是简单地随着地区级别的升级，需要在综合分析管道所处地区级别不同时常规运行维护的差异之外，同时考虑管道诸多不能改变的因素(如材质、壁厚、焊缝形式等)，合理制定管道的常规维护手段，包括内检测和外部检测周期及检测内容等。

5. 油气管道所处地区升级管理系统

油气管道所处地区升级管理系统及相应的数据库，应根据管道经过地区级别的变化自动升级管理信息，并将地区升级内容反映在管理数据库中。同时为了更加直观地反映出地区级别的变化细节(如人类活动、基础设施建设、自然环境因素等)，创建了相应的管道地理信息系统。

通过对国内外标准规范和失效风险的研究，地区等级升级管段中如果出现以下任意一种，该管段的地区等级不允许升级，必须采取换管或降压运行的措施：

(1) 地区等级上升为4级；

(2) 管道是裸管；

(3) 管道被发现有皱褶；

(4) 管段在3级地区，并且运行时的应力超过管材最小屈服强度的72%；

(5) 管段强度试验压力低于125%最大允许操作压力；

(6) 升级地区管段3年内未进行过内检测；

(7) 升级地区管段4年内未进行过阴极保护检测(CIS)和外防腐层检测(DCVG或ACVG)；

(8) 升级地区管段存在未按规定修复的管体缺陷或防腐层漏点与破损；

(9) 升级地区管段材质化学成分和机械性能参数记录不全；

(10) 升级地区管段的管道环焊缝未100%探伤或探伤记录不全；

(11) 升级地区管段的水压试验记录不全；

(12) 1996年以前建设的输气管道。

如果管道情况满足表9-2所示条件，地区等级可以升级，不要进行换管、改线或降压运行。

表 9-2 管道情况

地区等级变化	1 级到 2 级或 2 级到 3 级	
管材	管道韧性已知并满足 GB/T 9711—2017《石油天然气工业 管线输送系统用钢管》的要求	
设计压力	设计压力时管道应力小于等于管材最小屈服强度的 72%	
管道环形焊缝	管道环焊缝施工、检测记录齐全，无超标焊接缺陷	
管道防腐层	三层 PE	
强度试验压力	高于 90% 最小屈服强度和 125% 最大允许操作压力	
强度试验情况	强度试验期间无测试失效记录	
管道埋深	一级	二级、三级、四级
	0.762m	0.941m
地质情况	管道地区升级区段无不良地质条件	
泄漏和失效	管道运行期间从未发生过泄漏、失效	
输送气体情况	干气，且采取了措施，避免输送气体中的水、H_2S 等腐蚀性成分超出输气管道的气质标准	
压力波动	压力波动幅度不大	
阴极保护	阴极保护电位在许可范围内	
完整性管理计划	有针对高后果区的管理措施	
内检测形式	高分辨率金属损失检测和高精度的变形检测	
内检测时间	两年之内进行过内检测	
防腐层评估	防腐层绝缘等级为优良	
第三方破坏预防措施	有	

9.3.4 允许地区升级管段的完整性管理措施

1. 完整性管理措施

（1）确定最大允许操作压力（MAOP），允许地区等级升级的管段可按照当前操作压力或设计压力运行，不得超过现有 MAOP。

（2）实施完整性管理计划，将高后果区（HCA）中的地区等级升级管段纳入完整性管理方案（PIM）中。

（3）开展密间隔电位测量（CIPS），在管段允许升级后的 1 年内，需要对该管段进行密间隔电位测量（CIPS），可根据需要，以适当的检测周期定期对地区等级升级管段进行密间隔电位测量，该检测周期最大不超过 7 年。

（4）开展涂层状况检测，在管段允许升级后的 1 年内，对每段特别许可管段进行直流电压梯度测试（DCVG），以确定管道防腐层状况，并对发现的问题进行修复。

（5）开展应力腐蚀开裂直接评估，在管段允许升级后的 1 年内，应对该管段进行应力腐蚀开裂直接评估（SCCDA）或使用适用于 SCC 的评估方法，如裂纹检测评估等。

定期开展内检测及确定检测周期，须按照管道完整性管理的要求开展在线内检测，检测周期不超过 8 年。

（6）使用具有±0.5%精度的变形检测器。

（7）编制管道及涂层修复报告，在管段允许升级后的 1 年内，须向公司提交 DCVG、CIPS、ILI 以及 SCCDA 评估结果的书面报告包括整改措施。

（8）加强第三方活动及交叉作业的管理，管理人员须至少提前 14 天上报公司作业计划，有关地区升级段现场交叉施工及开挖情况须在发现紧急情况后的 2 个工作日内上报公司。

（9）开展高后果区评估，根据管道完整性管理的相关要求，管理人员应定期开展 HCA 评估，评估周期和评估内容保持不变。

（10）加强巡线管理，应将地区升级管段作为日常巡线管理的重点，增加 GPS 巡检点，密切关注该管段的有关作业活动和异常情况并及时上报。

2. 编制允许地区等级升级段的年度报告

按照完整性管理的要求，针对允许地区等级升级段，应评估地区等级升级后的各项管理措施、管理效果、技术防范措施，并形成总结报告，进一步提出该地段的运维管理和风险变化情况，以及针对风险较大地段采取的风险削减措施。

开展风险再评估，针对地区等级升级管段每 5 年开展一次全面的风险再评估，并与升级管段未采取措施之前进行比较，找出风险削减和不足之处，有针对性地加以改进。

9.3.5　案例分析

1. 案例 1

某管道高后果区特征如图 9-1 所示，潜在影响区域大于 200m，潜在影响区域 200m 范围内有冷库、家禽加工厂、羊圈、食品厂，办公人员为 500 人，距离管道最近处为 5m，最远为 64m，此处管道最浅埋深为 1.7m、最深为 3.4m。设计为 2 级地区，目前户数不超过100 户，没有四层高的楼房存在，处于工厂区域，不存在商业区域。

图 9-1　某地区管道情况

该地区等级拟由原来的 2 级地区升级为 3 级地区。经分析，该地区不需要升级，但需要增加防护措施。

2. 案例 2（某支线管道高后果区改线处理）

该支线管道全长 23.738km，埋深 1.2m 以上，全线穿越国道 1 次、铁路 3 次、沥青路5 次、砂石路 5 次、埋地电(光)缆 5 次、已建管道 6 次，多次从村庄旁边经过，多次与高压线交叉，管道经过区域已建成安置小区，最近处距管道仅 19m。目前正在进行大规模开发，使管道遭受人为破坏的风险变大，且开发完成后，管道经过区域人口密度增大、环境更加复杂。

该管段已经由 2 级地区升级为 4 级地区，管理单位和市政府合作进行了改线，改线前后的管线走向如图 9-2 和图 9-3 所示。

图 9-2　安置小区建成前的管道示意图　　　　图 9-3　安置小区建成后的管道示意图

（左边线表示初始路由，右边线表示改线后路由）

9.3.6　管道公共安全风险管控

管道公共安全，已危及人民群众的生命财产安全，如何解决经济发展与管道安全的关联问题，值得深思。

首先，管道设计要与市政规划紧密结合。如何使设计与市政规划无缝对接，有效提高设防标准，是当前管道公共安全管理中存在的主要问题，目前有些设计标准和管理标准需要进行修改完善，增加与市政规划结合的条款。

第二，要将信息化手段与安全管理有机结合。如何管理好公共安全，掌握高后果区的可靠数据，针对长达数万公里长的管道，数据信息如何记录、如何保存、如何应用，信息化技术手段是必备的，也是和管道的管理密不可分，目前国内在这方面还很薄弱，必须加强和重视。

第三，管道管理要与公众安全保护意识相结合，实施有效的管道公众警示做法，使全社会对管道安全进行重新认识。管道运输具有高温高压、易燃易爆、有毒有害、点多线长的特点，这就决定了安全始终是重中之重，要求油气管道行业始终保持强烈的安全意识，把安全放在第一位，并把安全落实到管理者和社会公众的各项活动之中。

第四，管道公共安全管理应更加重视应急预案和演练，推行"一风险源一预案"的制度，科学设计应急预案，高后果区做到"一区一案"。此外，还要不断优化管理，坚持长效的完整性管理机制和做法。

最后，要深化管道完整性管理的实施，既要重视升级管段的管理，又要重视管道日常内外检测、预防性维护管理，不断使用新技术手段发现管道风险，建立以预防性维护为主的完整性管理的体系，加大完整性评估的力度，全面提升管道管理水平和质量。

9.4　管道完整性管理审核技术与案例分析

完整性管理审核评估是体系持续改进的重要手段，管道企业应定期进行内外部结合的审核评估，评价完整性管理程序的效果，并保证完整性管理程序按书面计划实施。内部审核评估频次要考虑完整性管理程序中的变化和修改，可由内部员工进行审核评估，最好是由未直接参与完整性管理的人员或其他人员来实施。

目前，国内管道完整性管理审核评估还没有全面开展，本节借鉴国外的完整性管理审核评估案例，提出审核评估办法。

9.4.1　完整性管理审核评估

在美国境内的完整性管理审核评估均由美国安全运输部管道安全办公室（OPS）强制执行，只涉及高后果区削减和完整性评估的完成情况，内部审核评估只是在个别大公司自己内部执行，小管道公司内部不审核评估。加拿大管道没有外部强制审核评估，而是采取自身审核评估的方法，但大管道公司实力强的自己采取内部审核评估，而小公司则自愿由管道完整性的中介公司来实施评估。欧洲管道对完整性管理审核评估没有硬性要求，但均是采取与 HSE 审核评估相结合的方式，审核评估其若干要素，中介公司如 DNV 等均以 HSE 审核评估为主，完整性管理的审核评估也处于研究阶段，PII 公司开展过 100 条管道的对比评审，确定了不同要素的权重，已经开展了多年，具有较丰富的经验。

美国 Kern river 公司的完整性管理外部审核评估由美国安全运输部（DOT）进行，美国安全运输部组织专家进行审核评估。完整性内部审核评估由该公司聘请第三方对公司进行审核评估，由于其公司内部不能组成审核评估组，因此没有固定的完整性管理审核评估机构和组织。

英国 Transco 管道公司将生产运行与管道维护管理分开，生产运行完全由 Transco 国家调控中心指挥，包括所有站场流量控制、压力控制。完整性管理审核评估人员由 HSE 委员会聘请或抽调公司内部各部门人员组成审核评估组，监督完整性实施情况，专家人员由从事完整性管理工作的技术人员组成。HSE 的外部审核评估由第三方机构实施。

加拿大 Enbridge 公司认为绩效管理是一个持续的过程，它能够把员工的工作业绩与公司的愿景、长远任务和目标联系起来，是由管理者和员工共同确定有助于实现公司目标的绩效目标，并监测和评价目标的实现情况。其绩效管理的主要内容包括：设定清晰的与公司目标相关的绩效期望、识别持续发展的竞争力（技能、知识等）、对绩效和竞争力发展进行监测并对绩效和竞争力发展进行评测。

美国 Colonial 公司已形成的管道地理信息系统或者数据管理系统数据经组织运用于多个环节（部门、项目组或者地区等）。Colonial 公司运用 GEO 数据库基础及 APDM 模版作为其企业资产管理系统的基础。

通过调研可以看出，国外管道开展完整性管理审核评估并没有建立统一的审核评估标准，虽然在 2001 年 ASME B31.8S—2001 标准中提出了审核评估要素，但有的国家仍是结合 HSE 审核评估，大多数国家没有强制执行，这主要取决于公司内部的管理理念来确定是否需要审核评估，审核评估的要点也是根据完整性管理发展的情况逐步实施，并且最重要的是与 ASME B31.8S 和 API 1160 保持一致, 且都在探索中, 需要经过长期的实践才能给出审核评估的准确性, 国外的方法均不能直接为我所用。

9.4.2　一般审核评估流程

审核评估方法是基于外部或第三方的管理系统, 其中一个特点就是对管道企业进行系统的、不受约束的评估并得出审核评估结果, 需要用客观的评估方法来确定审核评估的适用范围。图 9-4 说明了一般性审核评估流程。

图 9-4　一般性审核评估流程

对图 9-4 中的各步骤作以下说明:

（1）采集　本步骤包括识别与审核评估主体有关的信息来源, 并收集相关信息, 如管辖范围、程序、标准等。

（2）取样　选择确定时间内有关投资情况, 由于不可能分析所有的能找到的信息, 因此应用统计学的技巧取样(比如随机取、分层取、连续取等)是必须的和重要的步骤, 这样才能得到比较真实的和经得起考验的结论。

（3）校核　校核是通过文件资源或其他的直接观察方法来完成的, 其中的数据和信息被验证或被确认有效。这些数据和信息称作审核评估的依据。

（4）评估　在这个步骤中, 审核任何与预期结果相背离的部分, 将数据和信息代入合适的框架, 或推断已知。这个阶段可采用图解、数字和相对分析法, 也可采用比较法(包括对标和最佳实践)。

（5）复查　审核评估结果、结论和任何建议会有正式的书面报告, 这个报告提交给决策者, 以便他们能够获得潜在发现和可行性建议。

在审核过程中包括不同的内部程序: 账目审核、步骤审核、审核调整和其他的系统管理审核评估, 例如环境、健康、安全审核。这些不仅在目的上不同, 在研究的深度上也各有不同。

典型的审核包括诊断性审核、全面审核和聚焦性审核。诊断性审核完全是针对一个短时间, 目的是针对具体事件, 诊断性审核能够指导全面的聚焦性审核。全面审核针对大量的过程、系统或运行。聚焦性审核更多地针对具体事件或过程。全面审核和聚焦性审核需要更多的数据和花费更多的时间, 可以得出细节性的可操作建议。

审核评估过程需要进一步细化, 审核者要全权负责。下面给出了一些内部的或第三方的审核者的职责:

（1）独立、公正的审核评估;

（2）诚实、准确的报告;

（3）客观、公平和完整的结论和建议。

审核者的一些能力和技能包括:

（1）获得任何个人和组织的信任；

（2）得出正确抉择的经验和教育背景；

（3）分析性和批判性的思维方法；

（4）审核评估证明的选择和保留，包括使用统计学和非统计学归纳；

（5）理解过程和系统运行的能力；

（6）应用合理的方法找到可靠的和可复制的结论；

（7）了解个体和系统的风险所带来的损失；

（8）审核评估过程中要十分认真。

为了给机构和投资者带来更大的收益，应意识到在完成目标过程中扩大审核评估范围的重要性，并需要保障这种审核评估行为。对此，一些公司增加内审的人员，或用第三方人员来补充他们的内审工作，还有的委托外部单位进行审核评估。外部单位能够确保审核评估的独立性和客观性。

9.4.3　管道完整性管理的审核

依据第三方审核管理系统是基础，管道完整性管理程序只是其中的一个分支，所有的管道完整性管理程序必须是可执行的。

管道完整性管理的内涵就是需要不断更新，需要付出更多努力来获得技术与管理的进步。管道完整性管理的审核目标包括：

（1）针对不同需求及时进行变更；

（2）确认完整性管理工作需要的过程数据和信息；

（3）使用系列的评估方法(如政策、程序、实践等)；

（4）满足项目实施目标有效性；

（5）改进潜在的风险区域。

审核要边进行边改进，对于具体的需求要直截了当提出。当然，为了持续改进，需要审查完整性管理系统的各个过程，如数据分析、校正工作、预防性工作、风险减缓性工作、质量保证和信息确认等过程。不论程序如何细致，只有改进系统流程才能够得到想要的结果。

管道完整性管理审核评估技术之一是 ACDP 模型，它是 PDCA 模型在质量管理(Total Quality Management)方面另一种表现方式，如图 9-5 所示。其审核步骤为：第一步是分析问题的过程数据；第二步是说明程序变更后，如何使这种变更生效；第三步是评估程序是否有利于后续工作。其目标是改进，而不只是完完全全地履行(A→C→D→P)。

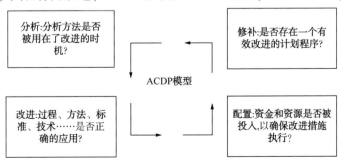

图 9-5　ACDP 模型

通常与 ACDP 模型一起使用的有三种工具：Ishikawa 鱼骨图、削减分析、对标管理。

Ishikawa 鱼骨图在对审核评估结果的分类中起着重要作用，常常被用来区分不同的成因，是一种能够找出对象本质原因的分析方法(见图 9-6)。因此，Ishikawa 鱼骨图经常被用作分析事故成因或结果(不管是正面结果还是反面结果)。

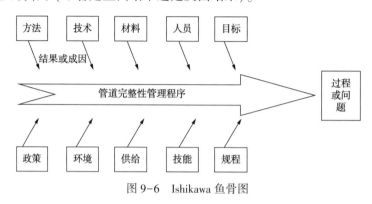

图 9-6 Ishikawa 鱼骨图

削减分析(Pareto Principle)原则可以用来识别结果或是原因，并能够诱导过程的改进，这个工具还可以评估问题后面的因素。

对标管理(Benchmarking)是另外一种更新程序的依据。对标是持续更新审核评估程序的一个组成部分，也是管道完整性管理的一个组成部分。

改进和对标需要大量的过程管理工作，因此连续改变审核评估过程必须评估管理的范围，可行的工作方式是有组织性的调查。这种调查可以针对企业文化的审核、人员的能力、领导能力、股东的资源分配、预防性的实践和持续改进。

最后要说明的是，审核不是为了变更而变更，而是应用这种变更来改进程序，使之更加有组织性和适用性，增加实施效果。不是所有的变更都能达到预期修补的效果，但持续改进可以影响到管道完整性管理的程序。

由于管道完整性管理审核是一个系统的和有序的过程，为了获得审核评估结果，得到应该履行的程序标准，不论是个人、内部还是第三方代表都应该是独立和客观的，并且在完整性管理、审核技能和实践应用中具有很扎实的知识和经验。

持续的审核评估不仅仅是简单地对照规律，这一切都是为了系统地更新和改变，没有改变就没有进步。审核评估对于管道完整性管理程序来说，是一个很重要的试金石。

9.4.4 国外典型公司完整性管理审核评估实例

下面用国外管道工程的实例来具体说明审核评估对于整个完整性管理的重要性。

在秘鲁的 Camisea 工程中，管道的完整性管理审核评估发挥了重要作用。

Camisea 项目由位于秘鲁东部 Ucayali 盆地的几个天然气田组成，主要是 Camisea 河沿岸的区块-88。美国 Hunt Oil 公司牵头的一个集团企业开发了 Camisea 项目的上游部分，并于 2004 年 8 月开始生产，其初始天然气产能为 4.50 亿立方英尺/日和 3.4 万桶/日液化天然气；法国 Techint 公司牵头的一个集团 Transportadora de Gas del Peru (TGP) 已建造并运营并行天然气和液化天然气两条管线，后者将 Camisea 项目的天然气和液态天然气运到首都利马和 Paracas 的一个石化原油加工厂。Camisea 工程包含气相分离装置，它由 Pluspetrol 所拥有和操作，气体输送系统由 Transportadora de Gas del Peru S. A. （TgP）所有，配送部分归属 Cálidda。2003 年，美洲发展银行(IDB)出资 7500 万美元支持这个输送项目，项目也包含一些地方投资者。

2006 年 3 月，Camisea 管线发生自 2004 年 8 月开工以来的第五次泄漏，这次破裂泄漏发生在 E-Tech International 管线，是在发布该管线破裂警告一周之后，破裂原因是该管线建造质量存在问题，秘鲁管理委员会已就该管线前 4 次破裂对 TGP 罚款总计 91.5 万美元。

工程的下游部分(输送系统)完整性分析包括两条埋地管线：液化天然气管线和天然气管线。完整性分析的目的是确定两条管线的危险区域，并确认 2004 年 12 月到 2006 年 3 月之间五次破裂泄漏的原因。审核评估者是一家主要业务为管道失效分析的工程咨询机构。

完整性分析评估等级包括可能失效和严重的潜在失效，共划分了 4 个影响完整性的风险类型：一是地质灾害方面的技术，是最重要的风险因素；二是洪水的冲击；三是地震事件；四是建造质量问题。这些风险因素与陡峭地形、恶劣地质土壤条件和洪水突发相结合会直接导致后果的发生。

审核评估者后来确认 5 个因素：地质学技术因素 3 个；焊缝的氢致开裂因素 1 个；跨越处的洪水冲击因素 1 个。

1. 地质学技术和地貌相关的风险

对液化天然气管线做负载承受能力分析时表明，管线很容易受到土壤运动引起的外压影响，审核评估表明 TGP 采取了多种削减风险的方法。TGP 在 2006 年采取了预防地质灾害的技术方法，评估并减少了沿途的 100 多处风险点。

分析结果表明所采取的方法是可以信赖的，且被有效地应用，能充分减少外部地质外力所引起的风险。TGP 实施的检测工作进一步减少了风险，分析发现地貌相关风险减少了 90%。同时，TGP 采纳了分析人员的建议，准备 2007 年继续采取方法减少地貌因素带来的风险，并与美洲发展银行(IDB)建立了一致的行动计划。

2. 洪水冲击引起的风险

在工作设计期间就做过针对洪水冲击的分析，为了使风险降到最低，工作人员假设存在某种不确定性，TGP 正在对潜在洪水冲击进行额外的研究。

3. 地震相关的风险

尽管制造者已经进行了多种针对地震的风险研究，但审核评估者还是认为潜在的地面移动应该被评估，地震风险管理应该考虑到地面的最新运动。

TGP 也正在进行地震风险复查以确定是否需要一个潜在缓解性方法的评估。

4. 管道的完整性

2006 年，TGP 应用漏磁（MFL)工具实行了液化天然气 LNG 管道的内检测，漏磁方法能够发现金属损失和其他的潜在不规则特征。检测发现，除了少数几处外，腐蚀金属损失不是大危险因素。

漏磁检测工具在内检测和外腐蚀损伤检测方面非常有效，但是检测小(小于 0.1mm) 的圆孔就不是很有效了。因此，2007 年 TGP 应用了另外的技术改善其功能检测小的圆形孔。

5. 建造相关的风险

针对 Camisea 工程系统，管线按照 API-5L 标准并有合适的防腐层保护免受外部腐蚀。

根据审核评估者的报告，施工技术与一般的管线施工实践一致。焊缝的完整性风险首先使用 X 射线和压力试验进行检验，这使得审核者得出结论：管线建设的风险很小并与管线工程实践相一致，特别是当涉及焊缝和管材的时候。

6. 设计相关风险

Camisea 输送系统设计参照了 ASME 美国工程师学会的条款。根据分析，管壁厚度足够保证整个沿线的内压。

综上所述，审核评估者认为 TGP 工作有效地减少了管线的风险。2006 年，TGP 投资了大约 5000 万美元来降低管线风险，这主要集中在地质灾害防护技术问题上，并与 IDB 合作，进一步改进管线的完整性。基于审核评估者的检查，TGP 履行了保障管道完整性的工作。为了进一步监控管道的完整性，IDB 聘请审核评估者提供持续的技术协助，包括建议推荐工作的复查。

9.4.5　简易的完整性审核评估方法

为了将完整性的审核评估具体化，将上述步骤、方法和程序现实化，形成简易的陆上完整性管理系统的审核评估询问表（见表 9-3），这个表格会让管理者知道如何进行最简单的审核评估，得到最直接的改进。

表 9-3　完整性管理系统的审核评估询问表

被审核人员：　　　　　　　　审核日期：　　　　　　　审核线路或站场：

序号	问　题	检查步骤	级别 ○ ● ◐ ◑
1	设施完整性的评估程序		
1.1	策略 对于设施完整性管理有针对性的目标文件吗？	·目标文件要清晰、具体、能够被工人所应用。 ·应该包含目标、策略、计划、实施标准、持续改进策略。 ·程序中监控的系统、资产和设备都要被明确识别，包括实时监测。 ·检查的过程应该明晰。	
1.2	通信和交流 完整性管理的设施全部包含在操作者的安全管理系统中吗？怎样与工作人员建立联系呢？	·设施的完整性应该是操作者管理系统的一部分。 ·最高管理者应汇总设施的安全性和监控的有效性。 ·任何级别的工作人员都应该能够接触到相应的完整性管理信息。	
2	计划、职责和权利		
2.1	设计和程序 设计和程序能够达到保障设备完整性的目标吗？	·清晰识别出危险行为和威胁完整的活动。 ·完整性管理手册。 ·检测、审核评估的计划和程序。 ·必要方法，例如 RBI，RCM 和 QRA。 ·每一个设备或系统程序要有明确的流程，例如管道工程系统、压力系统和结构系统。	

序号	问 题	检查步骤	级别
2.2	职责 完整性管理的职责和权限是否清楚地表述了？	·设备完整性管理人应该清楚地了解工作的权限。 ·操作者、保养者和技术组人员的角色和职责要分清。 ·其他的支持人员、合同工的职责也不能含糊。	
2.3	执行程序 完整性评估程序和大纲全部就位吗？	·管道完整性管理系统。 ·完整性管理机构系统。 ·完整性管理技术系统。 ·完整性系统维护手册。 ·腐蚀检测工程手册。 ·孔泄漏管道完整性手册。 ·安全临界手册和测试管理系统。 ·资产信息系统。	
3	培训和资质		
3.1	培训所需要的 对关键人员实施了完整性相关培训了吗？拿到资质了吗？	谁是设备完整性管理的关键人员？ ·对人员的培训有培训程序吗？ ·特殊区域的完整性管理人员都有相关资质吗？例如腐蚀系统、压力系统、管道系统等。 ·人员的操作要被监控。 ·对于特种设备工作人员，需要什么样的资质？ ·培训记录应该被保留，并与培训时间表相对照。	
3.2	能力 怎样确定人员具备能力？	这种能力包括：知识、技术、经验、人品和培训后增加的能力。 很多公司都有相应的级别晋升体系，依据在岗状态、离岗状态和内在评估标准。 ·有评估人员能力的程序吗？ ·人员的培训根据因果关系吗？	
4	背离、监控和记录		
4.1	背离 背离情况能及时与权威取得联系吗？	有一个全面的补救措施吗？怎样落实到员工？ ·再出现技术背离的时候，哪一个才是权威？ ·谁来监管条款的实施？他们在常规复查和管理中能被反馈吗？	
4.2	陆上和海上角色和职责 陆上和海上的角色分配清楚了吗？	·对陆上和海上的不同管理方式有清晰的认识吗？ ·设备完整性监控要有不同等级的监控。 ·设备操作者根据关键点和程序来采取适当的措施。	
4.3	记录 保留记录，结果要被复查。	·完整性管理记录保留了吗？系统和设备的标准达到了吗？ ·背离的、不顺利的和纠正的工作保养记录被保留了吗？ ·这些记录以什么样的状态保留？保留多长时间？	
5	审核评估和复查		

序号	问　题	检查步骤	级别
5.1	确保完整性 完整性管理如何实施的?	主要的执行者每天每月要有操作报告。 ·每月设备完整性报告。 ·每月技术型设备更新报告。 ·方案的确认。 ·常规的内部和外部审核评估复查。	
5.2	审核评估 如何实施审核评估?	设备完整性审核评估的目标是确保过程、人员和设备的就位,保证设备完整性,确定管理系统的有效性。 ·有设施完整性审核评估的程序吗? ·这些审核评估计划是基于活动的重要性不同而制定的吗? ·人员怎样执行每条审核评估? ·有独立的行为人(ICP)被使用吗?	
5.3	审核评估的复查 审核评估的结果如何复查的?	·确定完整性审核评估的结果包含在了复查过程中了。 ·复查的结果也要对补救措施的实施负责,且要在完成期限内。 ·有连续的改进措施吗?	
5.4	符合性复查 是在目前的原则下实施复查吗?	经常性依据现有法规、标准复查设备(比如每五年一次),并得到可行性的改进。	

备注: ⬤安全遵守　　　　　　　　◐部分遵守(系统不完善)

　　　●没有遵守(主要失效或关键因素缺失)　　○没有测试或没有记录

审核人:

姓名:　　　　　　　　签名:

9.5　完整性管理效能评价技术

9.5.1　效能评价概念

管道完整性管理效能是管道完整性管理系统满足一组特定任务的程度的度量,是系统的综合性能的反映,是系统的整体属性,体现了系统本身的完备性和应用性。

管道完整性管理效能评价是指对管道完整性管理系统进行综合分析,把系统的各项性能与任务要求综合比较,最终得到表示系统优劣程度的结果。

效能评价的目的是通过分析管道完整性管理现状,发现管道完整性管理过程中的不足,明确改进方向,不断提高管道完整性系统的有效性和时效性。

效能评价有助于管道管理者回答以下两个问题：

（1）完整性管理程序的所有目标是否达到？

（2）通过完整性管理计划，管道的完整性和安全性是否有效地得到了提高？

在实施效能评价时，应遵循以下原则：

（1）完整性效能评价应科学、公正地开展，效能评价对象是完整性管理体系以及完整性管理体系中的各个环节，评价标准应具有一致性，评价过程应具有可重复性；

（2）效能评价可以是某一单项的评价，也可以是系统的评价，系统的效能不是系统各个部分效能的简单总和而是有机综合；

（3）完整性管理系统是一个复杂的系统，严格意义上的系统最优概念是不存在的，只能获得满意度、可行度和可靠度，完整性管理系统的优劣是相对于目标和准则而言的；

（4）应根据管道完整性管理系统现状开展效能评价，并且根据评估结果制定系统的效能改进计划、持续效能评价内容和效能评价周期。

管道完整性管理效能评价是一个循环和渐进的过程，是一个完善和改进管道完整性管理、保证管道安全运行的循环。效能评价的工作程序如图9-7所示。

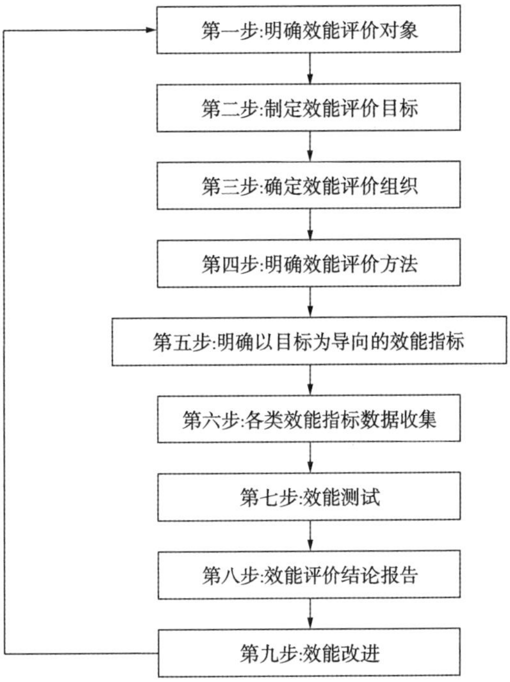

图9-7　效能评价程序

流程框内容：
- 第一步:明确效能评价对象
- 第二步:制定效能评价目标
- 第三步:确定效能评价组织
- 第四步:明确效能评价方法
- 第五步:明确以目标为导向的效能指标
- 第六步:各类效能指标数据收集
- 第七步:效能测试
- 第八步:效能评价结论报告
- 第九步:效能改进

9.5.2　效能评价实施

可以采取以下几种方式实施效能测试和评价。

1. 过程或措施测试

测试各种预防、减缓、维护、维修活动，评价其实施的好坏程度和质量水平。这种方法是对完整性活动中间过程的测试，考量完整性活动是否按计划在执行，是否达到了计划中的各项要求。

2. 操作测试

测试管道系统对完整性管理程序作出响应的好坏程度，即完整性管理活动对保证管道系统的完整性是否有效。如在实施了水工保护后，管道是很好地免遭冲刷或露管，还是根本无效，采取植被措施是否更有效等。

3. 失效测试

包括管道泄漏、破裂和人员伤亡测试，直接考虑所辖管道失效事件的数量和影响大小。可以将实施完整性管理前后的测试结果进行对比，以考察完整性管理的有效性。

4. 通过内部比较评价效能

通过比较一条管道中的几段，或在各类危害因素之间（如腐蚀、第三方破坏、自然与地质灾害等）进行对比，来评价完整性管理系统的效能。

各管道企业如果已经实施了基于风险的检验，可以参考表9-4制定自身的指标体系。

表 9-4 供参考的指标体系

已检测的里程与完整性管理计划要求检测的里程之比

政府管理部门要求变更完整性管理计划的次数

单位时间内政府管理部门要求报告的事故数与安全相关事件之比

完整性管理计划完成的工作量

完整性管理系统的组成部分

已经完成的影响安全的活动次数

已经发现需要修补或消除的缺陷数量

修补的泄漏点数量。

水压试验破裂的数量和试验压力

第三方破坏事件、未遂事件及检测到的缺陷的数量

通过实施完整性管理计划减少的风险

未经许可的穿跨越次数

检测出的事故前兆数量

侵入用地带的次数

因未按要求告知第三方入侵的次数

空中或地面巡线检查发现侵入的次数

收到开挖通知的次数及其处理情况

发布公告的次数和方式

联络的有效性

公众对完整性管理计划的信心

反馈过程的有效性

完整性管理计划的费用

新技术的使用对管道完整性的提升

非计划停输及对用户的影响

各管道企业如果还没有实施基于风险的检验，可以参考表 9-5 制定自己的指标体系。

表 9-5 参考指标体系

危 害	效 能 指 标
外腐蚀	外腐蚀造成水压试验破裂的次数
	根据管道内检测结果进行维修的次数
	根据直接评估结果进行维修的次数
	外腐蚀泄漏次数
内腐蚀	内腐蚀造成水压试验破裂的次数
	根据管道内检测结果进行维修的次数
	根据直接评估结果进行维修的次数
	内腐蚀泄漏次数
应力腐蚀开裂	应力腐蚀开裂造成使用泄漏或破裂的次数
	应力腐蚀开裂造成修补或更换的次数
	应力腐蚀开裂造成水压试验破裂的次数

续表

危　害	效　能　指　标
制造	制造缺陷造成水压试验破裂的次数
	制造缺陷造成泄漏的次数
施工	施工缺陷造成泄漏或破裂的次数
	环向焊缝/接头补强/去除的次数
	拆除折皱弯管的次数
	检测皱纹弯管的次数
	制造焊缝修补/去除的次数
设备	调节阀失效的次数
	泄压阀失效的次数
	垫片或 O 形圈失效的次数
	设备故障造成泄漏的次数
第三方破坏	第三方破坏造成泄漏或破裂的次数
	受损管道造成泄漏或破裂的次数
	故意破坏造成泄漏或破裂的次数
	泄漏/破裂前因第三方损坏进行修补的次数
误操作	误操作造成泄漏或破裂的次数
	检查次数
	每次发现的误操作次数，按严重程度分类
	检查后对操作程序进行修改的次数
天气及外力	天气或外力造成泄漏的次数
	天气或外力造成修补、更换或改线的次数

5. 通过外部比较评价效能

通过与其他公司对比，来评价完整性管理系统的效能，如对标(Benchmarking)。

6. 审核

应不断对完整性管理的内容进行审核评估，来确定其有效性以确保完整性管理是按照计划执行的并符合所有法规要求。审核可以由内部人员(自我评价)或外部咨询公司组织执行。完整性管理程序审核应包括以下几个问题：

(1) 在程序文件中是否概述了实施行为；

(2) 对每一个课题范围是否都有指派的人负责；

(3) 是否有合适的参考资料可以使用；

(4) 各个主题范围的工作人员是否进行了培训；

(5) 是否使用法规要求的合格的人员；

(6) 是否按照相关标准中的完整性管理框架来正确地实施完整性管理；

(7) 是否以文件记录所要求的完整性管理活动；

(8) 是否对相关活动进行了跟踪；

（9）制定风险标准的依据是否进行了正式的讨论；

（10）是否建立了大修、重新分级、替换或替换损坏管段的标准，是否建立了上述终端、泵站以及管道和减压系统的标准；

（11）是否有书面的完整性管理制度；

（12）是否有完整性管理程序相关的书面程序。

7. 效能改进

效能评价最后应提交分析报告，报告中应基于效能度量的结果，提出完整性管理系统的改进建议。应根据效能评价报告，实施对完整性管理系统的改进，并对所作的修改形成文件。

效能评价不是一次性的工作，应该定期或不定期地进行，不断收集信息并存档。内部审核和外部审核资料应作为理解管道完整性效能的附加信息，效能测试和审核结果将作为以后风险评价的基础资料。

9.5.3　对标方法

效能评价国际上没有统一的方法，而对标（Benchmarking）方法常被用来评价完整性管理系统，是目前比较常用的效能评价方法。对标方法通过将本管道公司完整性管理系统与国际上其他管道公司的完整性管理系统进行对比，来发现当前完整性管理系统的状况，找出差距和不足，提出改进建议。所选管道公司通常是管理水平比较高、完整性管理比较成功的管道公司，最高水平常被称为行业最佳实践，但行业最佳实践不是专指某一管道公司的完整性管理系统，而可能是多家公司最佳部分的组合，是一种最理想状况。

9.6　管道完整性管理体系发展对策

管道完整性管理是指用整体优化的方式开展管道的全生命周期管理，做到管道风险的识别与预控，达到可靠、安全、环保、经济及可持续的要求。管道完整性管理是一个完善的、系统的管理过程，确保管道在全生命周期内处于可靠的状态，是保障管道企业安全的重要手段。

9.6.1　国外管道企业完整性管理的启示

欧洲管道公司历史悠久，管理手段和技术方法先进，如英国的 TRANSCO、德国的鲁尔GAS、比利时的 FLUXCY 公司等。其中比利时 FLUXCY 公司与我国情况相近，开展管道内检测是其主要完整性管理方法，目的是保障完整性、增加安全性、延长寿命。管道完整性技术服务企业也在提升自己的技术水平，为管道完整性管理提供最佳解决方案，如英国的PII、德国的 ROSEN、德国 NDT、巴西的 PIPEWAY、加拿大的 BJ、中国的 CNPIC 等，这些企业为管道完整性技术的进步提供了动力。目前在世界上业务开展较多的技术服务企业，如 PII 公司，是最大的管道检测服务商之一，拥有漏磁检测技术、超声检测技术、EMAT 电磁超声技术等，并针对每一种缺陷提出了相适应的检测技术；德国 ROSEN 检测公司研发机构从设计、制造、加工等开始就提供了强大的技术支撑。

通过对国外管道企业和完整性技术服务企业的调研，可得到如下启示：

（1）完整性管理目标非常明确。如比利时管道公司开展资产完整性管理（国外大型石油公司对于石油企业的完整性管理通称为资产完整性管理）的目标为：保障基础设施的完整性；证明管道安全可靠；提高管理效率；合理分配有限资源；有效地管理老旧管道。

（2）完整性管理从建设期开始。如比利时管道公司建设初期就开展定性风险评估，全面的风险评估只做一次，但在每个新项目特殊段均需进行风险评估。

（3）研究内检测技术具有系统性。如 PII 和 ROSEN 等公司都开发了具有各自特点的先进的内检测器，同时证实了数据的准确获取与后期解读具有同等重要性。

（4）有领先的完整性管理评价体系。如 RBI、RCM、ROM 等评估体系较国内早，国内使用这一系列技术不能与国外领先技术同步，往往都处于落后状态。

（5）建立了较成熟的完整性管理系统。如英国 TRANSCO 的资产完整性管理系统。

（6）形成了符合自身特点的工作体系。如比利时管道公司不开展管道 ECDA 评估，不通过 ECDA 评估来解决管道的完整性问题，只是检测涂层的受损情况。

（7）有处理管道缺陷的丰富经验。如比利时 FLUXCY 公司对管道缺陷的处理方法。

9.6.2　管道企业完整性管理存在的问题

管道完整性管理的重点应是高风险的管道设施，提高设备设施的可靠性，延长设备设施检修与维护的周期，避免对低风险设备设施的过度检验，降低设备设施检修维护费用，最终实现在保证设备设施安全性的基础上降低操作成本。对比国外管道完整性管理和技术发展情况，可以发现国内管道企业目前存在的不足和差距。

（1）资源与风险未实现完全的结合。"十三五"期间管道资产将不断持续增加，但是如何提升资产维护管理水平，通过完整性管理真正将风险与资源实现有机结合做得还很不够。

（2）检测技术的选择与应用缺乏计划性。管道企业选择管道内检测技术缺乏依据，没有根据运营管道存在的典型风险进行规划。对国外管道内检测技术了解还不深入。需要进一步研究基线检测、再检测的风险管控模式。

（3）内检测再评估模式值得研究改进。目前国内标准规定："新建管道 1～3 年内开展内监测，5～8 年内再次内检测"，此种提法与国际上不匹配，欧洲天然气管道再检测周期均在 10 年以上。

（4）未实现全员参与管道完整性管理。完整性管理虽然引进多年，但其发展不平衡，特别是基层单位对其实质还没有很好掌握，风险意识不足，缺乏有效的预防性管控手段，许多单位仍然停留在事后管理的层面上。

（5）专业管理缺乏细节控制措施。风险分析与评价手段没有系统化，评价技术存在差距。一是风险评价技术不统一，缺乏整合；二是个别设备还没有建立风险识别与评价方法；三是部分设备缺乏可量化及可控的指标。

（6）执行情况缺乏有效监督检查。各级管理部门日常检查缺乏针对管道完整性的风险识别和评价，以及削减跟踪和有效管理。

（7）资产变更管理缺乏统一的规定。没有在体系文件中规定变更中的各个要素实现的途径，其实现手段应为：在 ERP 系统中变更设备数据，在 GIS 系统中变更线路数据，在档案室资料中变更竣工资料，在站场上变更图纸。

（8）大量管道竣工数据入库不及时。管道企业竣工数据接收和管理不严谨，投产 2~3 年后仍然存在竣工数据没有入库的问题，如果发生应急情况竣工数据将不能发挥作用。

9.6.3　管道企业完整性管理体系发展对策

管道完整性管理最终要采用 IT 技术实现可视化、数字化的完整性管理，通过 GIS、EAM、ERP 等系统对管道与设备设施的一系列生产运行活动、参数、信息进行评价。在大数据时代海量数据建模和分析是解决问题的关键，而不再仅局限于数据的精确程度要求，因此管道完整性管理重在对设备设施全生命周期的数据管理和相应的动态技术管理。国内管道完整性管理尚未形成管道全生命周期的一个大数据库，需要尽快采取对策加以完善。

（1）含缺陷管道本体的完整性管理。对于含缺陷管道，至少应开展管道内检测及其相应的安全评价、缺陷评价、修复补强等工作，建立监测体系，对线路管道壁厚进行定期监测与评估等。

（2）管道地质灾害与周边环境完整性管理。进一步加强地质灾害防护技术研究，有效地开展地质灾害评估，实施管道地质灾害的预防和维护，防止第三方破坏活动，加大公众警示力度和教育培训，建立详细的第三方预防措施等。

（3）外防腐层及防腐有效性完整性管理。参考国内外标准编制地区公司标准，实现阴极保护参数远程监控，周期性开展外防腐层检测和阴极保护有效性检测，开展 ECDA 评价和内腐蚀监测，开展 ICDA 评价以及实施高风险区域风险识别、关键地段腐蚀评价等。

（4）站场及设施完整性管理。实施管网优化运行管理和设备运行完好率管理，定期实行站场工艺管道、设备的监测与评价管理，实施压缩机和储气库优化运行管理。

（5）结合生产实际开展完整性评价。包括以下方面：全线风险评价，识别高风险区域并对其缩短风险评价周期；管道运行压力流量下站场与线路管道的承压能力评价；站场关键部位壁厚测量与沉降评价；管道外力重载的预防措施评价；汛期管道抢险检验情况评价；设备故障点安全评价和改进措施；全线设备与压力容器检测结果评价；内腐蚀与内部冲蚀监测评价；阴极保护与外防腐层评价；内检测数据分析评价；自控、通讯与电气安全评价；压缩机振动问题分析与评价；储气库站场采气工艺管道应力分析；应急处置与应急抢修方案评价等。

（6）提高资产完整性管理意识。特别针对油气管道高后果区、地区等级变化的地区，提出有针对性的实用的完整性管理技术，提高特殊地区的风险控制水平。开展从事管道风险评价和完整性管理专业人员的技能培训、完整性管理的认识和实施方法的培训等。

（7）科学确定内检测实施周期。在一般情况下，由于输送合格天然气，管道内部一般大面积腐蚀的可能性较小，如果全部按照固定检测周期执行，即不经济又不科学。内检测的周期应通过上次内检测的结果来科学确定。

（8）设计阶段即应体现完整性管理的理念。如对并行管道的压缩机进行联合设计，提高压缩机的利用率和可用率。

（9）开展与国际先进管理和技术指标对比。学习引进国外先进经验，真正把技术做扎实，管理做精细。

（10）制定油气场站完整性管理技术指标。应与传统管理指标有所区别，提高场站的整体安全和资产可靠性。

（11）理顺完整性管理的保障与投入的关系。加大风险削减的投入，使识别或检查出的风险点/源得到有效控制。开展精细化管理，将成本控制与节能减排融为一体，耗能设备优先采用低耗设备或替代先进技术手段，在保证资产完整性的同时，实现成本的有效控制。

（12）深化全员参与资产完整性管理。按照《石油天然气管道保护法》和石油行业标准《管道系统完整性管理实施指南》的要求，开展完整性管理全员参与的技术宣贯，深入全面地掌握管道完整性管理的技术和管理内容，提高风险管理意识，努力实现管道、设备、设施的风险预控和管理。

第 10 章　国内外管道公司完整性管理案例

10.1　Enbridge 公司管道完整性实施案例

10.1.1　简介

Enbridge 公司被认为是管道安全和完整性行业的佼佼者。Enbridge 公司管理着 25000km 管道，179 个泵站，每天输送 220 万桶油品，如图 10-1 所示。2011 年专门设置了设施完整性管理部门，负责罐、站区管道的安全管理。

图 10-1　Enbridge 公司管道分布图

（1）完整性管理程序：内检测、开挖修复和内腐蚀控制。

（2）材料技术：焊接和修复程序、裂纹管理程序、凹坑管理程序。

（3）完整性分析：腐蚀增长评估、内检测间隔和内腐蚀控制程序。每年运行 100~200 个站间距的内检测，超过 10000km 检测，超过 1000 次清管，开挖 2000~4000 次。

（4）完整性部门只做管道完整性评估、失效分析、合规性管理、完整性管理方案与计划；完整性数据由 IT/GIS 部门管理。

（5）各地方分公司只有很少量的完整性工作。

10.1.2　标准法规方面

在加拿大，最主要的联邦法规是《陆上管道法规》(OPR-99)，适用于所有的输送碳氢化合物的非海上的跨省或者跨界管道。另外，每个省也有管道法规，适用于省内管道，如安大略省能源局。

管道完整性法规要求(NEB 国家能源局要求)，OPR-99 第 40 和 41 部分要求：

（1）管道运营公司应该发展一套管道完整性管理程序。

（2）如果发现超过 CSA Z662 所允许的缺陷，管道运营公司应当将细节用文件描述，包括它可能的原因以及减缓措施。

（3）管道运营公司应准备好提交文件给董事会。

加拿大管道运营公司通常采用 CSA Z662—2011《油气管道系统》标准，涵盖了油气工业管道系统设计、建造、启动、操作和维护，包括海上和陆地管道、油库、泵压缩机站场、计量站，建立了基本要求和最低标准，紧密引用参考了 NEB 的 OPR-99 和其他的省级法规。其附录 Z662-Annex N-guidelines for Pipeline Integrity Management Programs，给出了完整性管理程序的指导。

NEB 与交通安全局共同负责管道失效事件调查，通过管道重大事件的调查，可根据结果调整法规。最近对应力腐蚀开裂的调查导致了管道完整性管理领域管道法规的新内容的增加。在北美，还有其他的一些与完整性相关的标准和法规，如 NACE、API、ASME、PRCI 和 ASTM。

Enbridge 公司努力参与各种标准、法规的制修订，努力在这方便获得先机，掌握主动。

10.1.3　体系与组织架构方面

Enbridge 公司很重视资产完整性管理，完整性管理的目标一方面是防止事故，保证安全，还有另外一个重要目的是维护资产完整，这就是每年做大量的检测和开挖的原因，着眼于管道资产能安全运行几十年。

Enbridge 公司的完整性部门内部通过合同雇佣工程公司(现场专业团队)完成现场工作，而 PI 部门主要是掌握各种工作标准和要求。工程公司通过合同协调利用各种社会专业队伍和设备等资源。

PIM 的各种核心程序和计划需定期进行评审。对于完整性的所有报告，管道完整性管理(PIM)部门均认真审核，进行 QA/QC 控制，确保品质。

Enbridge 公司的管道管理完全依靠管道完整性管理。完整性管理部门有 140 人从事完整性管理工作，其中 25 人从事设备完整性管理。最近几年完整性部门组织调整很大，按费用的多少来进行组织调整。2012 年投入费用 10 亿美元，2013 年运行内检测 187 次，开挖 4000 次/年。

Enbridge 公司将所有管道分为液体管道、气体管道和城市燃气管网三种类型进行管理。对每种类型管道，均设副总裁主管完整性管理。液体管道的完整性管理组织机构如图 10-2 所示。

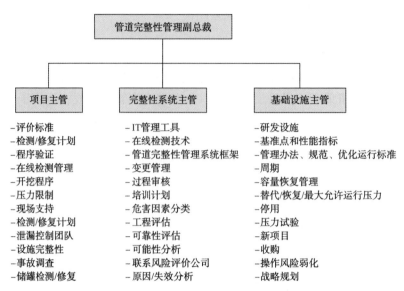

图 10-2　Enbridge 公司液体管道完整性管理组织机构图

10.1.4　数据管理方面

Enbridge 公司关注核心数据，当新建管道移交时，需移交以下数据：

(1) 竣工路线图；

(2) 环焊缝位置 GPS 坐标；

(3) 管道信息、图层类型、环焊缝涂层类型、环焊缝；

(4) 所有打压失效报告、成功打压试验记录；

(5) 实际基础备忘录(设计总结报告)；

(6) 建设期几何检测报告；

(7) 收发球筒图；

(8) 高后果区地图。

10.1.5　风险评价方面

Enbridge 公司在管道建设期间开始高后果区管理，完整性管理部门对高后果区管理具有重要贡献，但不单独从事该工作。Enbridge 公司有专门的高后果区管理计划，该计划与环境管理系统、HSE 管理系统、完整性管理系统并列，是公司整体管理方案的重要组成部分。

Enbridge 公司使用定性风险评价方法，每年都开展风险评价工作，风险评价机构是在运行(Operation)部门下的一个团队，大约有 20 人，同时雇佣专家参与。PIM 部门负责提供部分所需的数据。风险评价的一个用途是确定内检测的优先顺序。风险评价结果提交给管理层，作为决策参考。

Enbridge 公司的风险评价主要关注不同管线间的风险对比，从而确定管线的检测评价以及维修维护计划。Enbridge 公司的风险评价不用于识别具体的风险点和提出风险控制措施。管道公司风险评价目前侧重于同一条管线不同管段的风险对比。Enbridge 公司的风险评价以风险因素类型区分，一般在同一类型之内将各风险排序，而不同风险因素之间也很少进行横向比较。

管道可靠性部门正在开发可靠性评估方法，Enbridge 公司认为可靠性方法是未来的方向，但挑战和难度也很大。

10.1.6　内检测与评价方面

管道投产前完成几何检测，由工程部门负责。

由于输送介质等原因，Enbridge 公司的大多数管道较清洁，清管次数很少，一般清管 1~3 次即可满足内检测要求。Enbridge 公司维护人员负责日常清管，购置清管球。在特殊情况下，使用过两个球同时清管。

Enbridge 公司在同一管道上运行不同类型的内检测器，以探测不同类型的缺陷。Enbridge 公司坚持自己完成内检测数据分析、验证这个核心工作，认为好的运营企业必须深入了解内检测数据。

Enbridge 公司的凹陷评价目前采用基于深度的评价方法，同时考虑与其他缺陷如裂纹、划伤、腐蚀、焊缝等交互作用。Enbridge 公司公司实施大量的现场评估以确定是否需要修复或者以何种方式修复。Enbridge 公司的腐蚀评价由检测承包商完成；环焊缝、直焊缝、裂纹等缺陷评价由 Enbridge 公司自己完成；如果遇到特殊问题，则咨询行业内的专家。必要时，开展各种测试(应力测试、弯曲测试)，并将评估结果与打压试验、SMYS 以及操作压力安全系数进行对比。

Enbridge 公司的每个内检测开挖都要进行 NDE 检测，与内检测数据进行比较、分析。NDE 一周内出具现场报告，与开挖单(Dig Package)进行比较。Enbridge 公司更信任 NDE 的检测数据，各种缺陷的评估最终以 NDE 的数据作为修复评估的依据。现场开挖后，进行 NDE 检测，再评估后确定是需要修复还是简单地重新防腐。

10.1.7　效能评价方面

1. 效能度量(行业对标)

(1) 各管段的管道条件；

(2) 设备检测；

(3) 设施管道系统检测；

(4) 检测有效性；

(5) 管道完整性关闭；

(6) 完整性内检测公里数；

(7) 基于内检测采取的完整性措施；

(8) 超过完整性标准的管道条件特征。

该度量方法旨在与各个不同的管道公司进行对比。近两年刚开始开展此项工作。

2. 公司完整性绩效评估

Enbridge 公司对管道完整性管理评价占总分的 15%，主要考虑以下 5 个方面：

（1）有重要影响的站外管道泄漏次数；

（2）有限影响的站外管道泄漏次数；

（3）站内泄漏次数；

（4）年度检测项目完成率；

（5）年度修复计划完成率。

3. 部门完整性绩效评估

Enbridge 公司完整性管理部门负责对员工完整性管理的绩效进行评估，责任到人，关系到个人收入水平，具有 0、1、2 三个不同得分系数，可得到高于满分的分数。包括：

1）基线指标

（1）干线泄漏、开裂；

（2）设施泄漏、开裂。

2）组织性能标准

（1）内检测计划项目的完成率；

（2）开挖范围过程的改善；

（3）最高风险设施的检测数量；

（4）满足能力限制的策略。

3）关注项目

（1）法规策略或者首要问题管理；

（2）内检测技术管理、与检测商关系。

4）创新

（1）可靠性框架；

（2）数据管理方案。

10.1.8　新建管道完整性管理

管道完整性人员参与到管道设计和建设工作环节。对新建管道项目，Enbridge 公司完整性管理(PIM)部门有 7 个人参与内部审查。在项目各个关键节点，PIM 部门要审查，也是 Enbridge 公司内部的审查，如果无 PIM 部门的签字，项目将不能进入下一阶段，7 人团队的主要工作是使新建项目满足 Enbridge 公司内部完整性管理的各项要求，着眼于提升管道运行期间的完整性，他们审查项目不仅仅是使管道达到各种法规和标准的最低要求，而且要从完整性管理角度提出更高的要求。目前公司已建立了内部审查程序，并不断完善。

10.2　Williams Gas 公司管道完整性实施案例

10.2.1　完整性管理方案

美国运输部管道安全办公室(OPS)于 2004 年出台规定，要求气体管道运营商为可能因失效影响高后果区的长输管道(埋地部分)制定完整性管理方案。此规定符合 2002 年颁布的管道安全促进法案。

运输部 OPS 规定气体长输管道所有者/运营商：

（1）实施综合的完整性管理计划；

（2）开展基线评价和周期性再评价以识别和评估管道潜在危害；

（3）修复在此过程中发现的重大缺陷；

（4）持续监控程序有效性以便进行修正。

运输部 OPS 要求管道运营商编制书面的完整性管理规划以明确每一段埋地管道的风险。应识别埋地管道上的人口稠密区，或位于"特定场所"（有人员移动不便、受限或难于疏散的场所，如医院、教堂、学校或监狱等）一定距离内的区域。该距离取决于管道直径和运行压力。

运输部 OPS 要求管道运营商编制、执行和遵守书面的完整性管理规划。该规划必须上传以备 OPS 检查。同时规划进一步要求对完整性管理规划涉及的人员进行适宜的培训。

Williams Gas 公司的气体管道（WGP）承诺安全可靠地运行其设施以保护公众、环境和员工。基于运输部 OPS 的要求，Williams Gas 公司已编制完整性管理方案，在其系统中加入完整性理念以符合 49 CFR 第 192 部分章节 O 的要求。

1. 方案范围

Williams Gas 公司完整性管理方案包含以下内容：

（1）识别新规定要求的所有埋地管道。

（2）实施 OPS 要求识别和开展的 14 项内容，包括：

① 识别所有埋地管道；

② 埋地管道基线评价计划；

③ 识别埋地管道潜在危害；

④ 直接评价计划；

⑤ 修复条件的物资准备；

⑥ 持续评估和评价的流程；

⑦ 保护埋地管道的预防和减缓措施；

⑧ 效能评估以评定完整性管理规划的有效性；

⑨ 记录保存；

⑩ 流程变更管理；

⑪ 质量保证流程；

⑫ 沟通计划；

⑬ 运营商将完整性管理规划提交国家权威部门的流程；

⑭ 确保每一项完整性评价以最低环境和安全风险的方式执行流程。

（3）编制基线评价计划，包括：

① 评价管段；

② 每一管段所选用的方法；

③ 评价方法的选择依据；

④ 带有优先级的评价时间表。

Williams Gas 公司综合使用四种评价方法。Williams Gas 公司会根据管段风险选择最适合的方法或方法组合，包括：

① 内检测——在线和检测器测试；

② 压力试验；

③ 直接评价——包括数据收集、间接检查、直接检查和后评价；

④ 其他有效技术。

（4）基线评价完成后，Williams Gas 公司就会编制持续的完整性评价和评估规划。

（5）Williams Gas 公司已开发持续改进和发展已有完整性管理规划框架的流程，包括规划是否有效的测试方法。

2. 危害识别情况

下述危害或威胁代表了 ASME B31.8S 所识别的 9 种相关的失效类型，包括：

① 外部腐蚀；

② 内部腐蚀；

③ 应力腐蚀开裂（SCC）；

④ 制造相关缺陷（与 ERW 已有缺陷相关的疲劳开裂）；

⑤ 管道设备；

⑥ 建设/装配；

⑦ 第三方机械损伤；

⑧ 天气或外力造成的地面移动/土壤流失；

⑨ 由于误操作不属于管段特性，因此只在 Williams Gas 公司的流程中强调，而不直接纳入风险排序。

考虑的后果包括：

① 社会影响（安全和用户中断）；

② 环境影响；

③ 用户影响；

④ 经济影响。

3. 完整性评估

Williams Gas 公司给出了管段评价的优先顺序，并符合 2002 年颁布的管道安全法案的规定（见表 10-1）。

表 10-1　管段评价时间安排

方　法	完成日期	50%埋地管道完成评价的日期
压力测试或内检测	12/17/2012（完成）	12/17/2007（完成）
直接评价	12/17/2009（完成）	12/17/2006（完成）

上述管段必须在基线评价后的 7 年内进行再评价，若经评估认为有必要，应立即进行再评价。

当识别到需要进行评价的新管段，Williams Gas 公司会在一年内将其纳入基线评价计划。任何新识别管段的基线评价必须在 10 年内完成（如果采用直接评价则需在 7 年内完成）。

4. 修复

Williams Gas 公司的完整性管理规划明确当评价过程中发现任何异常情况，都要立即采取处理和修复措施。所有可能降低管道完整性的情况都要进行处理。Williams Gas 公司将在实施完整性评价的 180 天内作出处理决定，除非需要立即修复(运行压力必须临时降低或管线停输直到 WGP 完成修复)。Williams Gas 公司将根据 ASME/ANSI B31.8S 的安排完成修复。

10.2.2 管道建设期完整性管理

Williams Gas 公司的管道建设项目严格管理，采用分标段建设，选择高度专业化、合格的设计、施工队伍，每个标段由不同的人员组成，各司其职。建设期采取以下完整性管理措施。

1. 施工前充分调研，识别风险

在施工开始前，公司调查管线周边的环境，为防止管线施工过程中的意外损坏，将公共道路和农业排水项目定位和标记出来，标出管道的中心线和管道边界的外部通行权，与地主协商达成通行协议，识别可能存在的风险和隐患。

2. 采取环境保护措施，重点清理和分级

管道通过地方的植被需要清理。为最大限度地保护植被和环境，在开挖之前应采取临时的防控措施，确保施工安全。

3. 保证挖沟的深度和宽度

表土从工作区挖出，并储存在非农业区，使用挖土机开挖管沟，开挖出的土壤被暂时储存在管沟的非工作侧。充分按照图纸要求施工，保证土方量，遇到石方段时，采取爆破措施，并最终用细土垫层的方式进行沟底处理。

4. 布管和弹性敷设

管道布管沿着开挖管沟排列，当自然地貌显著变化或者管道路由变化方向时，采用机械弯管机将管道冷弯成设计的角度，铺设时，采取弹性辐射方式，不允许有对口斜接管道出现。

5. 焊接和管道涂层

完成布管和弯管后，将管段对齐，焊接在一起，并临时支起放在管沟边缘。组对过程中，不允许有强力组对。所有焊缝均进行目视检查和射线探测。一般来讲，在排管前进行了出厂防腐涂层的管道需要在焊接接头处进行防腐处理。在最终检查前，整个管道涂层是通过电子检查定位并修复任何涂层缺陷或空隙。

6. 下管和回填

用单臂吊管机将管道吊入管沟内。管沟回填采用推土机；管沟内不允许出现任何异物，避免损伤管道本体和涂层。

7. 试压和扫水干燥

回填后，管道应按照国家法规进行水压试验。试验使用的水要依照国际、国家或地方的相关法规进行处置，试压后扫水和干燥，达到水露点要求。

8. 地貌恢复

公司的政策是要清理并尽快恢复工作区。当管道回填和测试后，建设期内受影响地区

应尽可能恢复成原来的状态。直到地区恢复到接近其原来的状态，恢复的措施应持续执行。

10.2.3　管道完整性管理

州际管道由美国管道安全运输办公室管理，其中包括范围应用广泛的建设和运营标准。Williams Gas 公司有自己的管道设计、材料规格、施工、维护和测试标准，通常高于州际标准。Williams Gas 公司有一个全面的管道完整性管理程序，不仅包含检测管道泄漏，而且包含如何防止泄漏的发生，如图 10-3 所示。

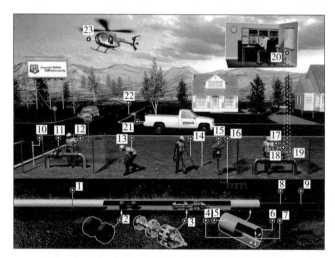

图 10-3　Williams Gas 公司管道安全管理系统图

图 10-3 中各序号表示的意义如下：

1. 焊缝 100%X 射线检测

所有的焊接管道经过 X 射线检测，以保证完整性。

2. 清管

定期发送清管器用来防止管道内腐蚀。

3. 在线检测

使用内检测设备，检测管内异常，识别管道钢壁厚度的轻微变化。

4. 高强钢

在管道生产制造厂，管道业主代表必须仔细检查管材以确保质量符合或超过联邦和行业标准。

5. 涂层情况

检查管道涂层破损情况，检查涂层在管道制造厂的涂敷工艺可靠性和抗剥离能力，防止土壤水分与金属材料接触。当定期管道开挖时，工作人员需检测管道及涂层是否被损伤或者材料是否被腐蚀。

6. 壁厚

在人口密集区域，采用强度更高、壁厚更厚的管材，以提高安全系数。

7. 压力试验

严格监督管子在工厂的压力试验情况。

8. 换管

在管道上发现问题后，及时进行替换。

9. 水压试验

按照规程，一旦管道埋入地下，在正式运营前，对其用超过其操作压力的水或惰性气体进行压力试验，来验证管道的承压能力。

10. 管道标识

根据联邦法律，地面管道标记是用来标识管道的通行权、使用权或所有权的，同时也标识一条或多条管道存在的公共权益。这些标识应包含管道运营商和紧急联系信息的名称，通常位于靠近公路、铁路、栅栏、水域通道、限制区域以及管道的三桩位置。

11. 截断阀

截断阀是在维修或在紧急事件时，用来阻止气体流动的阀门。

12. 阀门检测

每年对阀门进行检测，以确保紧急情况下阀门可用。

13. one call

Williams Gas 公司积极使用全国性的呼叫系统。当第三方施工方或工程乙方拨打 One Call 电话后，Williams Gas 公司会立即派人来到施工现场，采用涂料喷涂或放置标志的方式来标记管道位置，或者确认交底管线的准确位置。

14. 泄漏检测

每年至少进行一次泄漏检测。更加频繁的测试要根据管道本身特性和位置确定。

15. 阴极保护

管线一旦被埋入地面，Williams Gas 公司的操作员即安装阴极保护，阴极保护系统伴随着管道的电化学保护，主要是防止管道腐蚀。

16. 牺牲阳极

Williams Gas 公司针对不同的防腐方式，也采取牺牲阳极的方式，通过将管道连接另一个更容易腐蚀的牺牲金属作为阳极来保护管道。

17. 仪表测量体积

Williams Gas 公司通过气体体积的连续监测来确保气体流经管道，并将监测信息发给气体控制中心。监测设备能检测到气流中的微小变化，如果发现问题，调度员可以迅速启动紧急关断程序。

18. 温度传感器

Williams Gas 公司通过气体温度的连续监测来确保气体流经管道，并将监测信息发给气体控制中心。监测设备能检测到气流中的微小变化，如果发现问题，调度员可以迅速启动紧急关断程。

19. 压力传感器

Williams Gas 公司通过气体压力的连续监测来确保气体流经管道，并将监测信息发给气体控制中心。监测设备能检测到气流中的微小变化，如果发现问题，调度员可以迅速启动紧急关断程序。

20. 控制中心

Williams Gas 公司的资质员工一周 7 天 24 小时监测管道系统，如果发现问题，调度员叮以迅速启动紧急关断程序。

21. 公众警戒

Williams Gas 公司区域管道维护代表对当地应急办公室、施工承包商、土地所有者和社区领导进行培训，告知他们管道操作和应急反应程序。

22. 日常巡检

Williams Gas 公司管道维修人员进行日常巡检，检查管线附近的施工活动，并保持管道及路由。人口稠密的地区检查和巡逻的频次更频繁。

23. 日常空中巡检

第三方损坏是管道事故的主要原因，为防止第三方损坏，Williams Gas 公司定期低空飞行的飞机巡检能够保持管线和邻近地区的安全。

10.3　TransCanada 公司管道完整性实施案例

TransCanada 公司也是完整性管理的佼佼者。公司的宗旨是保护公众安全和环境。通过全面实施管道完整性管理实现零事故、零伤害、零损伤的安全目标，并严格遵守行业规则，努力执行高于行业规则的做法。

TransCanada 公司尽可能地投入资源最大限度地保障管道系统的完整性和安全性。通过控制中心 24 小时监控管道系统的运行情况，一旦发生泄漏，有能力在几分钟内关断阀门，并隔离受影响的管段。具体包括如下工作。

1. 制定完整性管理计划

公司的管道完整性团队由各种专业知识丰富并在管道维护和检测部门工作的人员组成。该团队制定了管理方法、程序和方案，并针对具体管道完整性问题建立安全计划。每年的春季和夏季都基于从现场和团队建立的跟踪管段高风险的模型收集的数据制定随后的管道维护计划。

2. 采用基于风险的方法

每年 TransCanada 公司都对管道系统进行仔细的检查，并采用正式的基于风险的方法计算失效的风险。这种方法考虑很多的因素，确定了失效概率、潜在的后果以及用来识别高风险管节和评估风险的可容忍性。

TransCanada 公司基于风险的完整性管理计划包括了持续进行维护、检测和用来改进管道材料和工艺的科研投资。它们根据具体的数据信息来制定管道维护计划，并通过优先进行高风险管段的维护来优化完整性花费和降低暴露的风险。

3. 腐蚀(外部/内部)检测

目前检测和维护管理外部腐蚀的费用占公司腐蚀防护费用的 50%，内部腐蚀失效占公司整体失效的 25%。自 1974 年 Alberta 管道失效造成 1 人死亡后，公司随即自 1975 年开始进行检测，一直到现在，管道检测技术经历了翻天覆地的变化。公司已经认识到，由于之前的检测器精度较低，部分失效发生在经过检测的管道上。目前，检测器的检测精度仍在不断提高。

4. 内外检测优化维修

从 1990 年开始，TransCanada 公司对大批大口径管道进行内检测，成为主要的风险减缓手段。公司每年约检测 4000 英里管道，检测时间间隔最短为 3 年(管道存在大量缺陷)，最长为 10~15 年。公司也存在口径仅为 4~8in 的小口径管道，这些管道由于无法安装收发球筒而不能进行内检测，可用地面 ECDA 评估的方式来控制外腐蚀风险。

5. 开挖

通常依据多次检测所得的腐蚀增长速率来计算缺陷的发展情况并确定其开挖时间，但是该方法具有保守性。随着开挖费用的不断升高和检测费用的不断降低，TransCanada 公司选择尽量减少开挖并增加检测频率。在加拿大，公司每年开展 200~300 次开挖。

6. 管道保护

TransCanada 公司采用外加电流的方式保护管道抵御外部腐蚀。对于内部腐蚀，公司也采用水压试验的方法来检测其完整性，该方法较为繁琐，需要将水注入管道，并加压至高于正常运行压力。

7. 应力腐蚀开裂(SCC)

SCC 是 TransCanada 公司面临的最具挑战性的问题，至今没有像检测腐蚀缺陷那样精准的检测器可以应用于 SCC 的检测。公司有超过 2500 英里的管道可能存在 SCC 现象，公司依据其对于管道、土壤、地势及其他可能导致开裂的因素，开发了较为严密的维护措施。

8. 水压试验

水压试验是有效的 SCC 探测手段，截至目前，TransCanada 公司已经开展了超过 400 次的水压试验。水压试验耗时耗力，操作复杂，获取水源和处理废水也是较大问题。目前水压试验是管理 SCC 风险最可靠的手段。公司从 20 世纪 80 年代开始开发内检测工具，但是对于裂纹，检测器的有效性受到技术本身的局限(因无法辨别裂纹和夹层)，目前公司的检测技术也在不断进步，正在使用超声检测替代水压试验。对于一些高程变化太大的管道，水压试验并不可行。

9. 电磁超声检测(EMAT)

该技术是针对 SCC 开发的新型检测技术，目前市场潜力很大，TransCanada 公司已经用了 13 年的时间完成了技术改进，有较好的效果，但技术的完善仍需要 5~10 年的时间。

10. SCC 预防

TransCanada 公司自 1986 年出现了首例 SCC 事故后开始了 SCC 管理。根据加拿大国家能源局运输安全局发布的要求和 SCC 管理指南，公司不断改进对于 SCC 的风险控制措施。

11. 地质灾害风险管理

地质条件不稳定是管道经常遇到的风险因素，例如滑坡。公司监控地质变化并开发管道与土体移动相互作用的经验模型，河流穿越处由于季节性冲刷造成的管道裸露会受到岩石移动的威胁，应加强埋深和整治。

12. 预防机械和第三方损伤

非授权的第三方管道上方开挖会给管道带来致命风险。机械和第三方损伤事故发生频率较低，目前公司正不断投入时间和资源来预防此类风险。该公司通过与市政府、承包商及其他利益相关者建立的综合宣传方案来管理机械和第三者的损伤，以确保管道的位置准确，并在开挖前打电话进行确认。公司还使用内检测，以寻找由于第三方活动导致的凹坑和划伤。通常，为防止可能危及管道的未经授权的挖掘事件，维修人员需要在管道的上方清楚地标记管道位置。

13. 空中巡检

空中巡检管道是看护管道免受机械和第三方损伤的重要方式。通常管道不会在第三方活动期间开裂，而是经过一段时间之后，所形成的划伤损伤发展成裂纹，最终导致泄漏或开裂。

14. 施工与制造

管道行业早期的故障往往归因于管道施工和制造的低标准，目前施工和制造技术已经大为改善。TransCanada 公司具有高质量的焊缝和严格的质量管理体系，对于所采购的管材以及制造的产品质量有严格的控制。

10.4 Transco 公司管道完整性管理

10.4.1 公司与组织结构

Transco 公司是英国 National Grid 旗下的唯一管理天然气管网的公司，其业务范围包括英国高压管网、中压管网、城市管网，管理总长度约 27.5 万公里的管线，高压（高于5.5MPa）干线约为 4 万公里（见图 10-4）。该公司将生产运行与管道维护管理分开，生产运行完全由 Transco 国家调控中心指挥，包括所有站场流量控制、压力控制。Transco 国家调控中心包括：①调度、模拟软件；②SCADA 系统维护；③通讯。高压管网维护由管道总维护中心进行，中低压管网由区域维护中心实施。区域维护中心包括：①管道阴保；②管道工艺设备，包括自控设备；③管道施工改造建设；④管道完整性安全评价；⑤电气；⑥管道检测与清管；⑦压缩机。

管道区域阴极保护由 5 个 Transo 区域维护中心进行，具有本公司的阴极保护标准，在维护中心设有阴极保护软件系统，由 2 人专门负责阴极保护管理系统，监测阴保数据，发现问题及时处理。

对于场站管理，Transco 公司分输站场属于非交接贸易计量，站场内部配备值班人员 1人，主要负责应急管理，所有流程操作在 Transco 国家调控中心远控。区域维护中心专业工程师定期到站场测试，设备、安全维护人员定期到站场检查设备完整性。

10.4.2 国家控制中心

Transco 国家控制中心（见图 10-5）负责监控管网中天然气的流量、压力等参数，管理各个压气站的运营以及管网运行方式的切换，将天然气输送给区域控制中心、天然气发电厂和一些工业用户。国家控制中心的系统运营工作由几个小组共同完成，包括能源战略组、通讯及计算机系统组、商务发展组（质量管理、项目管理及合同管理）、热值计量及气质跟踪组、数据管理组、优化运行组、预测及模拟组等。

国家控制中心负责分析区域控制中心提交的用气需求预测，并结合天然气发电厂和工业用户的用气负荷对全国天然气的整体需求作出决策。国家控制中心通过 4 个区域控制中心将天然气输送给全国 12 个区域。这 12 个区域是按照天然气管网的分布结构进行划分的。

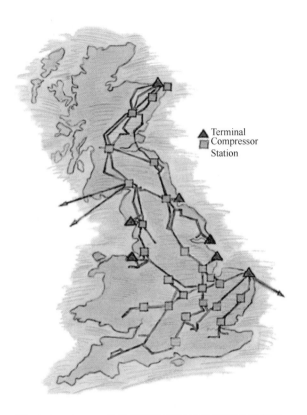

图 10-4　Transco 负责运营的英国天然气管网示意图

区域控制中心的工程师通过分析天气变化情况，并利用先进的计算机建模技术对各自的供气区域的用气需求进行预测。区域控制中心通过监控 600 多个主要的调压站和储气设施来调整每天的用气不均衡。

Transco 公司的通讯与计算机系统（见图 10-6）比较成熟，控制中心应用"输气管理软件系统"（Gas Transportation Management System）来监控全国和区域性的供气系统。通过最先进的卫星通信系统，管网的数据可以安全、准确地传送至"输气管理软件系统"。

图 10-5　Transco 的国家控制中心

图 10-6　Transco 的通讯与计算机系统

Transco 广泛采用热值计量法，在国家输气系统的 150 个站点（包括接收终端）均采用了热值计量法。热值与气质小组负责提供关于热值计量和气质跟踪检测方面的专家信息，确保管网输送的天然气能够保质、保量地输送给用户，符合相关的法律法规。

国家控制中心的数据管理小组负责管理生产过程中产生和接收到的所有数据资料，确保系统运营数据的可靠性。审计及能源跟踪组检查现场传来的所有测量数据的准确性，并在必要时作出适时修改，同时每天监测国家输气系统、地方分输区域以及整个输气管网的平衡，每月生成相关的生产报表。控制中心的性能报告组负责管网运营的日报、月报及特殊情况下的专报编制工作，提供整个管网各个方面的数据和分析结果。特殊站场组负责管理给天然气发电厂、大型工业用户供气的分输站、中转站以及储气库等站场。

优化运行组为国家控制中心提供技术支持，使运营成本和风险最低，输送能力最大。优化运行组通常制定短期至中期运行方案，包括每天的气量调配和各月的运行方案。具体工作包括气量运销计划、管网工艺分析以及方案编制。该小组的工作关键在于与控制中心的其他部门进行合作，确保各部门的运营与国家控制中心的整体方案相协调。

预测及模拟组负责预测用气需求并对工况的变化进行模拟。Transco 国家控制中心每天要做 4 次用气需求预测，在天气情况变化较大或者下游用气变化较大的时候，需求预测更加频繁。预测及模拟组利用复杂的数学模型对天气变化和用气变化的各个方面进行分析。天然气销售商根据用气预测情况调整各自的进气量。

10.4.3　管道爆炸试验中心

该中心可做管道爆炸试验，以获得泄漏速率测量、爆炸的热影响半径、房屋和人员的安全距离、物体结构和温度变化关系、物体和房屋燃烧的初始温度及管道失效的数量等参数；可进行管道外部涂料、防腐层的破坏试验，可测得防腐层温度变化曲线、防腐层失效的时间、涂层涂料的抗火焰能力等数据；可进行汽油罐抗火焰喷射试验，研究火焰大小与油罐温度上升的关系，确定喷喷淋设备自动喷淋的温度设置设计，确定灭火水力能力设计；可进行海洋平台或采油船燃烧试验，确定平台附属配置管件的安全性、平台安全阀配套设施配置及进行消防水系统的优化配置；可进行海洋平台消防系统试验，以确定喷气火焰高度与平台的温度关系、平台内油罐的温度变化影响和平台消防水池、消防龙头及消防泵的配置关系；可进行管道全尺寸承压能力断裂试验，以确定管道的断裂韧性、管道螺旋焊缝和直焊缝的质量、管道不同缺陷下的承压能力。该中心拥有的管道外腐蚀系统试验设施可进行全真模拟内外部腐蚀环境，进而确定管道内外腐蚀量和材料抗腐蚀能力。

10.4.4　国家抢修维护中心

该中心拥有多种先进的维抢修设备，如各种类型注环氧夹具、清管检测自动收发装置、钢丝刷和皮碗组合式清管设备、大型橡胶密封式临时抢修夹具、不同型号封堵用三明治阀、管道带压开孔钻机、管道封堵用三明治阀（最大 48in）等，并备有各种型号备用电动执行头、各种型号备用焊接阀门。同时拥有打压、临时输送加压车、试验车设备，可进行管道压力容器（收发球筒、分离器、汇管）断裂韧性全尺寸试验，以确定不同压力下缺陷扩展情况、不同压力下缺陷形状扩展的承压时间等，为现场维抢修方案的制定提供技术支撑。

10.4.5　压气站

压气站一般标准配置有 2 台 GE-DRESS-LAND 燃气轮机压缩机，运行方式是一用一备，压缩机启、停控制由 Transco 国家天然气控制中心控制，应急定员为 3 人。

英国的压缩机 TURBIN 燃气轮机运行时采用专业软件监测运行。该软件是由英国 BG 开发，是为燃气轮机提供操作、维护和保养管理的软件。其具有以下功能：

（1）在操作管理方面，该软件可以提供详细信息（包括机组可靠性），解决机组中运行中可能出现的问题，提供保养策略来满足运行需要，从而避免非正常停机的风险。

（2）在维护保养管理方面，基于维护管理，通过优化运行，得出详细的维护方法，可通知管理方制定出常规管理的保养程序，确定停机的故障原因，尽早查出潜在的问题，并作出及时、准确的诊断。

（3）在资产管理方面，在整个寿命周期内，该软件提供经济的、低风险的维护、运行和保养方法，以增加效率、减少支出，给管理者以最大的回报。

10.4.6　流量计量中心

流量中心的主要工作是：测量、标定和为制造商取证，采用 ISO/IEC 17025 标准，进行天然气计量设备的标定、计量设备试验和开发、仪表标定、截断阀试验、腐蚀试验、清管器（检测器）测试。

10.4.7　抢维修技术

Transco 管道公司维护着英国 4 万～6 万公里高压管网的主干线，其维护维修量巨大，但定员只有 31 人，这主要是归功于该公司开发和引进的专利技术。其主要抢维修技术有：螺栓夹紧夹具注环氧、焊接夹具注环氧、碳纤维、PE 涂层修复等。螺栓夹具注环氧方案、焊接夹具注环氧技术是 Transco 公司自主开发的专利施工技术，仅在英国使用，已经有 20 年的应用历史。碳纤维、PE 涂层修复主要采用美国休斯敦的技术，目前我国已经引进了该项技术的专利，并在国内天然气管道上开始使用。

10.4.8　管道完整性管理做法

Transco 公司在管道完整性管理方面的具体做法包括：

（1）开展地质灾害的评价与监测工作；

（2）开展管道振动、变形监测；

（3）开展压缩机振动防治；

（4）开展管道内检测；

（5）开展腐蚀监测与电位管理；

（6）开展管道腐蚀与防护控制；

（7）开展管道缺陷修复；

（8）开展管道第三方防护；

（9）进行完整性管理审核；

（10）其他。

10.5　中海石油气电集团管道完整性管理

管道安全运行始终是管道运输企业存在的基础。国内外管道行业的实践经验表明，推广应用完整性管理及技术能够有效降低管道风险、节约管道运维成本、提升管道本质安全水平。集团型管道企业各单位在规模、管理水平、技术能力和管理模式等方面存在较大差异。如何从整个集团层面考虑以最快的实施速度、最优的实施成本、最佳的实践效果全面推广实施管道完整性管理，是集团型企业面临的巨大困难与挑战。作为中国海洋石油总公司陆上输气管道的主要管理单位，中海石油气电集团有限责任公司(以下简称"气电集团")结合自身特点，已逐步形成了一套有效的管道完整性管理体系和技术体系。目前，气电集团完整性管理工作范围已从天然气长输管道拓展到管道站场、LNG接收站、液化厂和电厂等类型设备设施，管理整体水平得到显著提高，逐步进入了"基于风险管理"的良性循环。

近年来，中海石油气电集团业务发展迅猛，截至2012年，气电集团已配套LNG接收站和海上天然气建设，陆上天然气管道总长度为3145km，主要分布在海南、浙江、广东、福建、山东烟台和辽宁营口等，其中管径406mm以上的输气管道有20条，总长2268km。"十二五"期间天然气产业链日趋完善，中海油新建陆上天然气管道长度约6794km，2015年总里程达到9287km。在气电集团管道大动脉规模化形成过程中，管道运行的安全生产与管理是集团面临的重大课题，迫切需要应用先进的管理理念对管道实施管理。

同时，中海石油气电集团有限责任公司提出资产安全战略构想要求，完善各类资产设施的管理方式，突破阶段式管理瓶颈，破解横向管理难题，实现各类资产设施的本质安全，避免重大安全及环保事故，维护可持续发展环境，并推动气电集团成为海油总公司资源开发中心、资源配置中心、标准管理中心和技术研发中心，提出了以广东大鹏液化天然气有限公司作为试点单位，开展管道完整性管理技术研究及应用试点项目。

10.5.1　气电集团管道特点

气电集团积极建设海南、广东、福建、浙江四个东南沿海省级天然气管网，已投运3465km，在建1395km，共4860km，致力于建设覆盖东南沿海地区的输气管网。气电集团管道具有以下特点：

(1) 管道属于多家单位管理，各家单位规模、管理水平、管理模式等存在较大差异；

(2) 存在集团、所属单位两级法人管理，管理难度较大；

(3) 管道沿线环境复杂、经济发达、人口稠密。

同时，随着气电集团接收站的建成投产，其配套的天然气长输管道及相关设备设施还将迅速增加。

10.5.2　管道完整性管理实施规划

为确保气电集团及各单位管道完整性管理工作按照"整体规划、分步实施；试点先行，全面推广；统一规范、分级控制；立足自身、重点突破"的原则实施，2012年气电集团结合国内外管道完整性最佳实践，从组织机构及人员、理念认识、制度建设与运行等方面调查各所属单位的完整性管理现状。在此基础上于2013年编制了《气电集团资产完整性管理专项规划》，提出了组织架构、制度体系、专项技术、信息系统等方面工作的具体要求和实施计划。

10.5.3　完整性管理组织机构与制度体系建设

1. 组织机构建设

为推动、协调完整性管理工作，气电集团和各所属单位均成立了完整性管理委员会和办公室，分别作为决策机构和日常办事机构。气电集团主管副总经理、各所属单位总经理或副总经理为委员会主任，办公室设在完整性管理主管部门，其部门总经理任办公室主任；同时，为增强完整性管理技术力量，明确规定气电集团研发中心为完整性管理技术支持机构。

2. 制度体系建设

为了明确气电集团及各单位相关部门的具体职责，指导、规范完整性管理各项具体工作的实施，建立了气电集团和所属单位两级完整性管理制度。气电集团完整性管理制度体系由《管道完整性管理制度》《管道运营期完整性管理细则》和依据最佳实践编制的《气电集团管道完整性管理实施指南》组成；所属单位根据气电集团完整性管理制度体系要求，结合本单位实际情况，建立由相应制度、办法、细则、操作规程组成的完整性管理制度体系，编制《管道完整性管理实施方案》并每年根据最新情况更新。

3. 效能审核机制

通过研究构建了管道完整性管理效能评价指标体系，考虑了管道完整性管理13个要素、92个方面的内容（见图10-6），可全面审核各单位的管道完整性管理工作情况。通过在试点单位实施效能评价，效能评价综合得分为78.61分，中等偏上接近良好；总体上如图10-7所示，该单位在管道完整性管理方面做得较好，但在质量控制体系、应急抢险、数据管理、风险管理等方面存在较大的提升空间。

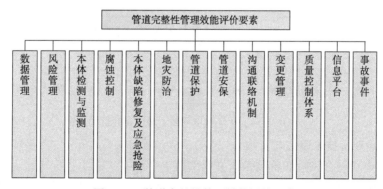

图10-6　管道完整性管理效能评价要素

10.5.4　完整性管理专项技术研究

管道完整性管理的核心是依靠一系列的技术应用从而实现管理理念的实现和提升。气

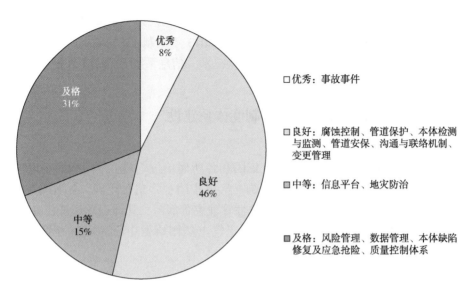

图 10-7　广东大鹏 LNG 效能评价结果

电集团根据实际需要和现场条件，开展了专项技术研究，通过现场应用，取得了良好效果，初步形成了完整性技术体系。

1. 在役管道数据采集技术研究与应用

通过集成应用工程测量、智能检测、航空摄影测量、地下管线探测、数据比对、坐标修正与转换六项技术（见图 10-8），解决了在役管道前期数据收集不准确的行业难题，独创了"3S 技术集成应用"。通过该技术实现了管道大量基础数据的校准与更新（见图 10-9），最终使管道中线坐标偏差控制在±1m 以内；经 105 个点开挖验证，中心偏差全部在±0.86m 以内，其中在±0.5m 之内的占 92%（见图 10-10）。

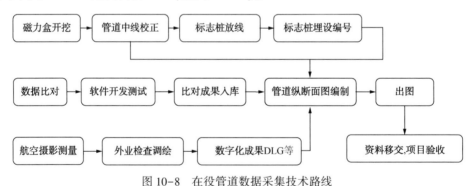

图 10-8　在役管道数据采集技术路线

2. 管道风险评价技术研究与实践

1）管道半定量综合风险评价技术研究与实践

基于 KENT 风险评价方法，参考相关标准，并结合气电集团实际情况，建立半定量综合风险评价模型（见图 10-11）。各指标权重均根据实际情况定制，并在部分单位实施了线路风险评价。通过评价，广东大鹏 LNG 共识别高风险管道 76 段，主要危害因素为第三方损坏和地质灾害；有效地掌握了企业的管道风险状况，并及时制定了风险控制措施；广东管

图 10-9　一处管道路由修正前后对比

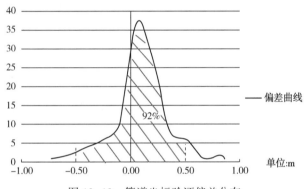

图 10-10　管道坐标验证偏差分布

网所有管道风险均处于中、低水平，整体风险可控。

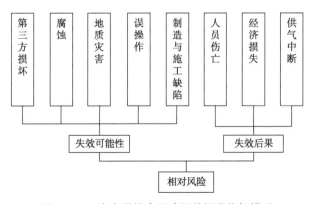

图 10-11　半定量综合风险评价评分指标模型

2）管道地质灾害风险评价技术研究与实践

通过资料收集、对管道开展野外地质灾害调查、识别隐患点并采集隐患点信息，采用半定量风险评价方法评价了广东大鹏 LNG 管道的地质灾害风险，识别出 115 处地质灾害隐患点，其中高风险点 10 处，中风险点 80 处，低风险点 25 处，根据不同的风险情况制定了相应的风险控制措施。同时总结管线设计、施工及运营的经验教训，为新建管线项目提供地质灾害预防及治理的设计建议。通过对广东管网地质灾害风险评价，各项地质灾害风险总体可控，但约 52km 山区地段及穿越河流地段的管道地质灾害风险较高。

3）第三方损坏风险管理方法应用

通过对气电集团典型单位投运以来影响管道运行安全的第三方活动数据的收集、整理和分析（见图 10-12），第三方施工是目前管道安全面临的最大风险，主要来源是公路、铁路（地铁）、桥梁及其他管线施工。在广东大鹏 LNG 对此类风险管控实践经验基础上，形成了一套管道第三方损坏风险管理方法，该方法系统地考虑了管道巡护管理、第三方作业活动事件管理、第三方施工安全影响评价和技术审核等方面内容，有效地管控了管道第三方损坏的风险。

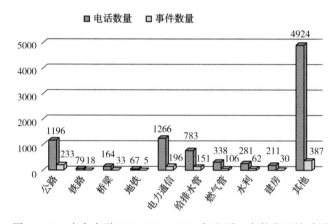

图 10-12　广东大鹏 LNG 2008~2013 年电话、事件类型统计图

3. 管道完整性检测、评价技术研究与实践

1）内检测技术应用研究

管道内检测是管道完整性管理的一项重要内容和核心技术。气电集团通过总结已开展管道内检测的经验教训，分析常用内检测技术的优缺点和适用范围；通过多次内检测数据比对，评价不同检测承包商的技术水平差异（见图 10-13），发现管道缺陷（含腐蚀和凹坑）变化情况（见图 10-14）；提出管理综合分析评价"四步循环模式"（见图 10-15），利用管道的大数据充分挖掘潜在信息，分析出管道风险的根本原因并提出改进措施。

2）管道缺陷评价技术研究

针对管道的体积类缺陷、几何变形类缺陷及复合类缺陷，调查研究国内外已有缺陷评价标准的适用性范围及适用性，编制了一套管道缺陷评价技术规定文件及缺陷评估理论手册，包括腐蚀、几何凹坑、凹坑+腐蚀、机械划伤缺陷评价，同时也包括重车碾压管道、管道悬空、特殊地段（穿越公路、铁路）管道等的单项安全评价。基于管道缺陷评价技术规定文件及缺陷评估理论手册，开发了一套界面友好、适用性广的管道缺陷及安全状态评价软件。

3）管道应变监测及分析评价技术应用

通过调研国内外应变监测的应用情况及行业内实践，提出了基于应变监测的设备选择

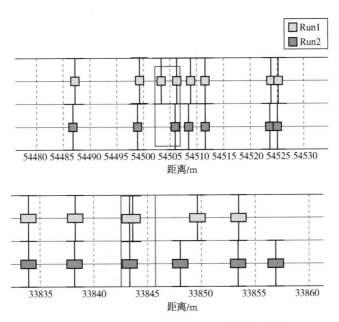

图 10-13　两次内检测比对焊缝的漏报与误报

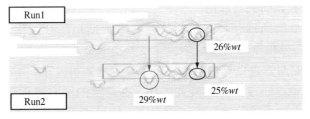

图 10-14　两次内检测信号(新增腐蚀缺陷)对比示意图

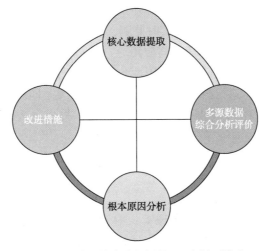

图 10-15　管理综合分析评价"四步循环模式"

方法。目前在试点应用单位建立了管道应变监测系统实时在线监测系统(见图 10-16),在现场典型位置安装了 22 个监测点(17 个地质灾害高风险点,5 个站场沉降管道应变监测点），结合实际情况提出了监测报警策略及监测数据分析方法。

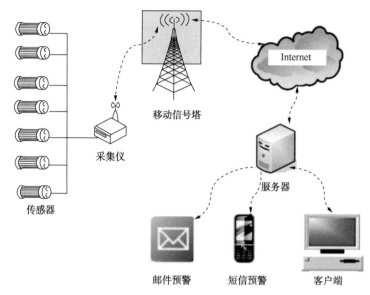

图 10-16 管道应变监测系统整体结构图

4. 管道阴保综合技术研究与应用

通过结合管道所处的地理环境及常用检测技术的适用场合和优缺点，认为 ACVG 和 DCVG 检测技术能够有效检测防腐层缺陷，现场开挖验证准确率达 100%。现场实践证明，直流干扰的排流措施是对管道做好电气绝缘，安装牺牲阳极及单向导通设施，或增加外加电流阴极保护系统、恒电压或恒电流模式工作，在排流的同时提供阴极保护电流；同时，使用极化探头及断电电位评价能够有效评价直流干扰排流效果。交流干扰排流的主要措施是增加管道的接地或利用已有接地设施作为排流设施；同时，在接地极和管道之间安装直流去耦合装置以避免其对阴极保护的影响。在试点单位建成了阴极保护远程监测系统，实现对全线重点关注位置的阴极保护状况实时监测，并远程实时监测管线阴极保护状况。

5. 管道缺陷修复及抢维修技术研究与应用

通过技术调研、标准的适用范围和适用性分析、水压测试试验验证的研究成果编制管道缺陷维抢修作业指导书，该指导书针对 12 大类、20 小类不同的管道缺陷，提供了不同的推荐修复方法和流程；针对 11 种不同的抢修事件类型，提供可选择不同的抢修方法和流程（含特殊地形的进入方法）。

10.5.5 管道完整性管理信息系统研究与实施

1. 管道完整性管理信息化现状

气电集团均建立了数字化管道，实现了长输管道的基础数据采集与管理、管道巡线、防腐、事件、抢维修等业务的规范化管理，存储与管理管道设计、施工、运营等阶段的数据。但存在以下问题：系统建设标准、深度不统一；侧重于基础数据的收集与管理，同时缺少风险评估、完整性评价以及效能评价等模块，不能满足管道完整性管理流程的整体需要；各单位自主建设，存在名称相同功能不同或功能相同但名称不同的情况；气电集团无相应的信息化手段及时有效掌握管道状况。

2. 管道完整性管理系统设计与建设

根据国内外调研情况，借鉴国内外管道完整性管理系统建设经验，结合气电集团的管理环境对完整性管理方法、流程和技术进行融合和固化，气电集团的完整性管理系统采取统一规划建设，基于数字化管道系统的升级与完善，建设气电集团的管道完整性管理系统（见图 10-17 和图 10-18）。建成后的平台覆盖集团、各单位建设期和运营期的完整性管理业务，实现在线数据采集、高后果区分析、风险评价、完整性评价、管道修复、效能评价等完整性管理的各个环节的信息化管理，提升气电集团的完整性管理水平。

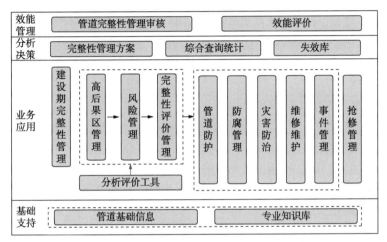

图 10-17　管道完整性管理平台整体功能架构

图 10-18　管道完整性管理系统功能

10.5.6 完整性管理实施效果

1. 应用情况

所研究技术成果在试点单位得到了全面推广应用,目前正在气电集团所有管道类单位开展推广应用,已取得良好效果。累计通过管道内检测发现管体缺陷 17464 处,对经过评价后不可接受缺陷实施了修复;通过外检测发现防腐层缺陷 1211 处,对严重缺陷进行了修复;开展了半定量风险评价,存在高风险管道 140 段,2015 年识别出高后果区 430 处。

2. 实施效果

1)促进了行业完整性管理水平的提升

根据项目研究成果,编制了《钢质管道及储罐腐蚀评价标准 油气管道腐蚀数据综合分析评价》行业标准,建立了内检测、防腐层破损检测、管道阴保检测、杂散电流检测及土壤腐蚀环境调查等数据综合利用、验证的流程和方法,促进了行业管道完整性数据综合利用水平的提升。

2)成了气电集团完整性管理技术体系

根据气电集团实际情况,从完整性管理的数据收集、高后果区识别、风险评价、完整性评价、维修维护和效能评价六步循环要求出发,初步建立了具有气电集团特色的管道完整性技术体系,并制定了《在役陆上天然气长输管道完整性管理数据整合及综合分析评价》《在役长输管道定位技术规范》2 项企业标准,形成中国海油良好作业实践 1 项,为集团完整性管理的闭环管理提供了支撑。

3)提升了整个集团的管道完整性管理水平

气电集团通过近几年管道完整性管理的实施及相关技术的专题研究,建立了较为完善的管道完整性管理体系,体系包括了数据管理、风险管理、检测管理、评估管理、修复管理以及地质灾害与控制管理等方面;通过内、外检测、半定量风险评价等工作的开展,有效地掌握了各单位管道所面临的各种风险因素及其影响;通过完整性管理的实施,使管道管理向科学化、精细化管理的方向发展,有效地控制了管道运行中存在的风险,使其处于安全可控的状态。气电集团试点单位通过管道完整性管理专项技术的应用,经 DNV GL 评审,完整性管理水平由 2012 年的 5 级升到 2015 年的 7 级水平。

10.5.7 总结与展望

气电集团在充分调研国内外实施经验基础上,摒弃早期国内技术分散开发、多点摸索的实施思路,根据集团型企业特点,按照"管理对标找差距、顶层设计明思路、试点应用稳推进、集中共享求实效"的新思路,采取"整体法"实施部署的方式,即由气电集团牵头,选择一家有代表性的单位作为试点开展完整性管理,全面开展完整性管理体系、技术和平台的研究和应用,取得成功后再全面推广。该实施方式节约了大量的成本,加快了实施进度,取得了良好的应用效果,积累了全面推广管道完整性管理的物质基础。在引进实践管道完整性管理的过程中,探索出一条科学合理的实施路径,为其他集团型管道企业开展管道完整性管理提供了有益借鉴。

10.6　中石油兰成渝成品油管道完整性管理

10.6.1　概述

兰成渝管道干线全长 1250km，支线 168km，于 2002 年投产运行，途经甘肃、陕西、四川、重庆三省一市，是我国第一条长距离、大口径、高压力、大落差成品油密闭顺序输送管道。该管道承担了川渝地区 70% 以上的油品供应。管道起点为兰州北滩油库，途经黄土高原、秦岭山区、四川盆地、川渝丘陵，地形错综复杂，管道落差大，线路条件较差，终点为重庆伏牛溪油库。

全线设有 17 座工艺站场，其中有 13 个分输点；设有 15 个紧急截断阀、14 个手动阀和18 个单向阀。在陇西分输站、成县分输站、广元分输站和重庆末站分别设减压系统以降低管线运行时超高的动压和停输时超高的静压。在北京和成都设置全线调度控制中心。

管道年设计输量为 $500 \times 10^4 t$，全线密闭顺序输送 $0^{\#}$ 柴油、$90^{\#}$ 汽油和 $93^{\#}$ 汽油。管道基本数据如下：

(1) 管道外径：508~323.9mm；

(2) 输送介质：柴油、汽油；

(3) 管道材质：X60、X52；

(4) 管道壁厚：7.1~10.3mm；

(5) 焊缝类型：DSAW；

(6) 日常运行压力：6.0~2.0 MPa；

(7) 运行温度：10℃；

(8) 防腐层：3 层 PE。

中石油在国内较早开始了管道完整性管理探索，中国石油管道研究中心承担了"长输油气管道完整性管理体系研究"项目，并以兰成渝管道为完整性管理试点单位，在兰成渝管道开展了大量完整性管理工作。

为了协调各方的行动，将兰成渝管道完整性管理稳步推向前进，兰成渝分公司成立了完整性管理项目实施小组，主要由兰成渝输油分公司与管道研究中心相关成员组成。其中兰成渝输油分公司负责实施管道完整性管理的各项现场工作，管道研究中心为兰成渝输油分公司提供技术支持，负责数据平台的建设和一些专项分析评价工作。

兰成渝管道的完整性管理试点始于 2005 年，到 2007 年底，完成了国内第一个以评价为核心的完整性管理循环，为国内管道完整性管理的实施积累了丰富的经验。

10.6.2　兰成渝管道完整性管理系统

通过两年多的建设，兰成渝输油分公司建立了一个完备的完整性管理系统，系统主要架构如图 10-19 所示。

完整性管理的应用主要基于数据，数据通过数据管理平台来录入、存储、维护、分析和发布共享，基于数据平台，进行完整性管理的六步循环：数据收集、高后果区分析、风

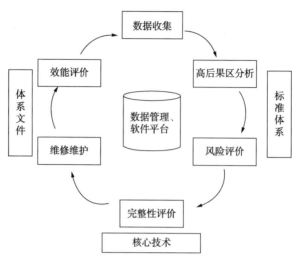

图 10-19   兰成渝管道完整性管理总体框架

险评价、完整性评价、维修维护、效能评价。要保证六步循环顺利实施，需要一套体系文件来规定组织机构的职责，需要标准体系来规范工作要求。

10.6.3   数据收集与数据平台建设

数据是完整性管理的基础，可通过数据库得到较好的管理。数据库是集中存放管道相关数据的地方，它是规则、有序存放数据的仓库，管道数据库用于管理管道核心数据，为决策支持系统或业务管理系统提供所需要的信息，把企业日常营运中分散的、不一致的数据归纳整理之后转换为集中统一的、可随时取用的深层信息。数据库是管道完整性管理必不可少的基础条件，完整的资料、数据是管道完整性管理的关键部分，资料、数据的准确性及完整程度会影响到分析与评价的结果。建立起完整性管理数据库，收集广泛和详细的管道参数资料，能为完整性管理的分析与评价提供准确的基础数据。

根据完整性管理的六个环节，在兰成渝首先进行了数据收集工作。兰成渝是一条新建管道，竣工资料保存比较完整，是完整性管理数据库的主要数据来源。管道投产运行后，产生的运行数据则通过管道日常管道的记录和报表电子化后获得。管道周边的一些环境信息需要通过对管道进行沿线的属性调查才能获得。另外还购置了管道沿线的遥感影像图。

依据 APDM 规则，将所有数据有序地进行了录入、校验和存储管理。良好的数据基础为兰成渝管道完整性管理的顺利实施提供了保证，基于数据库，开始了完整性管理应用。

10.6.4   高后果区识别

2006 年 9 月，兰成渝输油分公司根据高后果区(HCAs)识别分析标准对全线 1250km 管线进行了 HCAs 识别与分析，明确了 219 处高后果区域。通过进行高后果区分析，清晰地知道了管道的管理重点。通过全线的普查识别，对每一段都按照要求逐一进行了确认。兰成渝管道的 HCAs 统计如表 10-2 所示。

管道名称：兰成渝输油分公司　　　管径：508mm　　　分析时间：2006 年 5 月 26 日

输送介质：0# 柴油，90# 汽油，93# 汽油

负责人：

表 10-2　兰成渝管道的 HCAs 统计表

序号	起始里程	结束里程	长度/m	识别描述	HCAs 识别分类得分 ①	②	③	④	⑤	⑥	⑦	⑧	⑨	HCAs总分	存在的威胁描述	外腐内腐蚀	第三方破坏	地质灾害	设计/施工缺陷	误操作	其他	打孔盗油	可能存在的威胁总分	历史检测时间及内容	建议检测时间及内容	是否具备内检测条件	下次分析时间	备注
1	K457	K486	2900	地质灾害					5			5		10	存在外腐蚀	9	3	5	3	3	5	3	34	无	06 内外	否	076	
2	K618+600	K619	400	地处偏僻交通方便			4	4	8		4	4		24	易发生打孔盗油	5	5	4	3	3		5	28	无	06 外	否	076	
3	K158+300	K159	700	地处偏僻交通方便			4	4				5		13	易发生打孔盗油	3	3	3	3	0	0	0	15	无	07 外	否	076	
4	K221+400	K223	1600	地处偏僻交通方便					5			5		10	易发生打孔盗油	5	3	3	3	0	0	5	22	无	07 外	否	076	
5	K443+300	K445	1700	管道从县城穿过	5	5	5	5	4	4			4	28	存在潜在隐患	3	3	0	5	3			17	无	07 内	否	076	

2007 年 9 月，兰成渝输油分公司根据中石油企业标准《管道高后果区识别规程》对兰成渝全线高后果区识别结果进行了更新，见表 10-3。

表 10-3　高后果区识别结果

地区公司名称	管线名称	管道总里程/km	高后果区段总数量/段	高后果区段总长度/km	高后果区段合计占管道总长度的百分比/%
兰成渝输油分公司	兰成渝干线	1251.9	210	764.793	61.09
	兰成渝支线	175.132	7	32.98	18.83

由于兰成渝管道周围地形复杂，有较多穿跨越和居民区，管道沿线地区经济水平发达，造成管道全线高后果区较多，占到了全线的 61.09%，加上运输产品的特殊危险性，所以兰成渝的管道管理工作责任重大。

兰成渝输油分公司完成了全线的高后果区识别工作后，对识别出的高后果区加强了管理，将其作为管道保卫科的工作重点，对管道加强了巡护和安全保卫宣传，对自然与地质灾害加强了预防性的工作，优先保障高后果区的管道安全。

通过对可能危及管道安全运行的影响因素进行分析，识别出兰成渝管道最大威胁来自第三方破坏，打孔盗油是其中最为严重的问题，管道占压、施工破坏等对管道也有不小的破坏。对管道造成危害的第二位因素是地质灾害，主要是沿线山坡段，由于受到施工时的破坏或地质本身不稳定，容易造成塌方或滑坡。此外，管道腐蚀、管体本身的缺陷、水毁等对管道的破坏也不容小觑。危害识别的定性分析结果如图 10-20 所示。

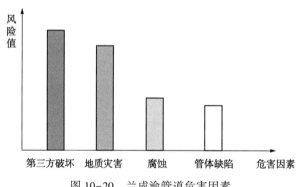

图 10-20　兰成渝管道危害因素

2007 年，兰成渝管道全线进行了风险评价，评价采用 Piramid 软件进行。风险评价给出了兰成渝全线的风险分布和人口密集点的个人风险值，并参照国外一些风险可接受标准，评估了兰成渝管道风险的可接受性。兰成渝管道风险评价结果如图 10-21 所示。

针对兰成渝的高风险段，在分析引起高风险的原因后，有针对性地采取了风险控制措施。

10.6.5　完整性评价

兰成渝管道完整性评价工作采用了基于内检测的完整性评价方法。

兰成渝输油分公司在 2006 年就开始了管道的内检测工作，延续到 2007 年，完成了全

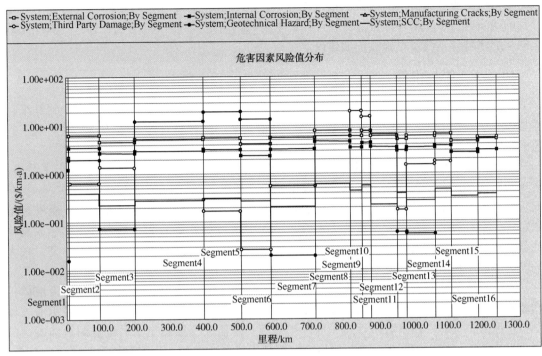

图 10-21　兰成渝管道风险评价结果

线的内检测。管道内检测服务商为中油管道检测技术有限责任公司。兰成渝输油分公司对管道的内检测工作非常重视，进行了充分的准备工作，并为防止管道卡球做了大量的预防工作。内检测通球时，兰成渝输油分公司安排了大量人员跟球，监测内检测器的运行状态。在顺利通球后，兰成渝输油分公司随即开展了大量的开挖验证工作，以确认内检测的精度和准确性。

内检测器的主要技术参数如下。

1. 腐蚀检测器技术指标

（1）数据取样频率或距离：4.791mm；

（2）腐蚀探头数量：52 个；

（3）ID/OD 探头数量：26 个；

（4）能够检测管道壁厚范围：6~12mm；

（5）可通过最小曲率半径：$1.5D \times 90°$。

2. 变形检测器技术指标

（1）数据取样频率或距离：4.791mm；

（2）变形探头数量：14 个；

（3）可通过最小曲率半径：$1.5D \times 90°$；

（4）通过直管变形能力：$\leqslant 15\%D$；

（5）通过弯头变形能力：$\leqslant 10\%D$（1.5D 弯头）。

检测结果表明，兰成渝江油-成都段遭受腐蚀较为严重，检测出大量腐蚀缺陷，其他管段腐蚀问题不太严重。

在内检测服务商提供的内检测报告的基础上，兰成渝输油分公司委托管道研究中对检测到的缺陷进行了完整性评价。完整性评价主要采用的是 RSTRENG 方法，通过计算结果确定缺陷的修复计划以及再检测周期建议。

10.6.6　维护维修

兰成渝输油分公司对一些严重缺陷进行了修复。修复采用的是 AnkoWrapTM 碳纤维补强技术。这些缺陷处经内检测检出壁厚已经严重减薄，或板材有夹层，已经严重影响了管道的强度，必须进行修复。

兰成渝输油分公司对沿线的地质灾害点建立了台账，并按照其风险大小进行了分级。由于地质灾害点会动态变化，所以这些数据需要定期更新。

针对灾害点不同的风险等级，兰成渝输油分公司采用不同的管理措施。兰成渝管道地质灾害类型有滑坡、崩塌、泥石流、水毁等，其中滑坡对管道的威胁最为严重。兰成渝输油分公司对严重地质灾害点进行了勘查测绘，对风险不可接受的灾害点进行了治理。较大的灾害治理工程有响河沟泥石流和东峪沟段水毁治理。

对次严重的地质灾害点，兰成渝输油分公司采取了监测措施。监测措施分为滑坡体检测和管体应变监测。滑坡体监测主要监测滑坡体的位移，但位移突然增大时，表示滑坡体发生了速滑，此时应该及时对管道采取保护措施。管体应变监测主要通过监测管体发生的应变来估计管体承受的附加应力。当应变监测结果突然变大时，表明管体遭受了较大变形，此时也应该及时对管道采取保护措施。

对于威胁最大的打孔盗油问题，兰成渝输油分公司采取了一系列有效的措施进行防治：
（1）分析全线易打孔盗油点，并对这些危险点进行风险分级；
（2）对危险点采取人工值守的方式，严防死守；
（3）警民联动，借助公安力量，进行企警联防工作；
（4）与地方政府保持良好的联系和沟通，进行专项整治活动；
（5）加强技防投入，做到人防、技防有机结合；
（6）采用多种形式开展管道保护宣传工作。
通过上述具有针对性的措施，兰成渝管道打孔盗油的趋势得到了很好的控制。

10.6.7　效能评价

2007 年兰成渝管道完成了第一个完整性管理循环。在完整性管理循环最后一个环节，邀请 GE-PII 公司作为第三方，对兰成渝管道完整性管理系统进行了效能评价。效能评价采用的是 GE-PII 方法，该方法在国外其他管道公司已经得到成功验证。

效能评价工作历时两个多月，查阅兰成渝管道完整性管理系统的体系文件与标准规范等资料，与相关人员访谈，了解兰成渝管道完整性管理系统的组织结构、完整性管理各流程的执行细节，最终提交了分析报告。报告对兰成渝管道完整性管理系统表示了肯定，认为兰成渝管道完整性管理系统已经基本建立，与兰成渝管道当前的状况相适应，能够满足保证管道当前完整性状况的需要。报告也指出兰成渝管道完整性管理系统当前的部分不足，认为兰成渝管道完整性管理体系文件还需要经过一段时间的磨合，以及应用一段时间后进行修改完善，兰成渝的内检测政策也有改进的空间等。

参 考 文 献

[1] 黄志潜. 管道完整性及其管理[J]. 焊管，2004，27(3)：1-8.

[2] 严大凡，翁永基，董绍华. 油气长输管道风险评价与完整性管理[M]. 北京：化学工业出版社，2005.

[3] 张玲，吴全. 国外油气管道完整性管理体系综述[J]. 石油规划设计，2008，19(4)：9-11.

[4] 董绍华，杨祖佩. 全球油气管道完整性技术与管理的最新进展[J]. 油气储运，2007，26(2)：1-17

[5] 赵金洲，喻西崇，李长俊. 缺陷管道适用性评价技术[M]. 北京：中国石化出版社，2005.

[6] 杨筱蘅. 油气管道安全工程[M]. 北京：中国石化出版社，2005.

[7] 董绍华. 管道完整性技术与管理[M]. 北京：中国石化出版社，2007.

[8] 中国石油化工股份有限公司青岛安全工程研究院. 石化装置定量风险评估指南[M]. 北京：中国石化出版社，2007.

[9] 中国石油化工股份有限公司青岛安全工程研究院. HAZOP 分析指南. 北京：中国石化出版社，2008.

[10] 顾祥柏. 流程危险和可靠性综合分析方法(HAZROP). 石油化工设计，2003，20(2)：1-5.

[11] 贺磊，陈国华. 风险检测技术在石化工业中的应用. 炼油技术与工程，2003，33(12)：21-25.

[12] 孙新文. 风险评估(RBI)在石化特种设备管理中的应用展望. 石油化工设备技术，2006，27(3)：33-36.

[13] 陈学东，杨铁成，等. 基于风险的检测(RBI)在实践中若干问题讨论. 安全分析，2005，22(7)：36-45.

[14] 钟云峰，谭树彬. 以可靠性为中心的维修. 机械工程师，2006(3)：80-81.

[15] 刘义乐，徐鹏，徐宗昌. 新的 RCM 评价准则. 中国设备工程，2002(7)：52-55.

[16] 刘太元，余曼力，郑利军. 安全仪表系统的应用及发展. 中国安全科学学报，2008，18(8)：89-97.

[17] 武雪芳. 定量风险评价标准探讨. 上海环境科学，2000，19(4)：152-154.

[18] 何宏，江秀汉，李琳. 国外管道内腐蚀检测技术的发展[J]. 焊管，2001，24(3)：27-31.

[19] 石永春，刘剑锋，王文娟. 管道内检测技术及发展趋势[J]. 工业安全与环保，2006，32(8)：46-48.

[20] 刘慧芳，张鹏，周俊杰，于林. 油气管道内腐蚀检测技术的现状与发展趋势[J]. 管道技术与设备，2008(5)：46-48，56.

[21] 杨祖佩，冯庆善. 长输油气管道完整性管理体系研究. 中国石油天然气股份有限公司，2008.

[22] 刘镇清，刘晓. 超声无损检测的若干新进展[J]. 无损检测，2000，22(9)：403-405.

[23] 王效东，黄冲. 油气管道泄漏检测技术发展现状[J]. 管道技术与设备，2008(1)：24-26.

[24] 石仁委，龙媛媛. 油气管道防腐蚀工程[M]. 北京：中国石化出版社，2008：50-54，64-66，78-90.

[25] 袁厚明. 地下管线检测技术[M]. 北京：中国石化出版社，2006：222-229.

[26] 寇杰，梁法春，陈婧. 油气管道腐蚀与防护[M]. 北京：中国石化出版社，2008：316-330.

[27] 张丽燕. 基于阴极保护技术的长输管道安全预警技术的研究. 北京化工大学，2008.

[28] 李青. 地质灾害与计量测试[J]. 上海计量测试，2006，33(6)：6-13.

[29] 乔建平. 山洪、滑坡、泥石流灾害监测预警[J]. 中国减灾，2006(6)：13-15.

[30] 殷朋. 内腐蚀在线监测技术在输气管道的应用[J]. 腐蚀与防护，2003，24(5)：213-216.